应用型人才培养系列教材

本教材获深圳技术大学教材出版资助

SOLIDWORKS 绘图简明教程

王红志 王秋霞 编著

王红志 王秋霞 编著

内 容 简 介

本书内容包括：软件界面与基本操作，草图绘制与编辑，基础特征建模，工程特征与编辑特征，形体分析法与 3D 建模，工程图的基本操作，图样表达方法，技术要求标注，螺纹及其连接，螺纹紧固件，齿轮、键及其装配，低速滑轮装置的装配以及综合性练习。

本书以机械制图课程教学中的经典案例作为素材，将图学理论、制图相关标准和软件工具的实现方法深度融合，按照制图课程教学主线进行内容编排，适合与制图课程同步教学，可在一定程度上缓解制图类课程教学难度大、内容枯燥、学生学习效果差等教学难题。

本书适合作为制图类课程教学的上机指导书或者工程技术人员 CAD 入门学习用书，附带的二维码视频资源方便读者快速高效地自学。

图书在版编目(CIP)数据

SOLIDWORKS 绘图简明教程 / 王红志，王秋霞编著. —西安：西安电子科技大学出版社，2020.8(2021.8 重印)
ISBN 978-7-5606-5835-3

Ⅰ. ①S… Ⅱ. ①王… ②王… Ⅲ. ①计算机辅助设计—应用软件—教材
Ⅳ. ①TP391.72

中国版本图书馆 CIP 数据核字(2020)第 141593 号

策划编辑　戚文艳
责任编辑　郑一锋　南景
出版发行　西安电子科技大学出版社(西安市太白南路 2 号)
电　　话　(029)88202421　88201467　　邮　　编　710071
网　　址　www.xduph.com　　电子邮箱　xdupfxb001@163.com
经　　销　新华书店
印刷单位　陕西精工印务有限公司
版　　次　2020 年 8 月第 1 版　2021 年 8 月第 2 次印刷
开　　本　787 毫米×1092 毫米　1/16　印　张　12
字　　数　280 千字
印　　数　3001～6000 册
定　　价　30.00 元
ISBN 978-7-5606-5835-3 / TP
XDUP　6137001-2
如有印装问题可调换

前　言

在传统制图课程中融入 CAD 软件教学，不仅可以大大降低传统制图教学的枯燥感，而且可以在大学一年级一次性掌握后续几年学习所需创新设计工具，这已经成为工科院校制图课程教学工作者的共识。为了解决融入 CAD 软件教学后“是否增加授课课时、软件教学如何融入、如何优化传统教学内容”等问题的困扰，作者编写了本书，作为软件教学参考资料，与同行共享。

本书适合初学者在短期内快速掌握 SOLIDWORKS 建模和绘制工程图，融入了编者多年的制图课程教学经验，适合机械类或者近机类专业学生在学习制图课程时同时掌握 CAD 软件绘图。此外，本书也适合企业中已经掌握了机械设计方法并具有丰富设计经验，期望借助于 SOLIDWORKS 表达自己设计结果的工程师参考使用。

本书编写原则主要着眼于减轻初学者的心理负担，并不过分追求 SOLIDWORKS 系统的面面俱到，而是以“最小的内容系统”满足初学者建模和出图的基本需要。完成本书的学习后，读者可以根据需要顺利地借助其他参考书自学 SOLIDWORKS 软件的其他功能。

本书选择制图教学中最典型的案例，采用案例式教学方法，内容由易到难，循序渐进，把制图中的基本概念和 SOLIDWORKS 中的各种工具有机地结合在一起。书中关于软件的同步教学可以激发读者的学习兴趣和热情，模型视图的验证可减少传统制图教学中的作业讲解课时。

本书共分 15 讲，第 1 讲通过最简单的案例认识软件界面与基本操作；第 2 讲学习草图绘制与编辑，强调尺寸标注的完整性；第 3～6 讲学习常见的三维建模方法，融入“形体分析法”思想；第 7～10 讲为图样画法和标注，强调图纸的规范性；第 11～13 讲介绍标准件或者标准结构的建模及其工程图；第 14 讲介绍低速滑轮装置的装配及装配体工程图的实现；第 15 讲为综合性练习。

书中关键章节附有软件操作的视频二维码资源，30 课时可完成全书“随讲随操作”模式的上机教学。如果分配的上机课时较少，可省略书中标注“*”章节的讲解，也可以采用“布置课外自学+上机课堂答疑”模式开展教学，或者根据需要选择部分章节开展课堂教学。

书中难免出现错误及疏漏之处，希望读者不吝指教。

王红志

2020 年 6 月 16 日　深圳 • 石井

目　录

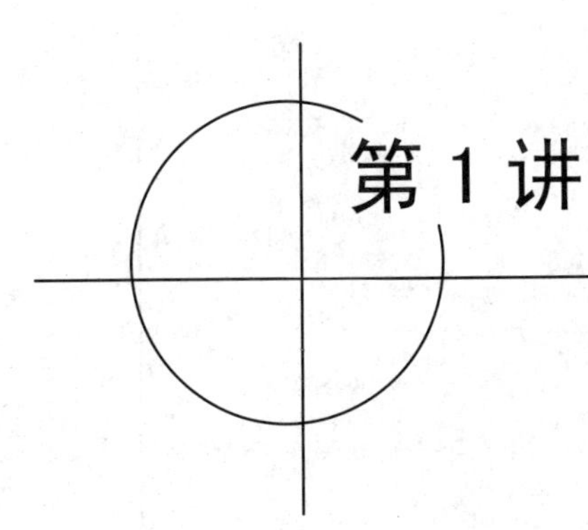

第 1 讲

软件界面与基本操作

教学目标

(1) 熟悉 SOLIDWORKS 的界面环境、基本操作(文件打开、关闭、保存);

(2) 了解基本概念(坐标系、基准面、草图、特征、设计树);

(3) 理解“二维草图—三维特征”的基本建模思想，灵活运用前导视图工具栏或者快捷键;

(4) 在面积有限的屏幕上，掌握查看绘图区草图和实体的各种方法。

1.1 软 件 界 面

1.1.1 SOLIDWORKS 三大基本功能

SOLIDWORKS 三大基本功能：零件、装配体和工程图。

(1) 零件：3D 零件建模；

(2) 装配体：许多零件通过各种配合，组成 3D 装配体；

(3) 工程图：3D 零件或 3D 装配体以工程图形式输出。

SOLIDWORKS 中零件、装配体、工程图文档的后缀名分别为*.sldprt、*.sldasm 和*.slddrw。新建并进入三种文件创建环境的具体操作步骤如下：

打开 SOLIDWORKS 软件，单击标准工具栏中的“新建”按钮，或单击菜单“文件”→“新建”，弹出“新建 SOLIDWORKS 文件”对话框，如图 1-1 所示，即可显示上述三种文件类型，选择其一并单击“确定”按钮即可。或单击“高级”按钮，选择某一模板。

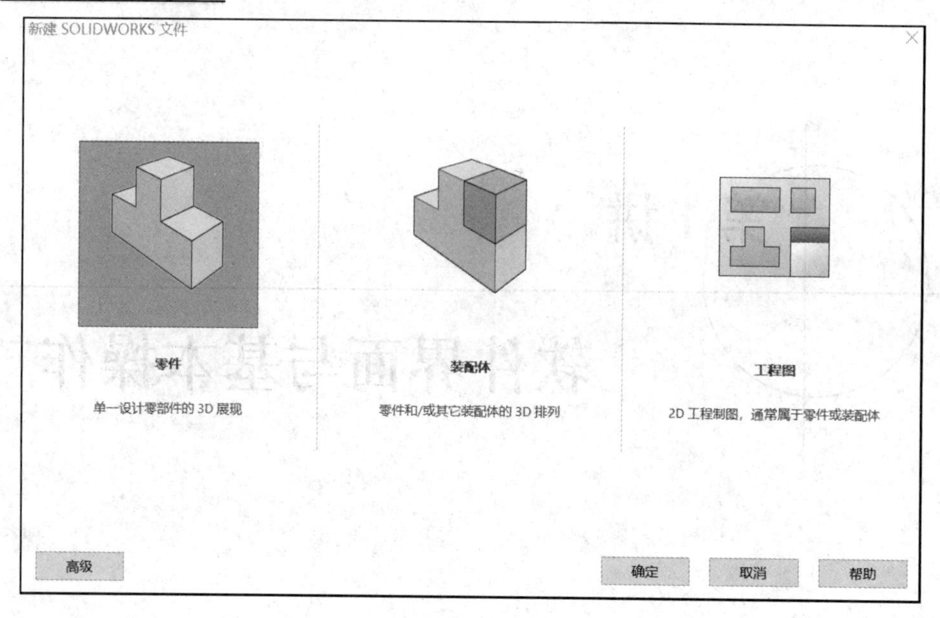

图 1-1

1.1.2　界面功能介绍

本小节主要介绍“零件”功能下的操作界面，“装配体”和“工程图”很多项目与此相同，只是各自的工具栏差别较大，具体介绍见后续各讲。

打开 SOLIDWORKS 软件，单击标准工具栏中的“新建”按钮，弹出“新建 SOLIDWORKS 文件”对话框，单击“零件”按钮，然后单击“确定”按钮，弹出零件设计窗口，如图 1-2 所示。

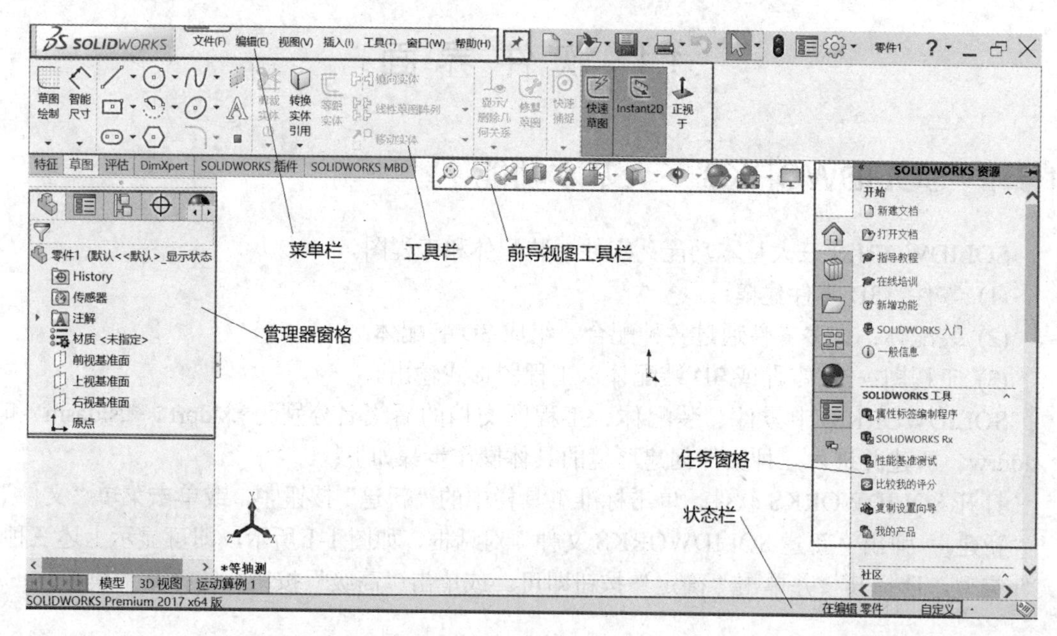

图 1-2

1. 菜单栏

菜单栏包含 SOLIDWORKS 的所有操作命令。

提示：要使菜单栏一直显示，可在菜单栏中单击按钮，如图 1-2 所示，将菜单栏固定；要解除固定，单击处于固定状态的按钮。

2. 工具栏

工具栏中集中了最常用的命令，可以调出特征、草图等全部模块，显示的命令可以自定义。

3. 管理器窗格

管理器窗格有 5 个选项，其图标如图 1-3 所示，从左到右依次为设计树、属性管理器、配置管理器、公差分析管理器和外观管理器，本书中常用到前 3 种，其功能如下：

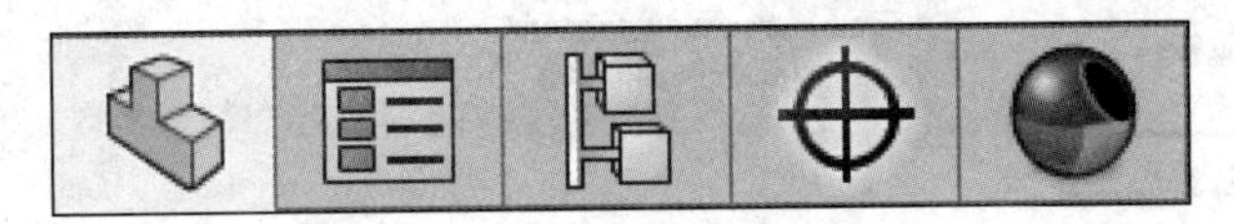

图 1-3

- 设计树(Feature Manager)：观察零件的特征创建顺序和组成；
- 属性管理器(Property Manager)：编辑草图及特征时，显示草图及特征的属性；
- 配置管理器(Configuration Manager)：选择和查看零件的多种配置。

4. 任务窗格

任务窗格可以辅助完成任务。

5. 前导视图工具栏

前导视图工具栏呈现视图的观察方式。

6. 状态栏

状态栏位于窗口最下面一行，显示正在操作对象的状态和操作提示。

1.2　常用工具简介

1.2.1　选项

如图 1-4 所示，单击图中的“选项”按钮，则弹出如图 1-5 所示的对话框，该对话框包括“系统选项”和“文档属性”选项。

图 1-4

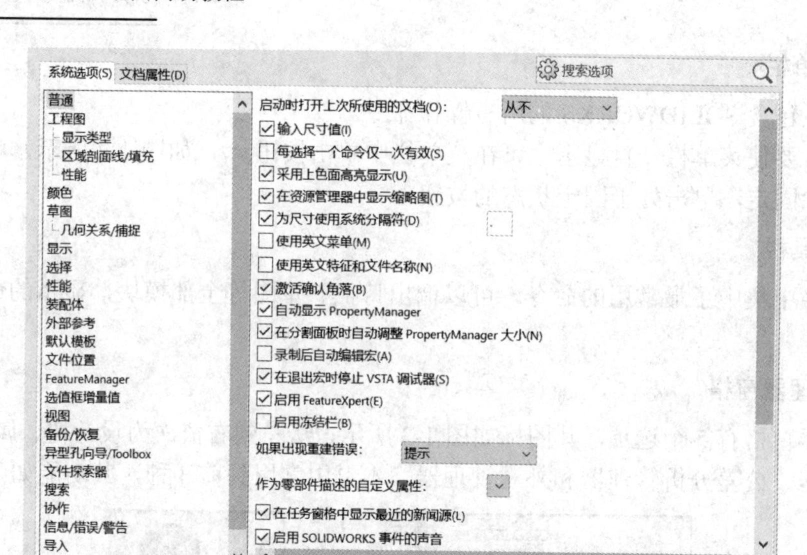

图 1-5

“系统选项”主要用来设置 SOLIDWORKS 的基本环境，设置一旦被保存，将影响所有 SOLIDWORKS 文档。如果对自己的设置不满意，可通过单击左下角的“重设”按钮，恢复原始环境。

“文档属性”适用于个体文件而非系统文件，如单位、图纸格式、尺寸标注、字体、线型、颜色等。例如，设置系统默认单位为国际单位，也可以在自定义栏中将单位修改成自己想要的单位，如图 1-6 所示。

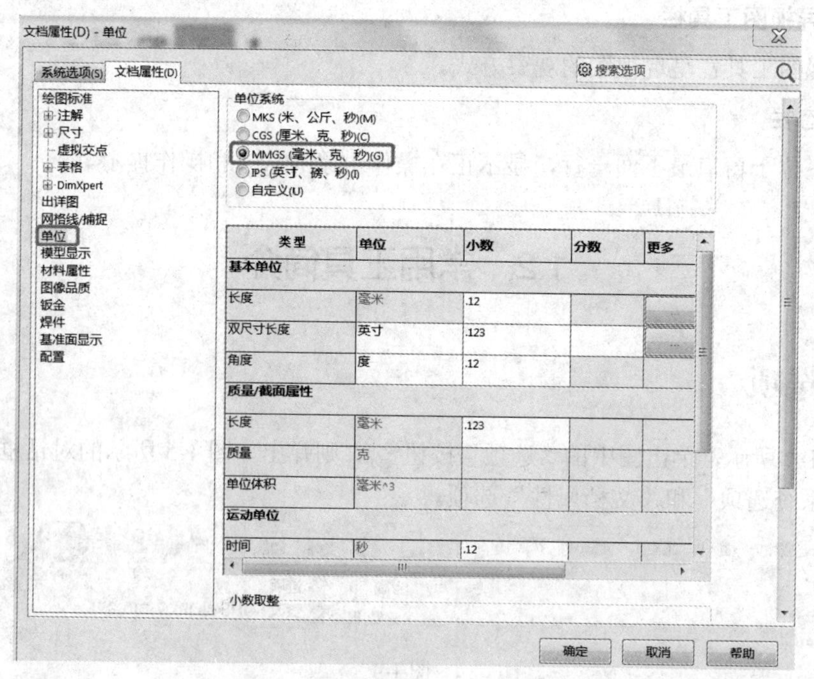

图 1-6

1.2.2　重建模型

“重建模型”工具按钮位置如图 1-7 所示。

图 1-7

“重建模型”类似于“刷新”功能，主要用于零件、装配体、工程图的关联变化，有助于提高操作的正确率。

1.3　软件基础操作

例题　新建一个直径为 60、高度为 30、竖直放置的圆柱。

操作步骤如下：

(1) 新建文件。打开 SOLIDWORKS 软件，单击“新建”按钮，弹出“新建 SOLIDWORKS 文件”对话框，单击“零件”按钮，然后单击“确定”按钮。

(2) 选择绘图平面。在设计树中选择“上视基准面”选项，单击“草图”工具栏中的“草图绘制”按钮，进入“草图绘制”窗口。

(3) 草图绘制。单击“草图”工具栏中的“圆”按钮，以坐标原点为圆心，绘制圆。然后进行尺寸标注，单击“智能尺寸”按钮，标注圆尺寸$\phi 60$，单击右上角按钮，退出草图。

(4) 生成特征。单击“特征”工具栏中的“拉伸凸台/基体”按钮，在设计树中，选择刚刚绘制的草图 1，弹出“凸台-拉伸”对话框，设置拉伸深度为 30，单击左上角的“确定”按钮，得到如图 1-8 所示的模型。

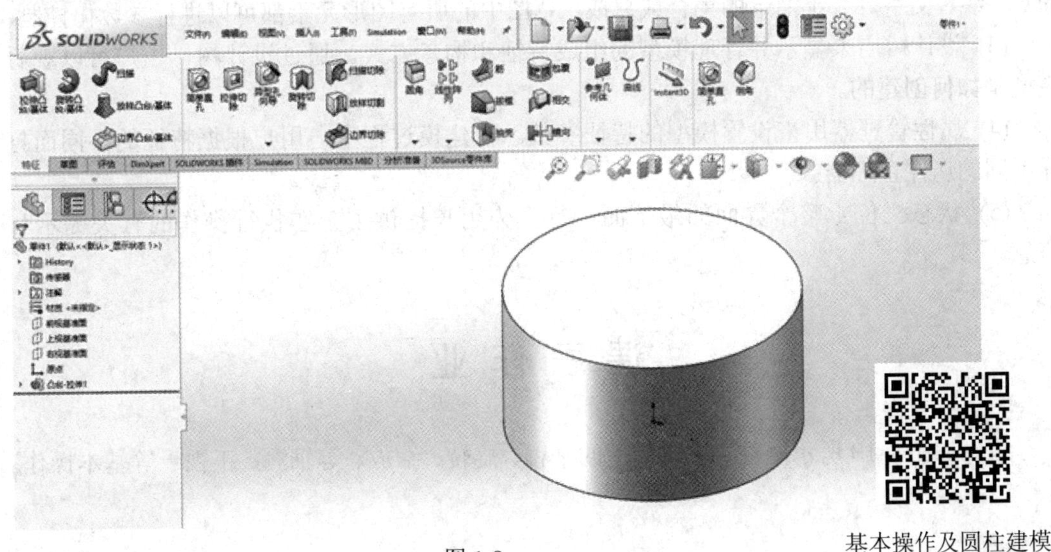

基本操作及圆柱建模

图 1-8

通过该例题还可学习如下知识点：

(1) 认识坐标系和基准面。

(2) 特征和草图选项卡的操作。

(3) 视图的观察方式——前导视图工具栏，如图 1-9 所示。

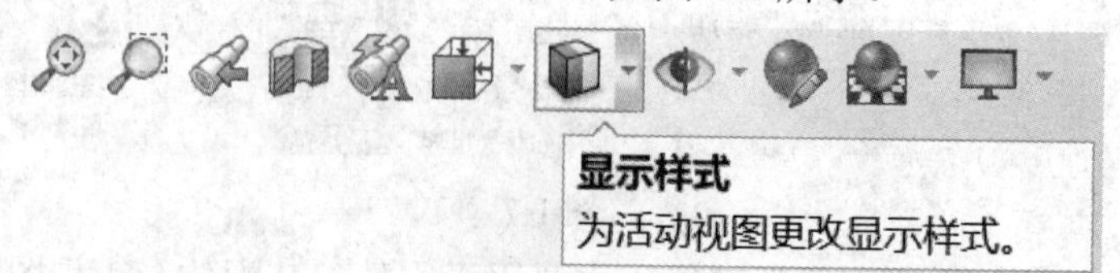

图 1-9

注：单击“前导视图工具栏”中“视图定向”按钮，可以切换各种视图方向，即旋转、平移、缩放、正视于、等轴测、结束命令的快捷操作。

旋转：按下鼠标中键拖拽；

平移：“鼠标中键+Ctrl”拖拽；

缩放：“鼠标中键+Shift”拖拽或者滚动鼠标中键滑轮；

正视于：“Ctrl+8”键；

等轴测：“Ctrl+7”键；

结束命令：按键盘上的 Esc 键，或在绘图区空白处单击鼠标右键，在弹出的浮动菜单中使用鼠标左键单击“选择”选项。

按以上内容练习并操作图 1-8 所示的零件。

本讲小结

(1) 零件建模过程：“新建”→“零件”→“草图绘制”→“特征”。

(2) 草图绘制是零件创建模型的基础。所谓草图，是指在某个指定平面上(草绘平面)的点、线、文字等二维图形的集合或总成，草图中的所有图形元素都可以进行参数化控制。

(3) 设计树用来显示并管理模型的组成特征和构建方式。通过设计树，用户可以观看模型是如何创建的。

(4) 属性管理器用来设置模型的特征参数。在建模过程中，用户根据特征的不同而打开不同的属性管理器。

(5) 状态栏位于整个界面的最下面一行，为用户提供了正在执行操作的有关提示和信息。

课后作业

绘制如图 1-10 所示圆柱，练习模型的平移、旋转、缩放、等轴测、正视于等基本操作。

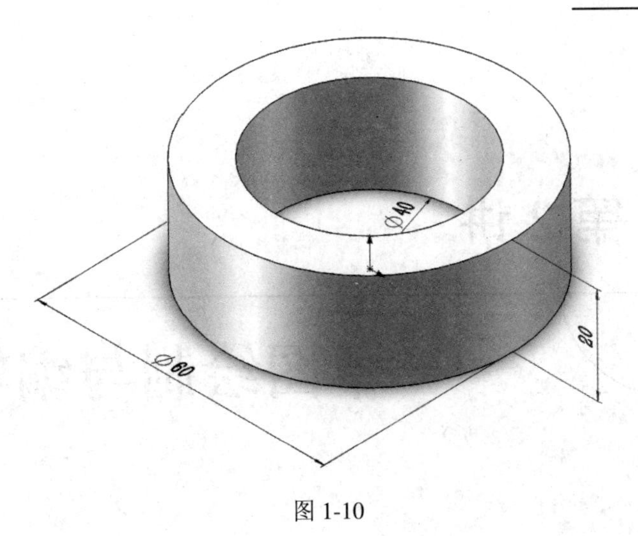

图 1-10

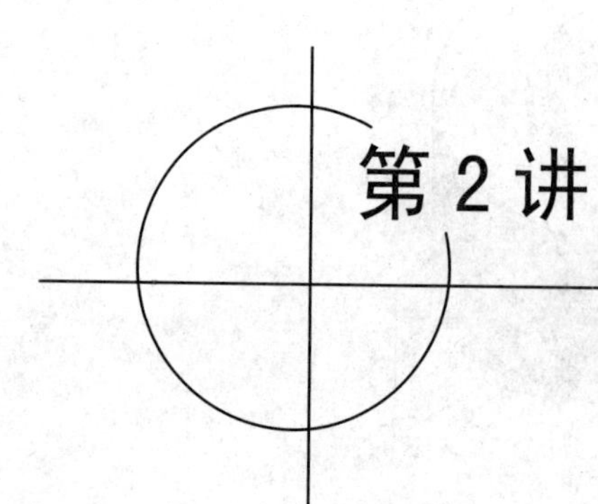

第 2 讲 草图绘制与编辑

教学目标

(1) 掌握草图的建立、退出、编辑及删除方法，能够根据需要切换草图的视角，正确理解草图完全定义、欠定义、过定义；

(2) 熟练使用草图工具栏中常用的命令(直线、矩形、多边形、倒角、倒圆角，直线的剪裁与延伸，直槽口、镜像与阵列等)绘制草图；

(3) 理解并能熟练应用几何约束(包括添加、删除)和草图图元创建时系统的自动捕捉功能；

(4) 了解草图中构造几何线的概念和应用；

(5) 掌握智能尺寸工具及尺寸标注的规则、方法。

(6) 通过案例学习绘制复杂草图的思路。

草图是创建零件模型的基础，几乎所有三维零件的造型设计都离不开二维草图(因本书不涉及三维草图，以下简称“草图”)，也就是说，草图描述了一个特征的截面或轮廓，通过某种造型功能生成特征。本讲主要针对草图绘制、草图编辑、草图尺寸标注、草图的几何关系以及草图完全定义等进行讲解。

2.1 草图的基本操作

1. 新建草图

二维草图必须建立在一个平面上，可以为基准面，也可以为已经存在的实体上的平面。单击“文件”→“新建”→“零件”→“草图绘制”命令后，提示选择绘制草图的平面，根据需要在系统已经存在的 3 个基准面中选择其一。然后运用“草图”选项卡中的“草图工具”绘制草图(见图 2-1)。读者可以在操作过程中体会设计树的变化及设计树的展开方法。

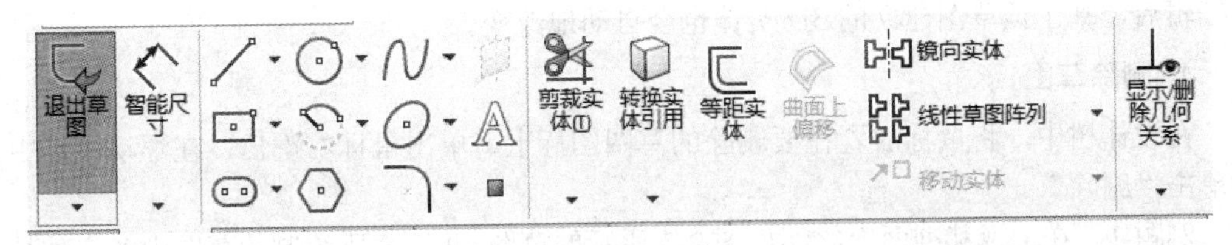

图 2-1

新建草图后，一般草图平面采用“正视于”用户的视角，也就是草绘平面“平铺”在屏幕上。为了方便观察草图在空间相对于已经建立的实体特征的位置，也可以采用“Ctrl+7”快捷键切换到等轴测状态。但在“正视于”视角下(可以用“Ctrl+8”快捷键切换)绘制线条时更容易精准控制绘制位置。图 2-2 为一个在前视基准面上绘制的草图(内容为过原点的 $\phi 30$ 的圆)在“正视于”和“等轴测”两种视角下的对比。

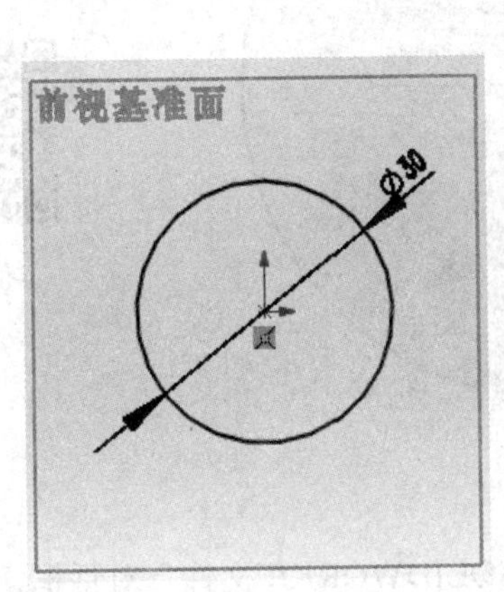

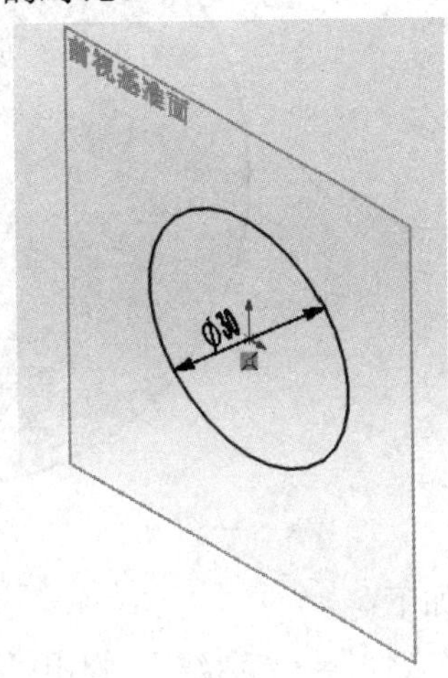

图 2-2

草图有完全定义、欠定义、过定义三种状态：

(1) 完全定义：草图中所有的直线、曲线(以下称为“图元”)的尺寸和位置被完整描述(此时草图颜色为黑色)；

(2) 欠定义：草图中有部分直线、曲线的尺寸或位置未完整描述(此时未被完全定义的图元颜色为蓝色)；

(3) 过定义：草图中的尺寸或几何关系发生冲突或重复(此时草图颜色为黄色)。

一张规范的草图必须为完全定义状态，其依赖于合适的尺寸标注、坐标系与各图元以及各图元之间的位置关系(几何关系)。

2. 退出草图

一张草图建立完成后，单击“退出草图”按钮或者绘图区域的按钮即可退出草图，注意退出草图后和草图绘制状态下草图颜色的变化。退出草图后，草图工具栏中的命令就会变成灰色的“非激活状态”，意味着草图不能再被编辑。

3. 重新进入草图状态进行编辑

在设计树中，将鼠标放置在将要编辑的草图图标上，单击鼠标右键后，在出现的浮动窗口中鼠标左键单击图标，就可以重新进入草图状态，根据需要重新编辑草图。草图重新编辑后，基于该草图建立的 3D 实体也会自动地改变。

4. 删除草图

在设计树中，将鼠标放置在要删除的草图图标上，单击鼠标右键后，在浮动菜单中左键单击“删除”。

例题 1 在上视基准面上绘制如图 2-3 所示的草图，并检查所绘制的草图中各实体是否完全定义(所有线条显示成黑色)。

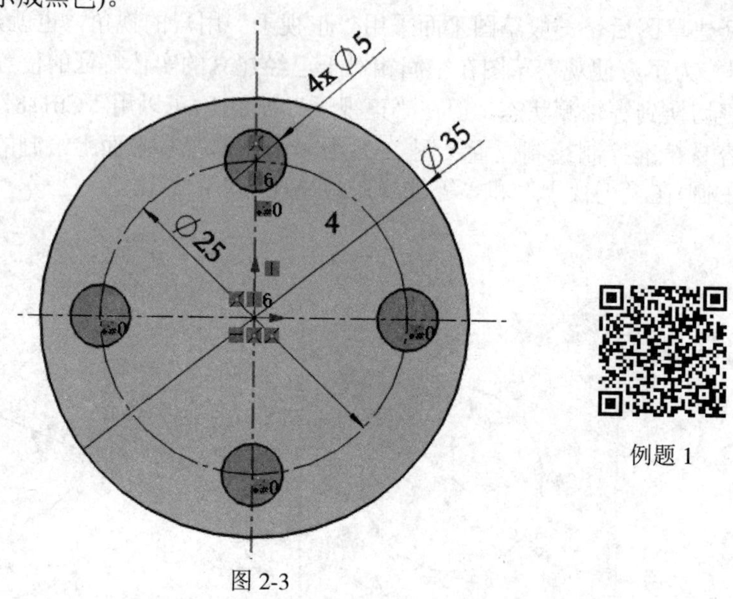

例题 1

图 2-3

操作步骤如下：

(1) 单击“文件”→“新建”，弹出“新建 SOLIDWORKS 文件”对话框，单击“零件”按钮，然后单击“确定”按钮。

(2) 在 FeatureManager 设计树中选择“前视基准面”，单击“草图”工具栏上的“草图绘制”按钮，进入草图绘制。

(3) 绘制中心线。单击“直线”按钮的小三角，选择图标 中心线(N)，移动光标到坐标原点水平附近，系统将显示出推理线，并出现“—”符号，如图 2-4 所示，这表明系统将自动给绘制的中心线添加“水平”几何关系，在终止点处单击“确定”按钮，确定终止点，用同样方法画垂直中线，如图 2-5 所示。

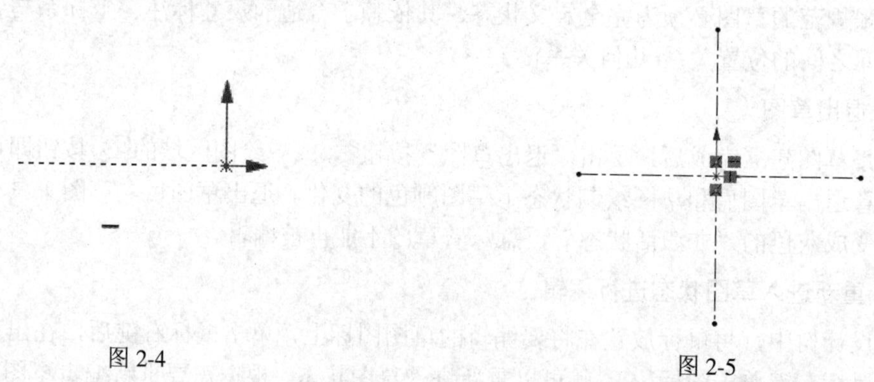

图 2-4　　图 2-5

(4) 绘制圆。单击草图工具栏上的“圆”按钮，移动鼠标捕捉坐标原点，出现重合符号，单击该符号，放置圆心到坐标原点，然后移动指针并单击来确定圆的大小(后续用“智能尺寸”标注)，如图 2-6 所示。

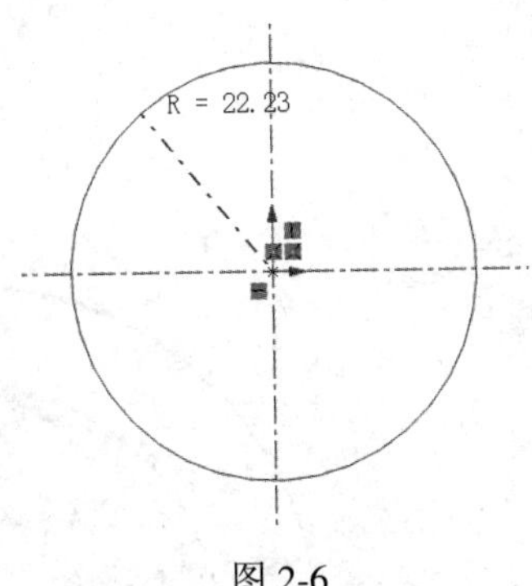

图 2-6

(5) 绘制中心线圆。先按照步骤(4)的方法绘制实线圆，将鼠标移至该实线圆，该实线圆会高亮显示，单击鼠标右键，出现菜单，如图 2-7 所示，然后单击“构造几何线”按钮，该实线变为构造几何线，构造几何线的线型与中心线相同，如图 2-8 所示。

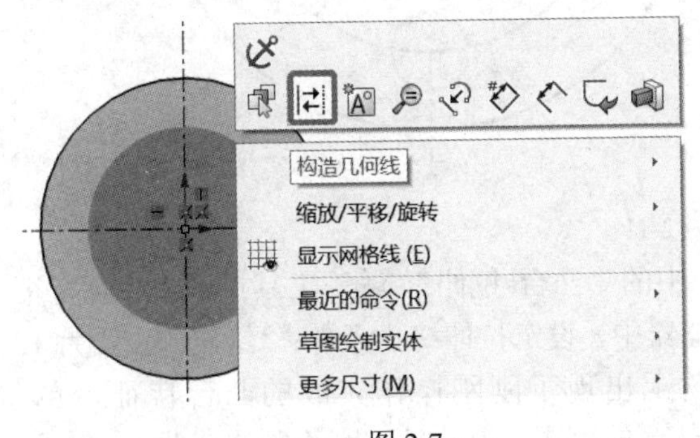

图 2-7

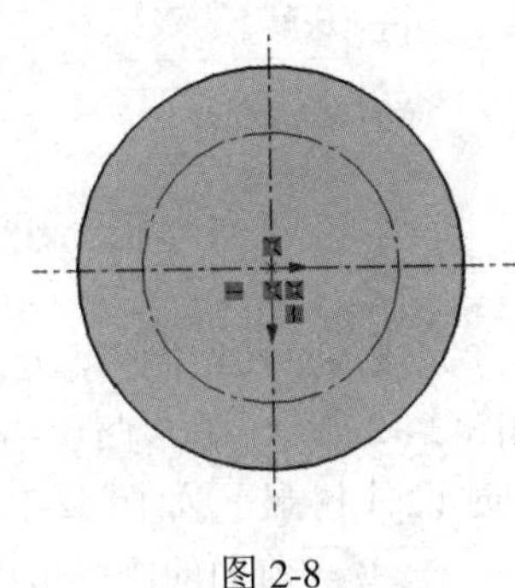

图 2-8

(6) 绘制ϕ5 圆。

(7) 标注尺寸。单击“草图”工具栏上的“智能尺寸”按钮，然后移动鼠标，到需要标注的圆位置附近，该圆高亮显示，表示捕捉到了，单击鼠标选取该圆，移至要放置的位置，再次单击鼠标，在弹出的对话框中输入尺寸(见图 2-9)，按回车键后完成一个尺寸的标注。依次标注其余尺寸，得到如图 2-10 所示的草图。

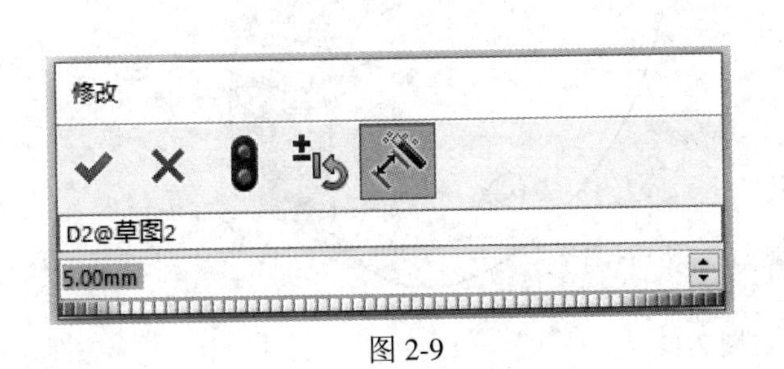

图 2-9

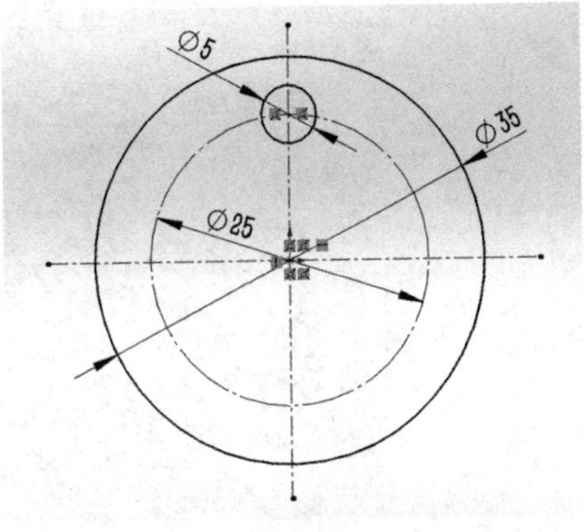

图 2-10

(8) 圆周阵列。单击草图工具栏上的“圆周草图阵列”按钮 圆周草图阵列，出现“圆周阵列”对话框，选择要阵列的实体ϕ5 圆，如图 2-11 所示设置“等间距”和“4”，然后单击圆周阵列对话框的“确定”按钮 ✔。

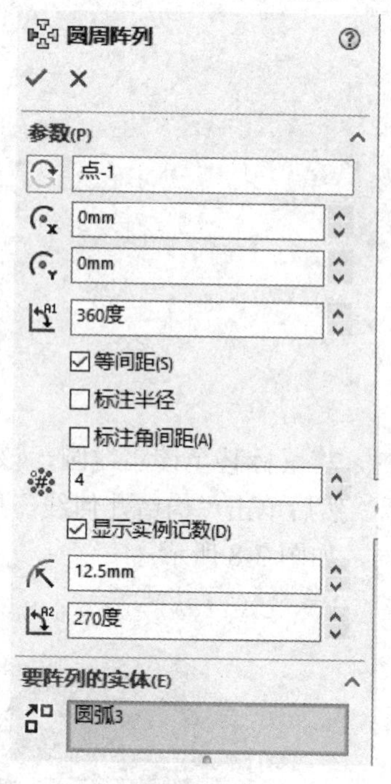

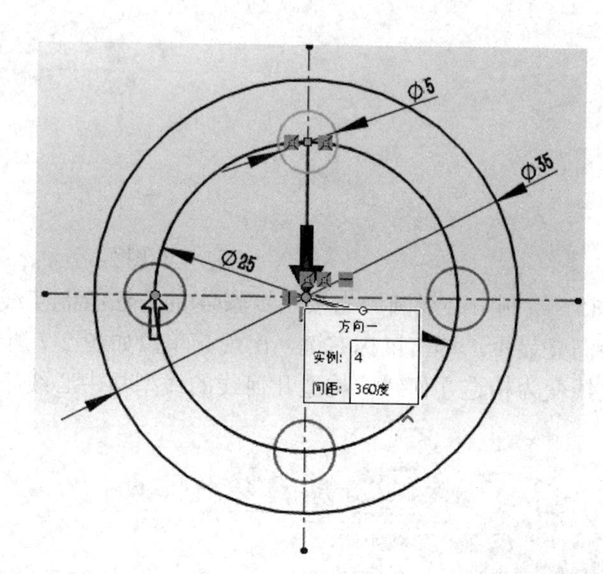

图 2-11

完成该草图绘制后，可以采用“特征”中的“凸台-拉伸” 工具拉伸成实体特征，如图 2-12 所示，在“凸台-拉伸”的属性管理器中，设定拉伸终止条件：“给定深度”为 10。此时设计树显示如图 2-13 所示，设计树上出现了刚刚操作完成的凸台特征，单击 凸台-拉伸1 前面的倒三角可以展开显示该凸台的草图，也就是刚刚绘制的草图 1。如果需要修改该零件，比如将 4 个小圆孔的直径改为ϕ8，可以采用本节所学的方法，重新进入草图，双击小圆孔尺寸，在弹出的对话框中修改尺寸为 8。退出草图后，发现凸台特征随之改变，如图 2-14 所示。

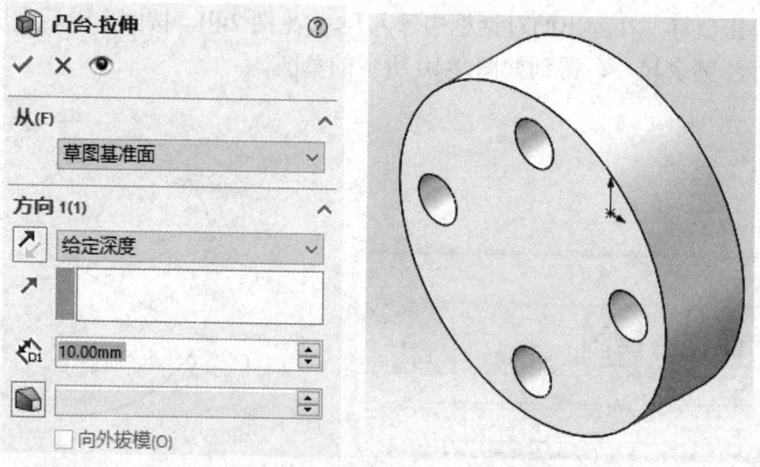

图 2-12

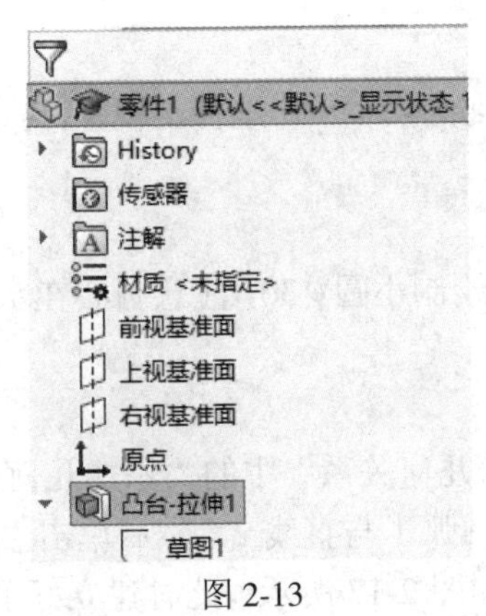

图 2-13

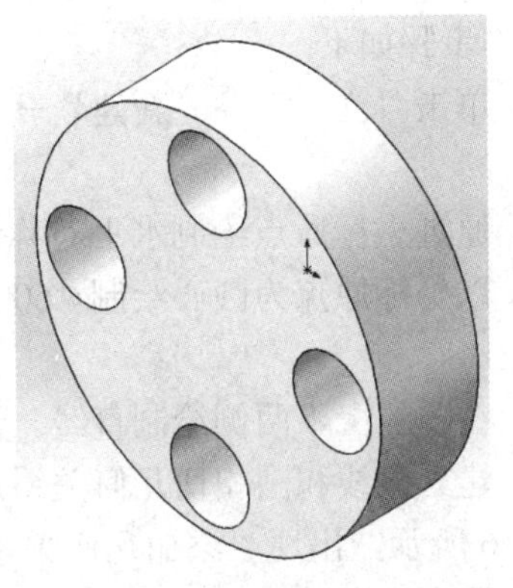
图 2-14

另外，草图中点划线的直线以及点划线的圆，可以用来限制或者定位草图中的某些元素，对拉伸特征并没有实际影响，统称为“构造几何线”。构造几何线如果是线段，可以用“中心线”工具按钮 中心线(N) 直接绘制；如果是其他图元，可以单击选中其图元后，采用弹出的快捷工具进行转换。构造几何线一般不参与实体建模，仅作为基准参照使用，或者辅助生成草图和几何体。当草图被用来生成特征时，构造几何线被忽略。构造线一般以“点划线”样式显示。

2.2 几 何 关 系

几何关系是草图中图元与坐标系，各个图元之间，或图元与已经建立的特征几何体之间的位置关系，对于草图来说，几何关系是一种约束，将与尺寸一起来使草图被“完全定义”。在上面例子中，我们已经使用了(点的重合)、(直线水平)、(直线竖直)等几何关系类型，这些几何关系是在绘制图元的过程中，系统自动“捕捉”建立起来的。

2.2.1 几何关系的添加

几何关系的添加有两种方法：

(1) 在绘制图元时，系统在坐标系及已经绘制的图元的基础上自动捕捉而建立；

(2) 操作者根据需求用“添加几何关系”建立。

下面通过例题来展示两种几何关系创建方法。

例题 2 在上视基准面上绘制草图，如图 2-15 所示。

例题 2

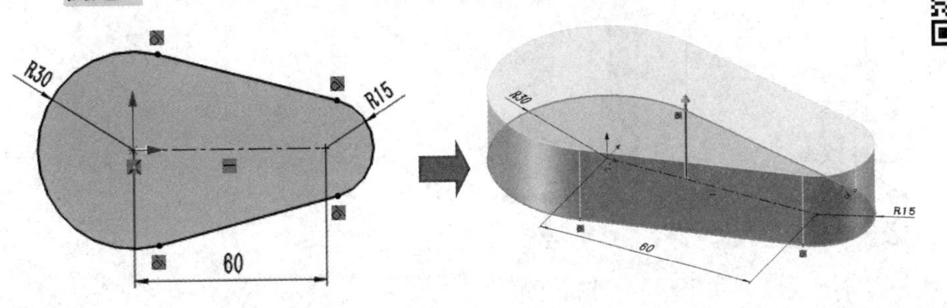

图 2-15

操作步骤如下：

(1) 单击“文件”→“新建”→“零件”→“草图绘制”，选择上视基准面作为草绘平台。

(2) 通过坐标原点绘制水平对称线。

(3) 以坐标原点为圆心绘制 ϕ60 大圆；在大圆右侧绘制小圆 ϕ30，注意圆心在水平对称线上。

(4) 在圆的上下两侧绘制直线。

(5) 建立直线和圆相切几何关系。选择“显示/删除几何关系”中的“添加几何关系”，如图 2-16 所示，出现“添加几何关系”对话框，选择圆弧 1 与直线 2，然后单击“添加几何关系”中的“相切”，并单击左上角的✔退出命令，如图 2-17 所示，此时建立好了圆弧 1 与直线 2 的相切关系，同理建立其他 3 处相切几何关系。

要添加几何关系，也可以采用直接选择多个图元的方式开始：先选择一个图元，按住“Ctrl+鼠标单击”，然后选择另一个图元，选中后会自动弹出几何关系属性框，即可选择这些图元可能的几何关系。

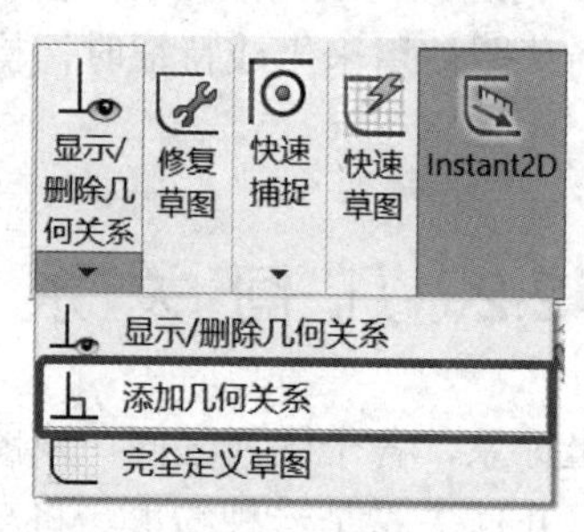

图 2-16

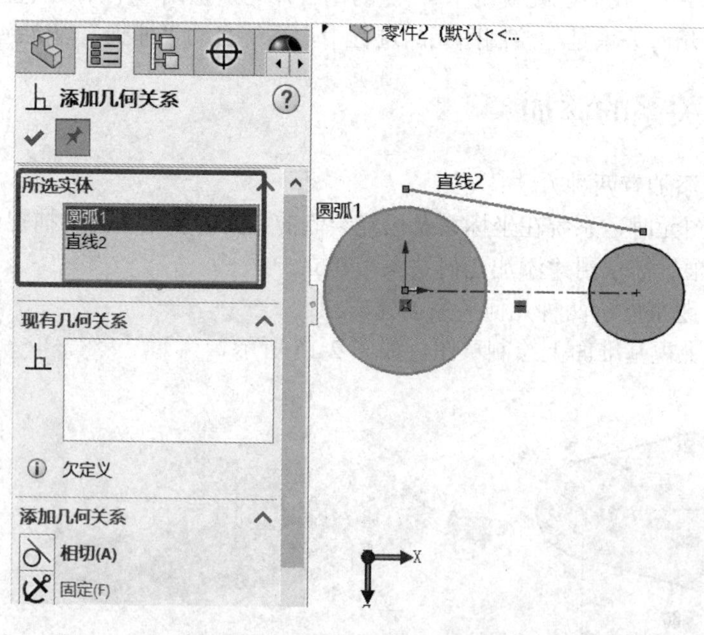

图 2-17

(6) 裁剪多余线条。若直线长度不够，则延伸实体。如图 2-18 所示，单击“剪裁实体”

按钮，弹出“剪裁”属性对话框，如图 2-19 所示，单击“剪裁到最近端”，然后将鼠标移到绘图区，单击需剪裁的多余线条。单击“延伸实体”按钮，然后将鼠标移到绘图区，单击需延伸的线条。剪裁完成后如图 2-20 所示。

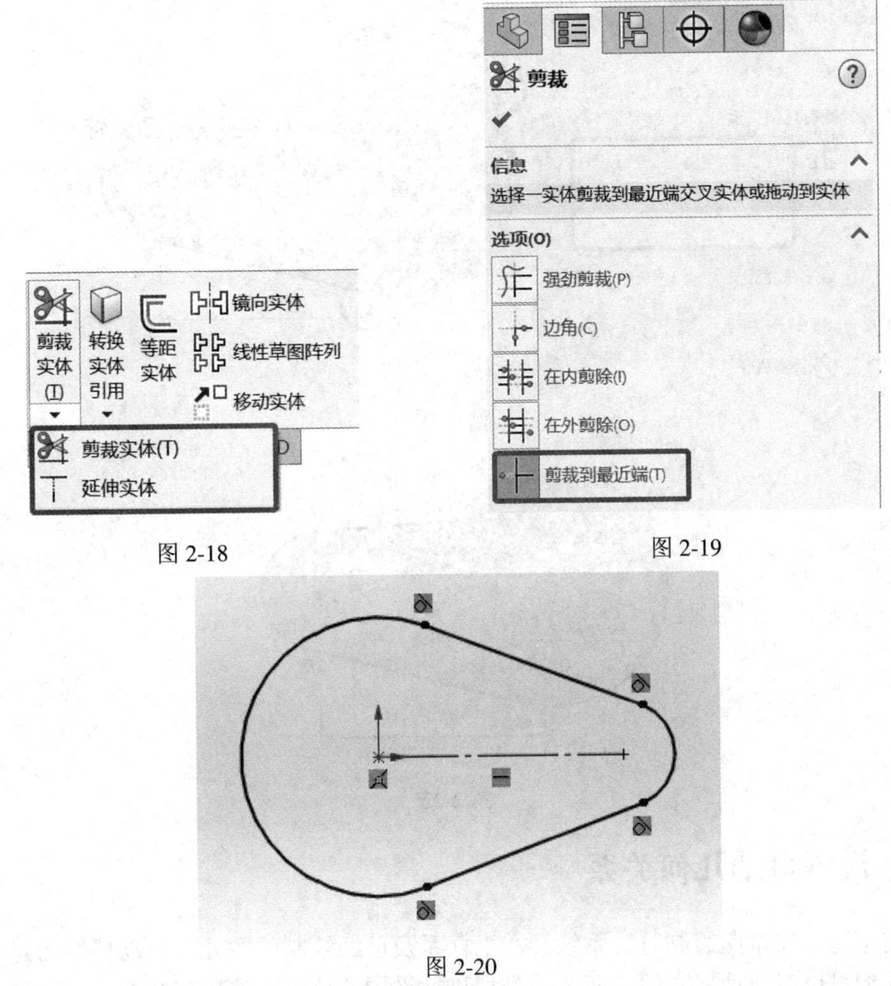

图 2-18

图 2-19

图 2-20

(7) 用“智能尺寸”标注 R30、R15 和中心距 60，完成草图绘制。采用“特征”→“拉伸凸台/基体”拉伸出实体(给定深度设为 10)。

上述例题中草图绘制的总体过程是“绘制图元”→“建立几何关系”→“标注尺寸”，几何关系往往优先于标注尺寸。

2.2.2　几何关系的显示与删除

在草图中，当单击某个图元后(单击图 2-21 中的大圆弧 R30)，不但绘图区会显示几何关系的图标(图中椭圆圈画处)，其对应的属性管理器中也会显示已经具备的几何关系(方框圈画处)，如图 2-21 所示。单击绘图区中的几何关系图标将其选中后，按“Delete”键可以将其删除。使用该方法可删除上侧线的“相切”几何关系，发现上侧线段变成了蓝色，缺少了“相切”几何关系后，草图就“欠定义”了，此时可以用鼠标左键拖动圆弧和直线的交点，任意移动位置，如图 2-22 所示。在实际建模中，删除几何关系的情况不多见，上述操作只是为了体验几何关系在定义草图中的作用。

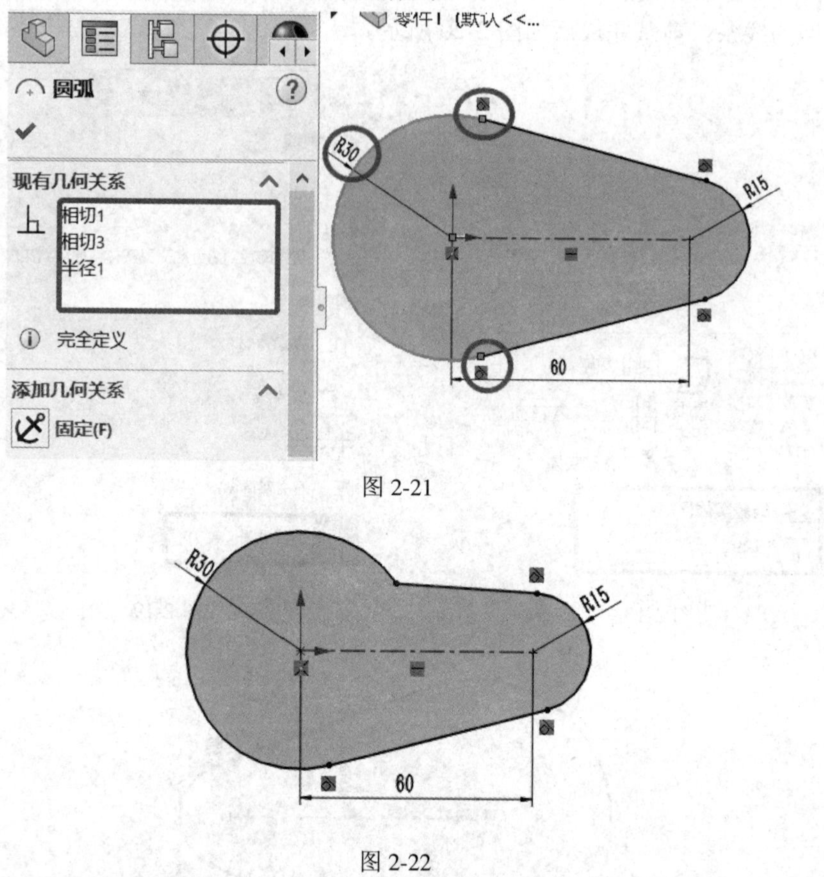

图 2-21

图 2-22

2.2.3 设置自动几何关系

如前所述，在草图绘制时，系统会在坐标系及已经绘制的图元上自动捕捉而建立几何关系。我们可以对自动建立的几何关系类型进行设置。单击“选项”命令，切换到“系统选项”选项卡，选择“几何关系/捕捉”选项，并选中“自动几何关系”复选框，如图 2-23 所示。

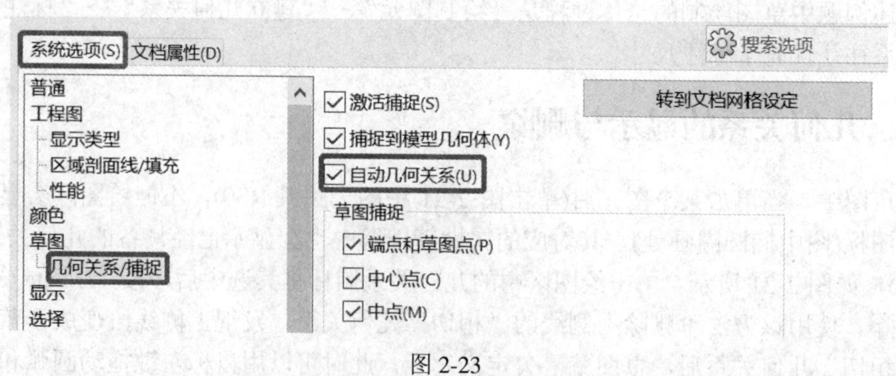

图 2-23

2.3　自动捕捉及尺寸标注

2.3.1　自动捕捉

在绘制图元时，将鼠标靠近已经存在的图元，发现图元上的某些特征点会高亮显示，单击之后新建图元就会经过这些特征点，这就是自动捕捉。可以自动捕捉的有坐标原点，直线的端点、中点，圆心，圆上的四分点等。

设置自动捕捉步骤：单击“选项”，选择“系统选项”→“草图”→“几何关系/捕捉”，将所需的捕捉项目勾选即可，如图 2-24 所示。

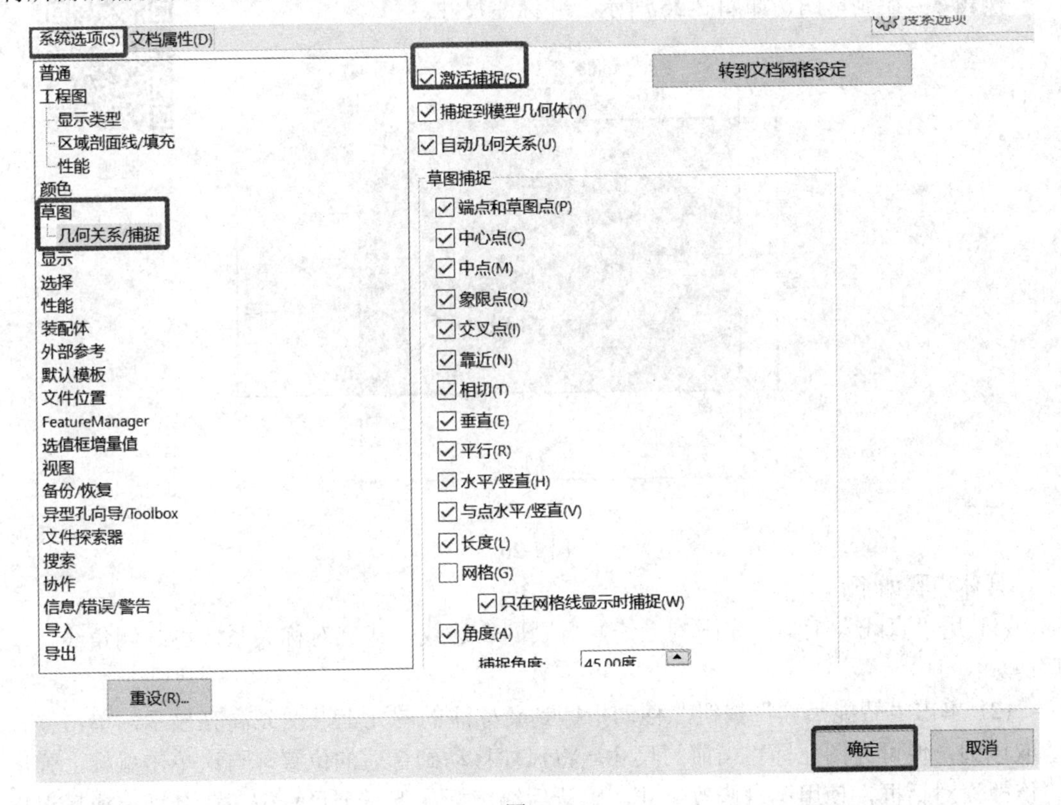

图 2-24

绘制草图时使用自动捕捉会很方便，但需合理使用，防止建立不需要的几何关系。

2.3.2　尺寸标注

尺寸标注如图 2-25 所示的几种方法，但最常用的是“智能尺寸”。下面通过例题实践并体会它的用法。

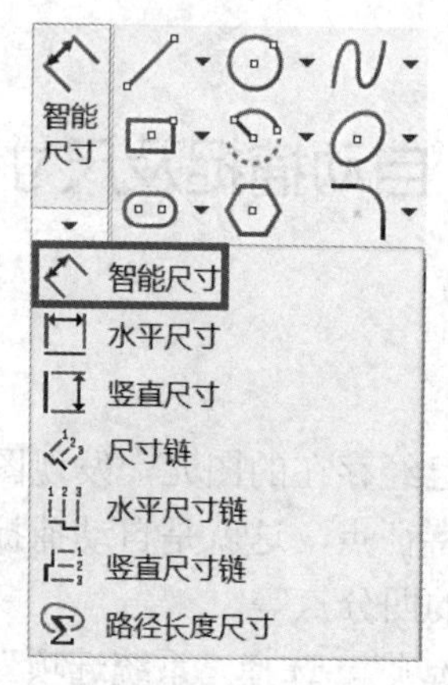

图 2-25

例题 3 绘制草图，如图 2-26 所示，并标注尺寸。

例题 3

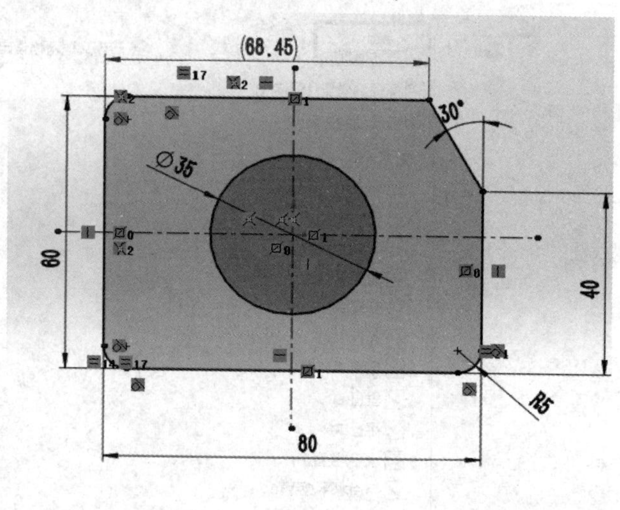

图 2-26

具体步骤如下：

(1) 用“直线”工具，先画构造线，再画四个边线，建立对称关系，再画倒角线，最后剪裁。

(2) 单击“智能尺寸”按钮，移动指针到要标注的图元上，图元高亮显示，单击鼠标选取该圆，便可为图元标注当前的尺寸，将尺寸移动到合适的位置，再次单击鼠标，弹出“修改”对话框，使用键盘修改尺寸，确认后继续标注下一个尺寸……，全部完成后退出“智能尺寸”工具。

在标注上方尺寸为 68.45 时，系统会提示“过定义”，我们可以将其设置为“从动尺寸”，方便读图时参考。在制图中，把尺寸数字加()以示区别，如图 2-26 所示。

在标注尺寸过程中选择图元时，往往会智能显示尺寸，如果出现的尺寸不是用户所要的，则移动指针位置，或者继续选择后续的图元，直到出现用户预想的尺寸。

修改尺寸：在草图上单击尺寸数字，直接使用键盘输入正确的数字，按下回车确认即可。

删除尺寸：在草图上单击尺寸线，高亮显示该尺寸后，按“Delete”键进行删除。注意必须在“草图编辑”状态才能进行操作。

移动尺寸位置：在草图上单击尺寸线(或尺寸界限)的任何位置，按住左键拖动。

例题 4

尝试和思考　如果在第(1)步中，用“矩形”工具进行绘制，会出现什么问题？

例题 4　在“前视基准面”上绘制草图，如图 2-27 所示，(坐标原点位于草图左下角)，并将该草图采用“旋转凸台/基体”创建图示 3D 模型。

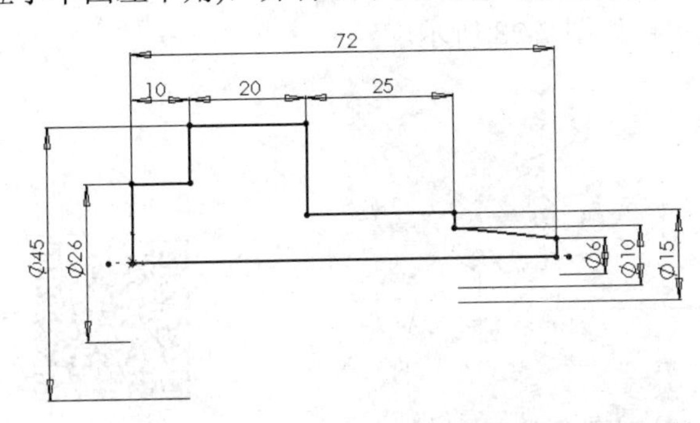

图 2-27

注意草图中标注的是直径，而不是半径。进入草图绘制状态后，首先经过坐标原点绘制一条水平的点划线(构造几何线)，作为标注“双边对称尺寸”的基准，同时也是草图旋转形成 3D 实体的轴线(建立第一条点划线的时候，可以通过自动捕捉使其经过坐标原点)。然后画出草图的大致外形，最后采用“智能尺寸”标注所有的径向尺寸和轴向尺寸，在标注径向尺寸时，一定要选择图中的轴线作为基准，否则只能标注出“单边”。

在标注并修改草图尺寸的过程中，草图轮廓会完全变成无法识别的形状，这是因为系统给当前图元约束了尺寸，而其他图元就会跟随当前图元一起移动造成的。由于变形严重，影响了后续尺寸的标注。在这种情况下，可以“撤销”最后一步操作，回到上一步。但通常情况下，按住鼠标左键拖拽图中的“蓝色”(尚未定义)线条到正常的形状。

草图中图元的选择方式是鼠标左键单击，比如鼠标左键选中一个已经绘制好的图元(或者尺寸、注释等)，该图元被选中后，按下键盘上的“Delete”键可以将其删除。如果需要选中多个图元，可以按住鼠标左键，在绘图区域由左上角拖向右下角画出一个矩形框(正选框)，所有被该框完全圈住的图元都可以被选中，如果某个图元只有部分在矩形框中，则该图元不能被选中；如果该框是从右下角拖到左上角(反选框)的，则所有被该框碰触到的图元(包含只有一部分在框中的图元)将被选中。图元被选中后，可以进行删除或者其他操作。

2.4　复杂草图绘制

复杂草图往往由多个(种)草图特征(图元)组成，这些草图特征需要采用较多的尺寸和几何关系实现完全定义。在机械设计中，尺寸的标注具有严谨的规则。总体而言，有定形尺寸和定位尺寸两类，定形尺寸是确定某个特征形状的尺寸；定位尺寸是确定两个特征之间位置关系的尺寸。比如在例题 2 中，R30 和 R15 就是确定两个圆弧形状的定形尺寸，而水平距离 60 是确定两个圆弧中心位置的定位尺寸，除了这 3 个尺寸之外，还有圆心与坐标原点重合、圆心位置水平以及相切等多个几何关系，这些尺寸和几何关系一起确定了该草图的形状和在草绘平面上的位置，使其完全定义。

对于复杂草图，一定要做好分析，思路清晰，把握好绘制节奏。

草图由哪些部分组成？各部分由哪些图元组成？各图元的定形尺寸、定位尺寸以及与周边图元或坐标系的几何关系是什么？各图元分别采用哪些草图工具实现？下面通过一个例子来回答上述问题。

例题 5 在“上视基准面”上绘制草图，如图 2-28 所示。

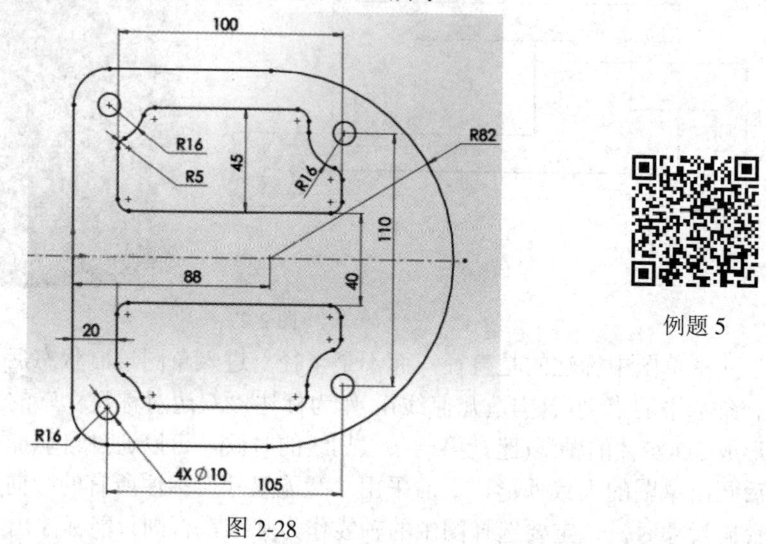

图 2-28

分析：该图形是上下对称的，组成如下：

(1) 外部封闭轮廓(半圆、与其相切的线段、1/4 圆角过渡、竖直线段围成)，定形尺寸为 R82，R16，定位尺寸为 88，坐标原点位于竖直线段中点。

(2) 内部 4 个小圆：定形尺寸为 $4 \times \phi 10$，左侧两个圆与 R16 过渡圆角圆心重合，右侧两个小圆通过 105、110 分别确定水平和竖直位置。

(3) 内部封闭线框(以上半部线框为例)：总体形状为长 100、高 45 的矩形，水平方向定位尺寸是 20、竖直方向定位尺寸是 40。此线框左上角为 R16 的圆弧(与左上角小圆同心)，右上角为 R16 的圆弧(与右上侧小圆同心)和相切的过渡竖直线段。线框所有拐角处均采用 R5 的圆弧过渡。

上述分析过程先从与坐标系直接相关的外部封闭轮廓开始，逐渐深入到与其关联的部分。反过来看，上述分析(3)中图元定位依靠(2)中图元；(2)中图元依赖于(1)，(1)中图元依赖于坐标系。

作图顺序和上述分析顺序一致，具体步骤如下：

(1) 运用图标 中心线(N) 绘制过原点的水平对称线；采用图标 在中心线上绘制圆，随后捕捉圆的上侧四分点绘制水平线段，捕捉原点绘制竖直线段，捕捉圆的下侧四分点绘制水平直线，运用图标 绘制 R16 圆角，最后使用图标 剪裁实体(T) 裁剪掉左侧半圆，采用“智能尺寸”标注 88 和 R82，如图 2-29 所示。

(2) 绘制内部上侧两个小圆。建立二者“相等”的几何关系，最后标注ϕ10、105、110 三个尺寸，如图 2-30 所示。

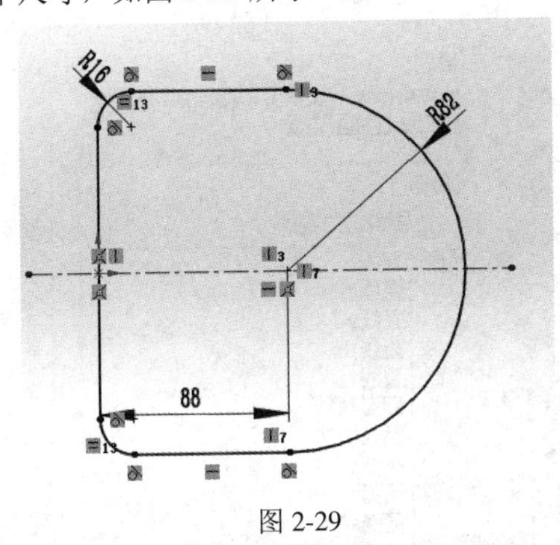

图 2-29

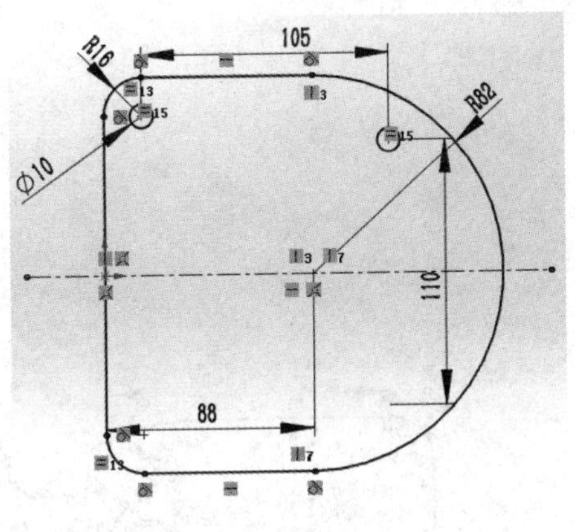

图 2-30

(3) 用图标绘制矩形框，标注其长 100、高 45，定位尺寸为 20、40，如图 2-31 所示；分别画两个与小圆同心的大圆，剪裁后，标注尺寸为 R16，如图 2-32 所示。

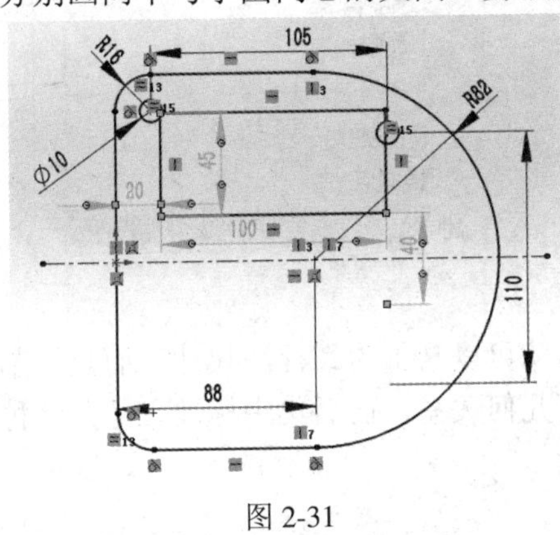

图 2-31

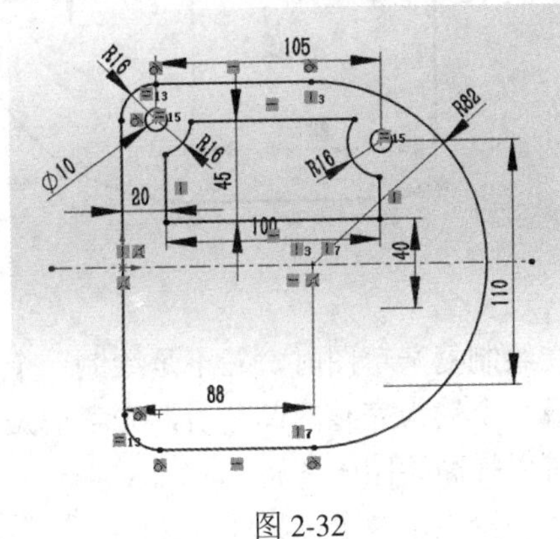

图 2-32

(4) 以右上侧圆弧的四分点为端点，绘制竖直线段，并剪裁多余圆弧和线段，形成封闭线框，如图 2-33 所示，对此线框尖角处作过渡圆弧 R5，如图 2-34 所示。

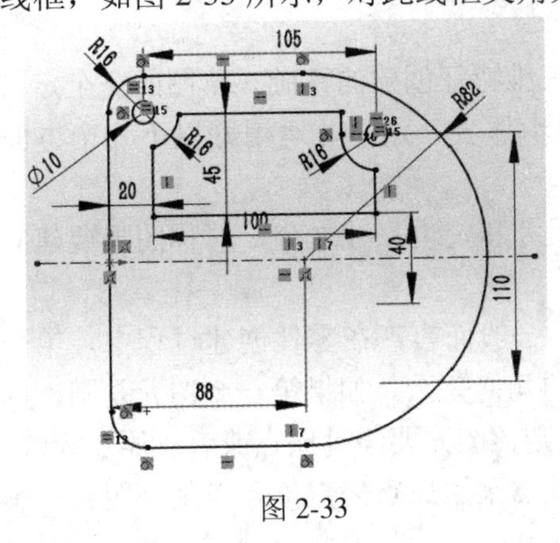

图 2-33

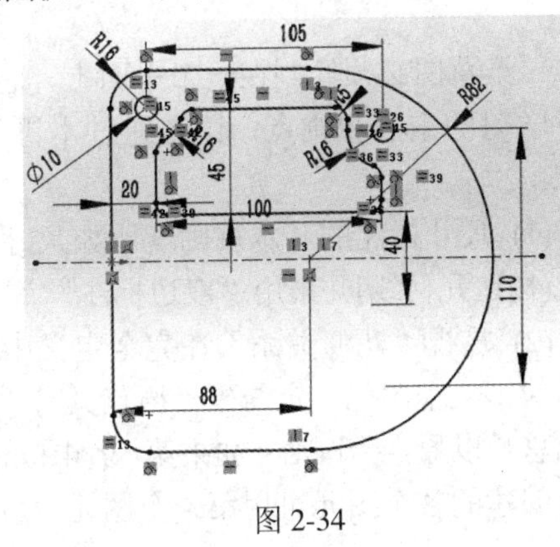

图 2-34

(5) 选中上半部分的圆、封闭线框，以中心线为对称轴，用图标镜向实体镜像到下半部分，由于选择的图元较多，可以采用“框选”的方式，如图 2-35 所示。

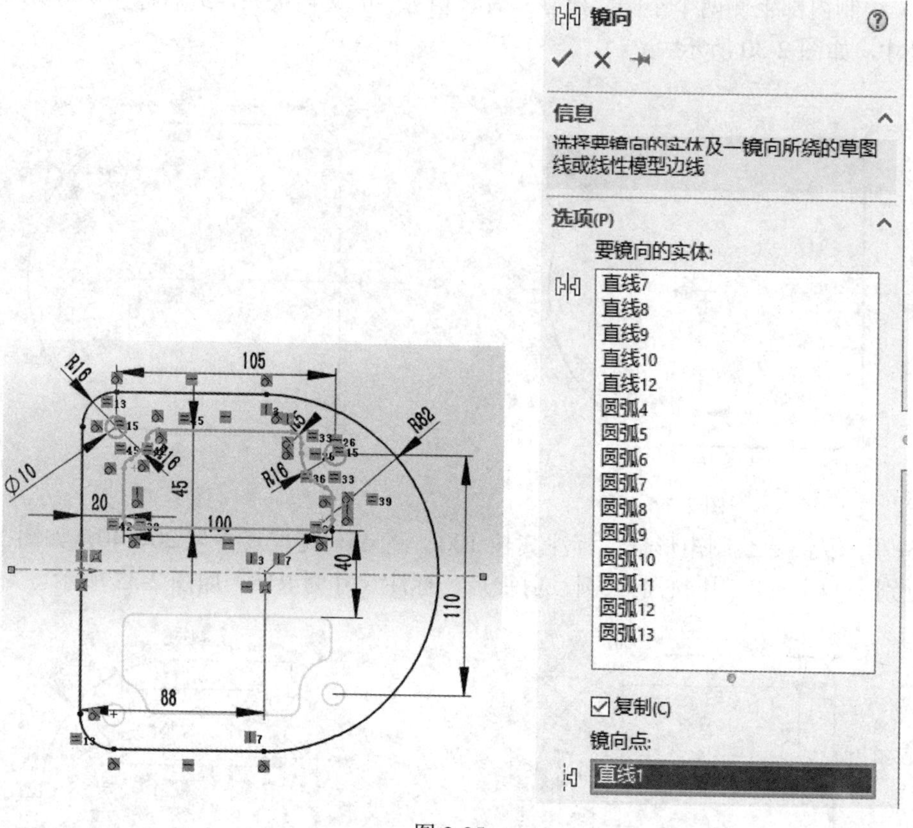

图 2-35

在绘制复杂草图时，并不是绘制一个图元后就可以马上为其标注尺寸，而是绘制、编辑完成一个较为完整的部分后，先考虑是否补充几何关系，而后集中标注尺寸，这种“节奏”可以提高绘图效率。

本讲小结

二维草图必须绘制在一个平面上，它是各种三维特征创建的基础。草图的完全定义是本讲学习的重点和难点，读者通过本讲学习应逐步体会、熟悉并运用好以下几个方面的知识：

(1) 尺寸标注的基本规则。比如尺寸有定形尺寸和定位尺寸之分，对称图形要建立对称线(构造几何线)并采用“双边标注”等。

(2) 重视“几何关系”在完全定义中的作用。一般而言，在零件创建过程中，第一张草图的第一个图元一定与坐标原点具有“重合”的几何关系。如果第一个图元是圆，则该图元总是以原点为圆心；如果第一个图元是线段，则该图元要经过原点或者以原点为端点。后续创建的各个图元可用第一个图元定位，或者依然采用原点来定位。当某个图元在确定其形状或者位置时，既可以采用几何关系，又可以标注尺寸，则优先选用几何关系，比如例题 5 中第 2 个小孔，其大小确定是建立与第一个小孔“相等”的几何关系。

(3) 充分利用构造几何线来定位图元。构造几何线可以为直线(点划线)，也可以为圆或者其他图形转化的点划线，作为图形的对称线，或者均匀分布图元的定位。比如例题 1 中的均布孔定位圆。

课 后 作 业

(1) 采用“拉伸凸台/基体”创建一个 50 × 30 × 20 的长方体，如图 2-36 所示，而后修改为 60 × 20 × 20 的长方体，如图 2-37 所示。

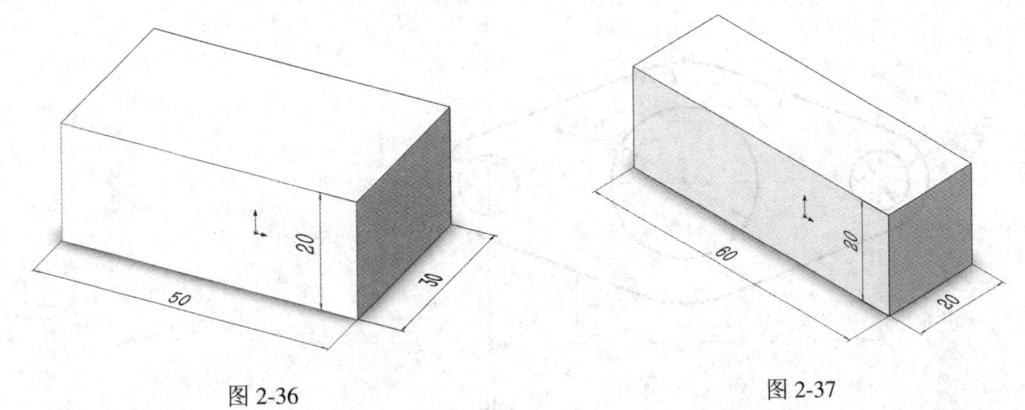

图 2-36　　图 2-37

(2) 绘制如图 2-38 所示的草图，并检查所绘制的草图中各实体是否完全定义(所有线条显示成“黑色”)。

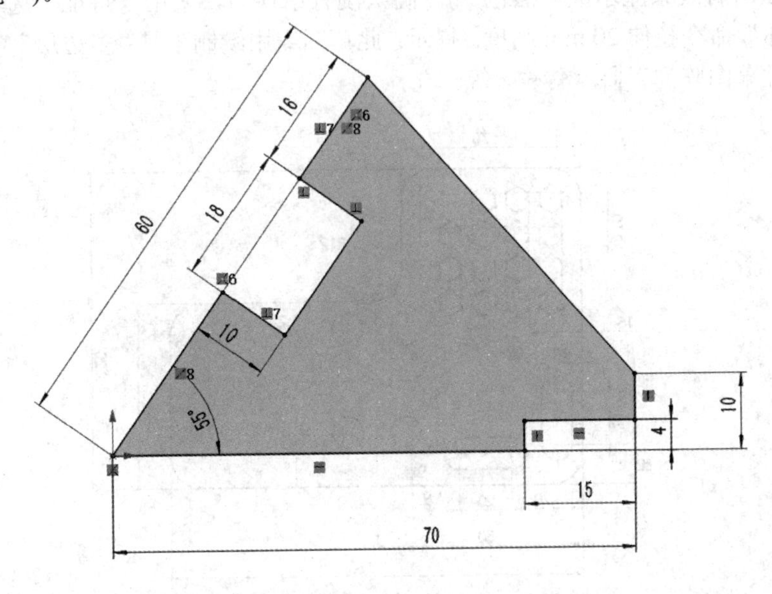

图 2-38

(3) 在“上视基准面”上绘制如图 2-39 所示的草图，并拉伸。

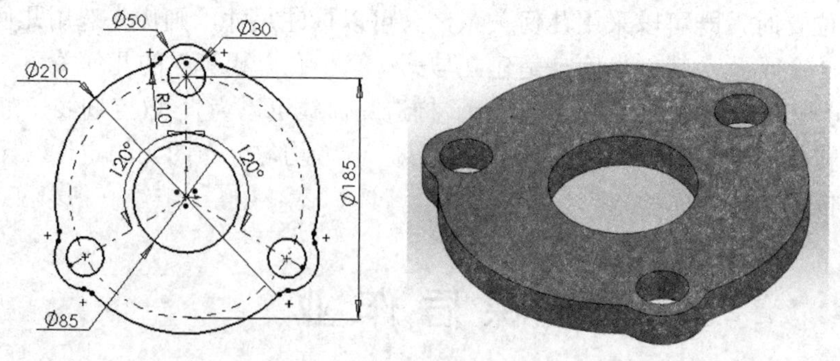

图 2-39

(4) 在“上视基准面”上绘制草图，并拉伸实体(拉伸厚度为 5)，如图 2-40 所示。

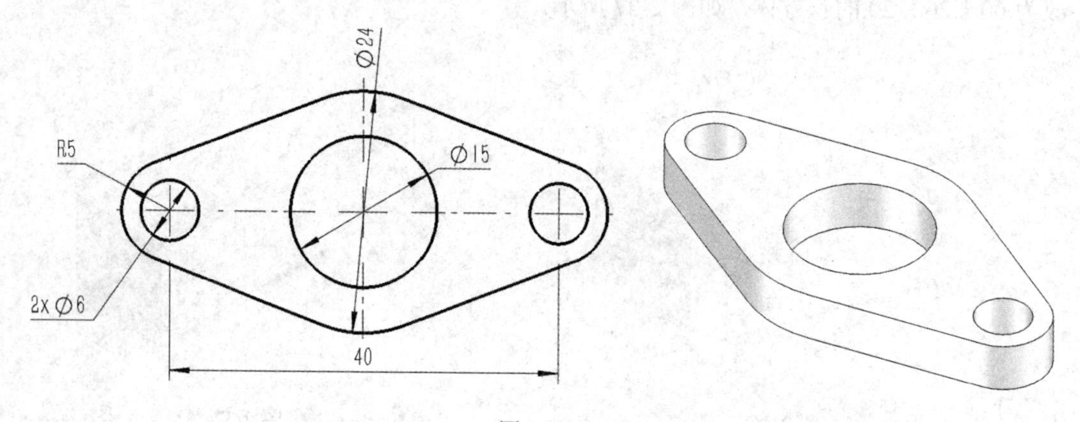

图 2-40

(5) 在“上视基准面”上绘制如图 2-41 所示的草图，并检查所绘制的草图中各实体是否完全定义(所有线条显示成“黑色”)。确认没有错误后，采用“特征”选项卡中的“拉伸凸台/基体”命令拉伸 20 mm 高度。提示：此草图需用绘制工具“多边形”、“直槽口”、“线性草图阵列”线性草图阵列等。

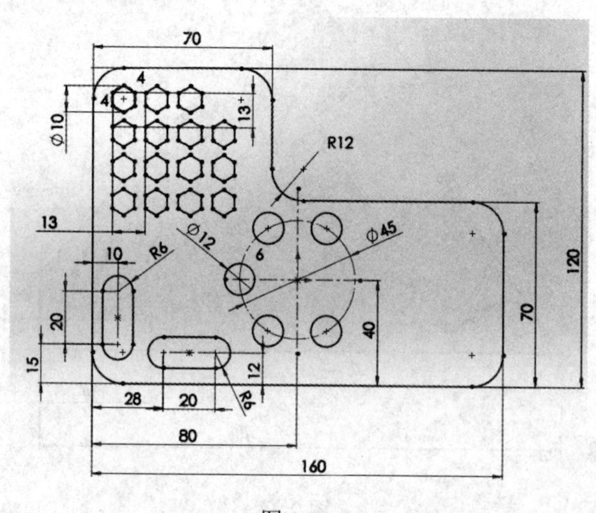

图 2-41

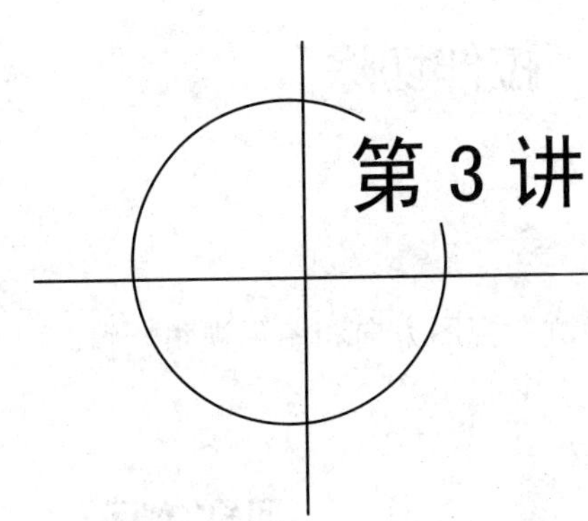

第3讲 基础特征建模(1)

教学目标

(1) 熟练掌握“拉伸凸台/基体”“拉伸切除”“旋转凸台/基体”以及“旋转切除”等工具创建特征和这些工具的操作方法;

(2) 体会基准面在3D建模中的应用并掌握其创建方法;

(3) 巩固草图绘制工具的使用，尤其是掌握在创建零件第1个特征后，后续特征的草图绘制中“转换实体引用”的使用技巧。

各种复杂的实体模型都是由多种“特征”通过叠加、切割或者相切、相交而形成的，这些特征对于SOLIDWORKS来说，是一个重要的概念，因为它们是构成零件的基本要素。根据实体模型构成特点和建模步骤，结合工程制图教学的需要，本书将重点学习图3-1中各特征的创建方法，其中“基准点”“基准轴”内容融合在本书后续章节案例中，随用随学，“坐标系”特征本书没有涉及。

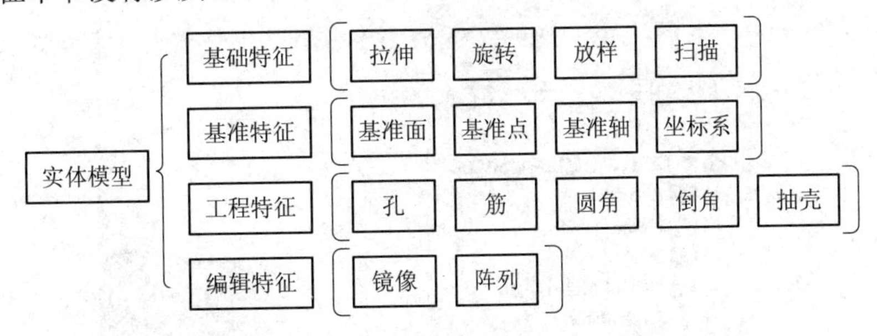

图3-1

基础特征是构成零件实体的主要部分，在零件3D模型创建过程中，首先采用基础特征创建零件的主体部分，之后采用工程特征(也称为设计特征)创建其余的细枝末节，或者用编辑特征中的镜像或者阵列创建重复的结构。工程特征和编辑特征依附于基础特征，它们不能独立存在。在基础特征创建的过程中，需要采用基准特征(基准面最常用)作为参照辅助创建实体模型。

3.1 “拉伸凸台/基体”和“拉伸切除”

3.1.1 基本操作

例题 1 创建如图 3-2 所示的截切圆柱，要求“等轴测”视图方向和图示视角一致。

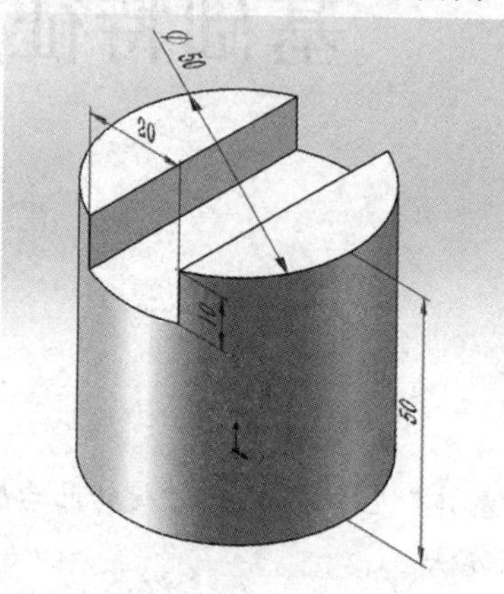

例题 1 截切圆柱

图 3-2

具体步骤如下：

(1) 绘制ϕ50 × 50 圆柱，如图 3-3 所示。选择“上视基准面”绘制ϕ50 草图，并选择“拉伸凸台/基体”，设置“给定深”为 50，得到该特征。

在创建一个复杂实体时，为第一个草图选择基准面是一件重要的事情，因为这决定了实体在给定空间坐标系中的方向。为了按给定的空间方向绘制出实体，往往在选择基准面之前，将绘图区域按“等轴测”显示(或按“Ctrl+7”键)，可以方便地按照特征类型(拉伸、旋转、扫描、放样)选择合适的基准面。并且，在绘制草图的过程中，常常需要在“等轴测”和“正视于”两个视图方向之间进行切换。读者可以自行总结两个视图方向的优缺点。

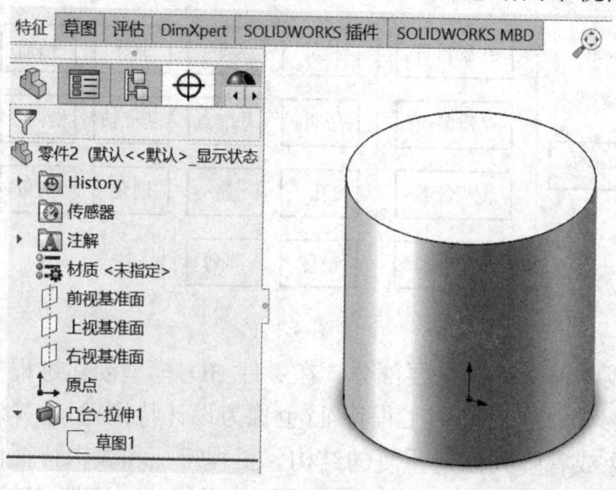

图 3-3

(2) 绘制用于“拉伸切除”特征的草图。如图 3-4 所示，单击“草图”，选择“前视基准面”，然后单击“正视于”，开始绘制草图。

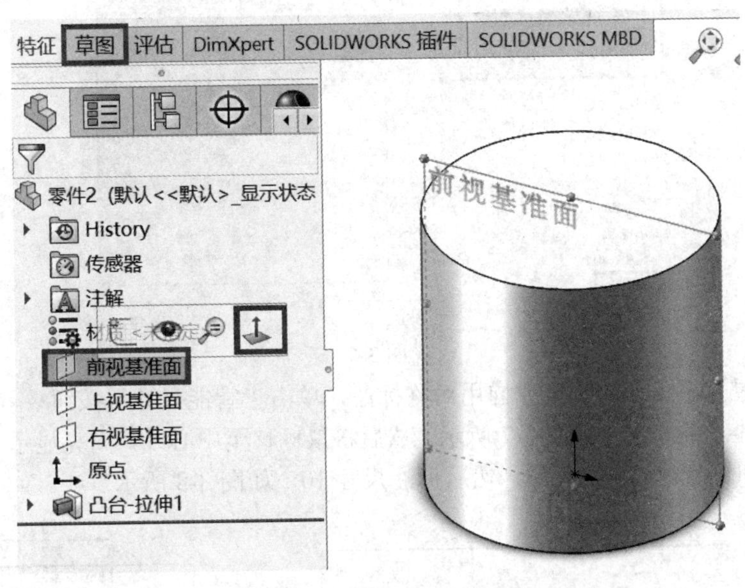

图 3-4

(3) 绘制草图、对称形状。先经过原点绘制竖直中心线(构造几何线)，然后用“直线”工具╱绘制矩形，注意利用自动添加几何关系，如图 3-5 所示。

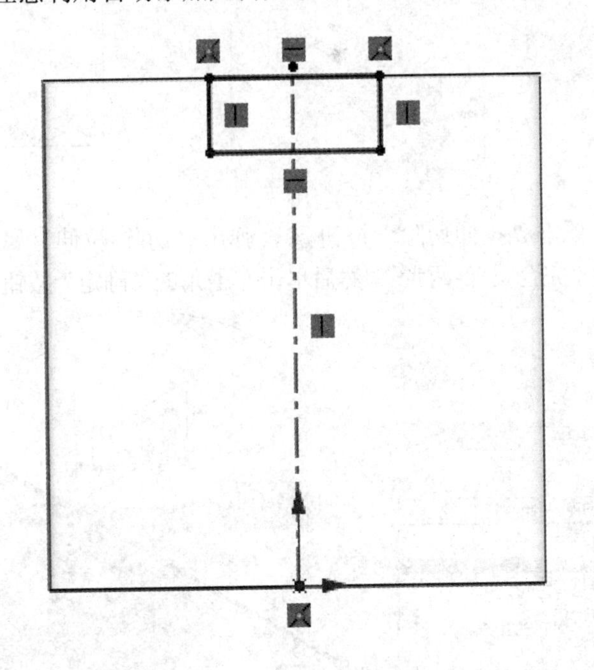

图 3-5

(4) 添加对称几何关系。单击“添加几何关系”按钮上，弹出“添加几何关系”对话框，选择直线 1、直线 2、直线 5，单击“对称”，如图 3-6 所示，单击左上角的“确定”按钮。

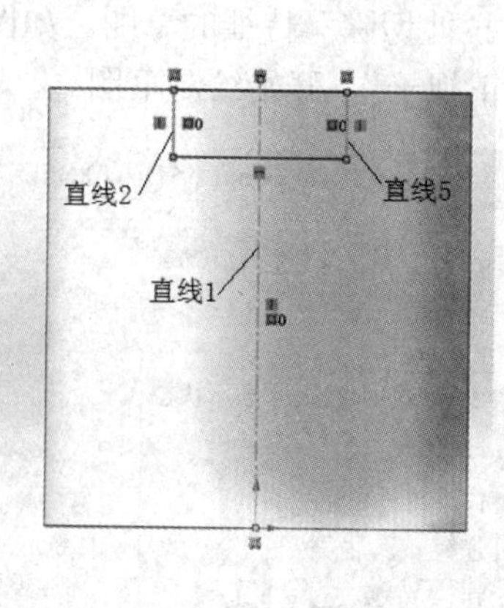

图 3-6

(5) 标注尺寸。矩形的长度方向用对称标注，单击“智能尺寸”按钮，将鼠标移到竖线 1，高亮显示并单击，如图 3-7 所示，然后将鼠标移至中心线，高亮显示并单击，再将鼠标右移，此时出现对称尺寸 20，然后标注尺寸 10，如图 3-8 所示。

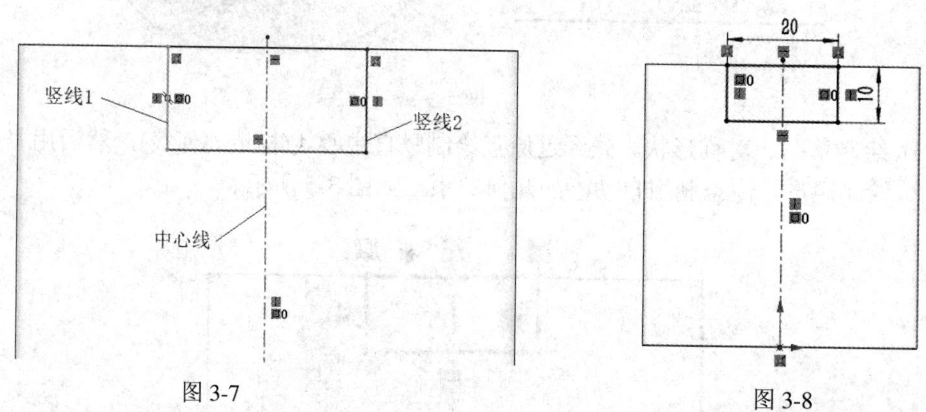

图 3-7　　图 3-8

(6) 拉伸切除。单击“拉伸切除”按钮，弹出“切除-拉伸”属性对话框，如图 3-9 所示，设置方向 1 为“完全贯穿-两者”，然后单击左上角的“确定”按钮，完成零件 3D 建模。

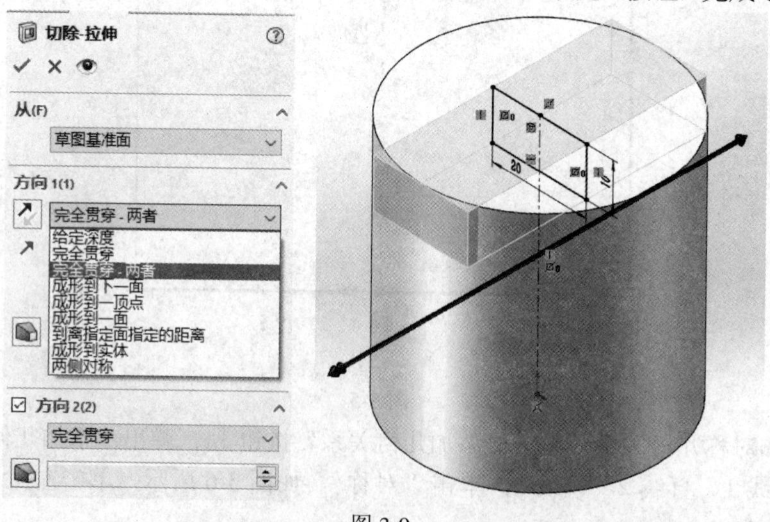

图 3-9

总结：

➢　不管多么复杂的实体，选择第一个特征的草图基准面是很重要的，因为这决定了实体在三维空间的摆放位置，将直接影响到工程图的创建和零件在装配体上的安装定位。为了正确摆放实体，可以在“等轴测”的视图方向下选择基准面。

➢　后续特征的草图往往以前面已经创建的特征的轮廓线来定位，在绘制草图过程中常常需要在“等轴测”和“正视于”两个视图方向之间进行切换，以选择合适的草绘平面，确保后续特征相对于已创建特征的位置。

➢　草图创建过程中，要优先考虑建立合适的几何关系，然后再标注尺寸。

3.1.2　拉伸的设置

在“拉伸凸台/基体”属性管理器窗口中有很多设置，用以选择拉伸轮廓，控制拉伸方向、拉伸深度、是否拔模等。对于这些设置，下面通过一些实例学习其应用。

例题 2　创建如图 3-10 所示的相交立体的 3D 模型。要求：采用“两侧对称”选项控制圆柱的拉伸深度为 50，如图 3-11 所示；在拉伸圆台时，由ϕ20 的圆形草图向圆柱“成形到实体”，如图 3-12 所示，采用“拔模”控制 16°的锥角。

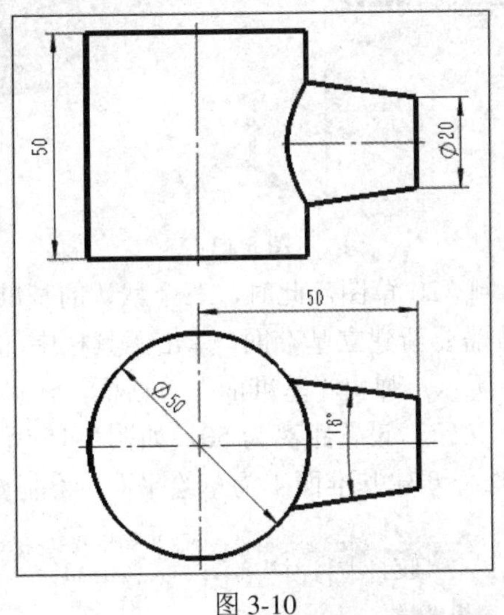

图 3-10

例题 2　相交圆柱

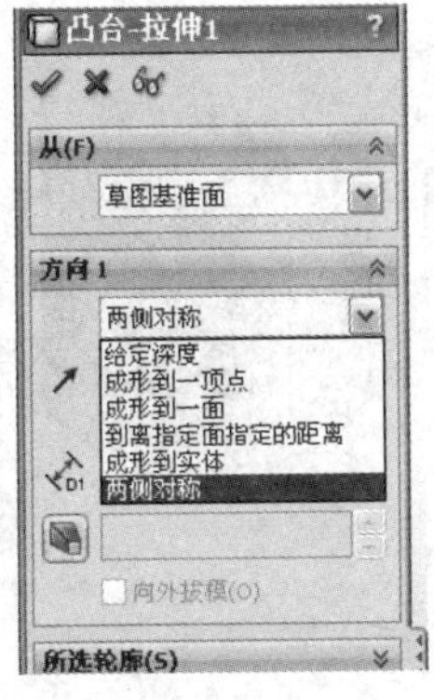

图 3-11

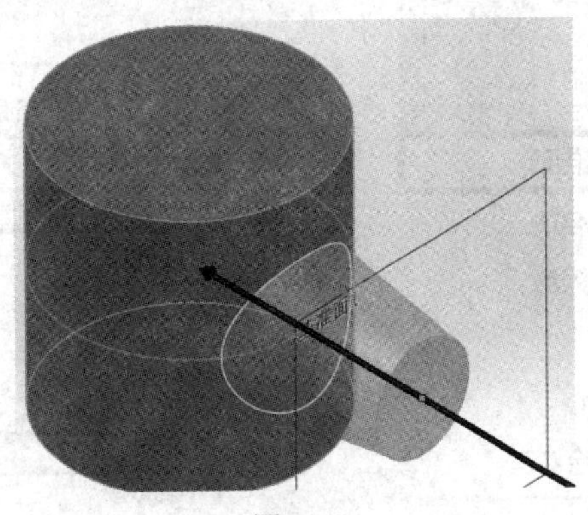

图 3-12

具体步骤如下：

(1) 绘制$\phi 50\times 50$ 圆柱。单击“草图”→“草图绘制”，选择上视基准面作为草绘平面，以原点为圆心，绘制圆，并用“智能尺寸”标注φ50；选择“特征”→“拉伸凸台/基体”，弹出“凸台-拉伸”对话框，如图3-13所示，方向选择“两侧对称”，输入距离为50。

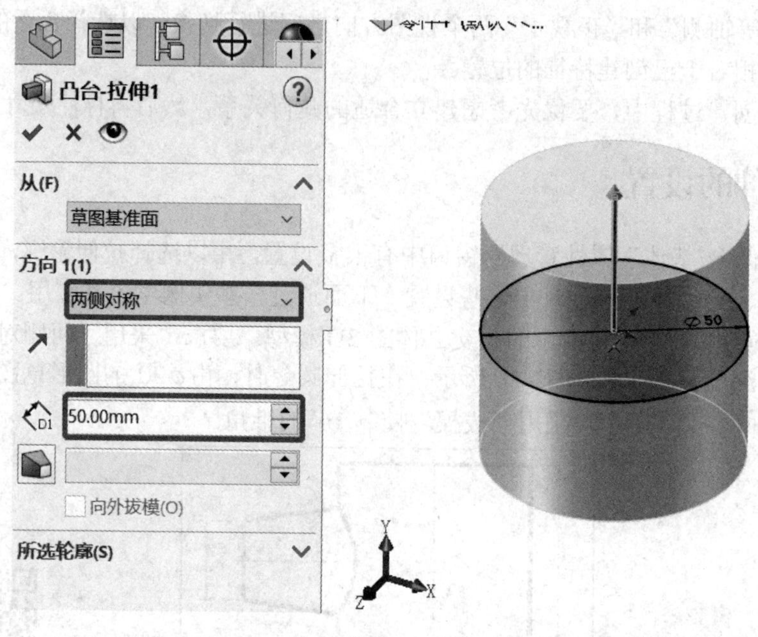

图3-13

(2) 创建圆台，需要绘制$\phi 20$ 草图，此时，三个默认的基准面(前视基准面、上视基准面、右视基准面)都不合适，需要新建立基准面。单击工具栏中的“特征”→“参考几何体”，选择“基准面”，如图3-14所示，弹出“基准面”对话框，在设计树中选择“右视基准面”为第一参考，单击“平行”按钮，设置距离为50，如图3-15所示，单击左上角的“确定”按钮，再单击“草图”，选择新建基准面1为草绘平面，绘制$\phi 20$(其位置正对圆柱中心)。

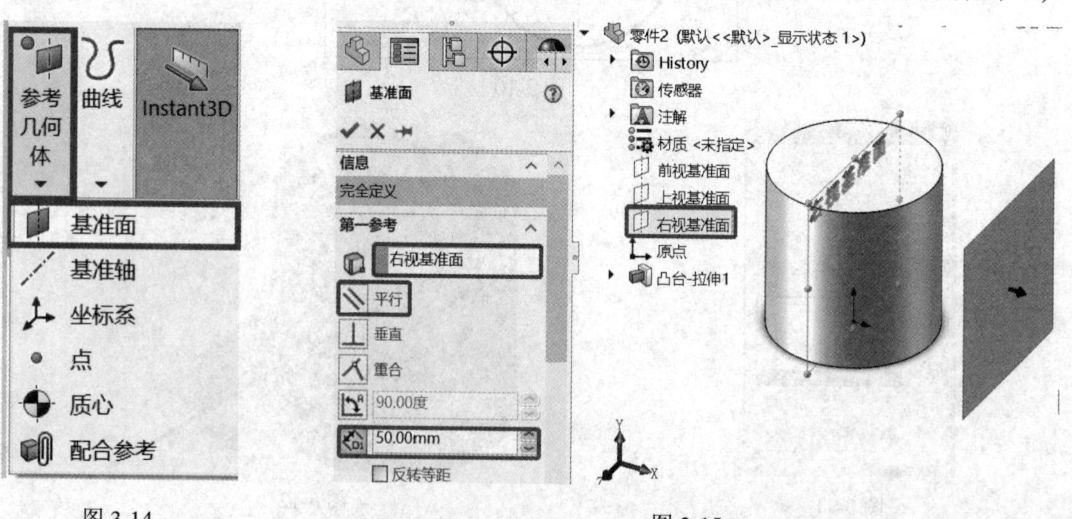

图3-14　　　　图3-15

(3) 单击“特征”→“拉伸凸台/基体”，弹出“凸台-拉伸”对话框，选择方向为“成形到下一面”“向外拔模”为 8，如图 3-16 所示，完成 3D 建模。

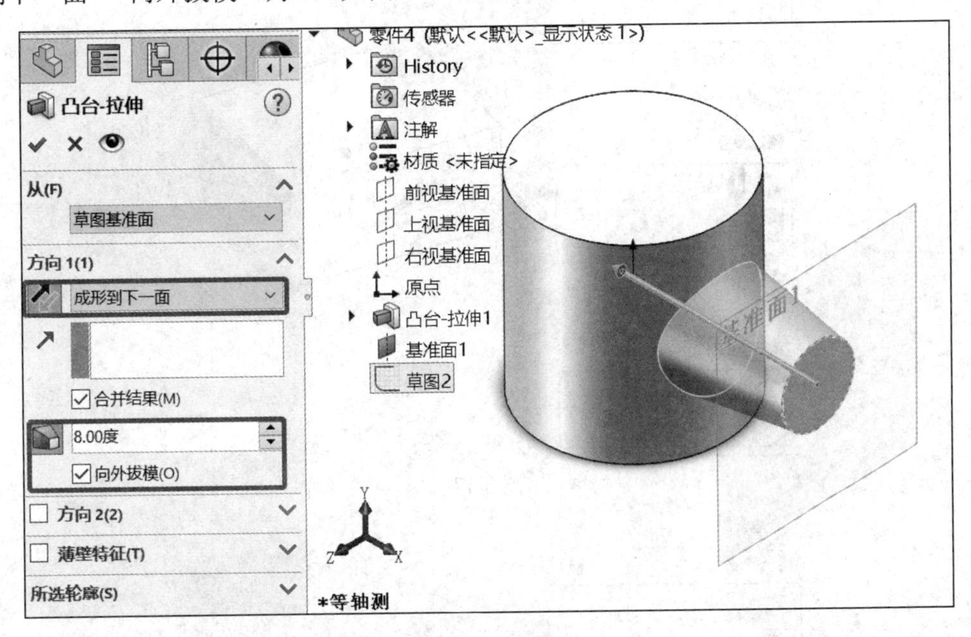

图 3-16

在设置拉伸深度时，可以运用“给定深度”“两侧对称”“成形到实体”“成形到一点”“成形到一面”“到离指定面指定的距离”等方式控制拉伸的深度。

3.2　基准面的建立

平面草图必须建立在一个平面上。当创建实体时，我们首先想到系统提供的三个默认基准面——上视基准面、前视基准面和右视基准面，它们为默认的坐标系统，并且两两垂直。但是，在多个特征组成的实体中，三个默认基准面及现有实体平面都不合适时，需要“参考”默认基准面或者已经创建的实体上的点、线、面，创建新的基准面，用以绘制草图，比如例题 2 中水平凸台特征的创建。

“基准面”属于“基准特征”的一种，该命令位于“特征”选项卡“参考几何体”的下拉菜单中(见图 3-14)。在“基准面”属性管理器窗口中，可以很方便地创建新的基准面。常见基准面的创建方法有以下几种。

(1) 三点建基准面。如图 3-17 所示，在“基准面”属性管理器窗口的“第一参考”“第二参考”和“第三参考”中分别选定绘图区的 3 个点，基准面与上述参考点的关系通过单击“重合”图标![重合]，就可建立经过该三点的新基准面。

(2) 点线建基准面。如图 3-18 所示，在“基准面”属性管理器窗口的“第一参考”“第二参考”中分别选定绘图区上的一个线段和线段外的一个点，基准面与上述参考的关系通过单击“重合”图标，就可建立经过该线段和点的新基准面。

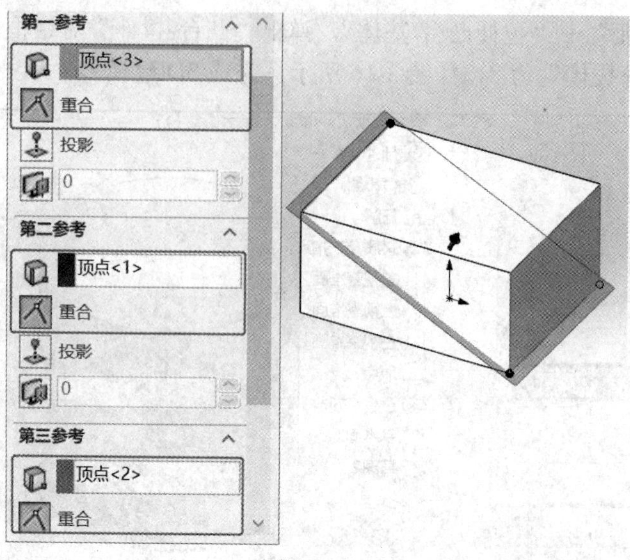

图 3-17

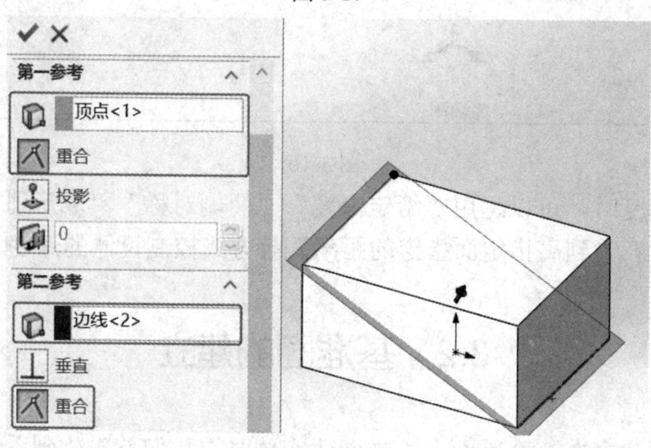

图 3-18

(3) 点和平行面建基准面。先进入草图，如图 3-19 所示绘制点，然后退出草图。在“基准面”属性管理器的“第一参考”中选定此点，在“第二参考”中选择绘图区的 1 个面，

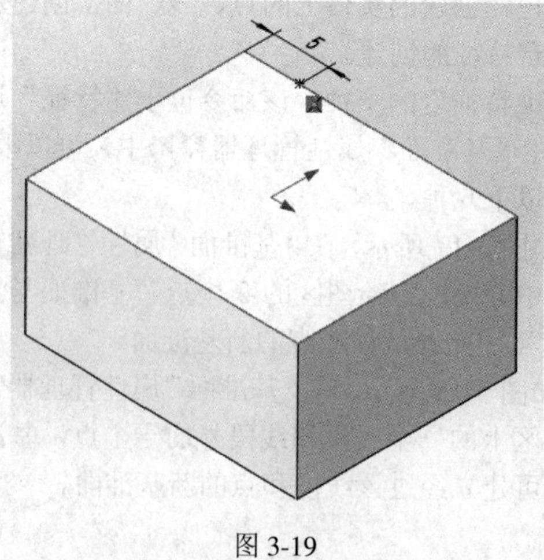

图 3-19

基准面与点的关系可以选择“重合”图标，与面的关系选择“平行”图标，就可以创建经过该点与参考面平行的基准面，如图 3-20 所示。

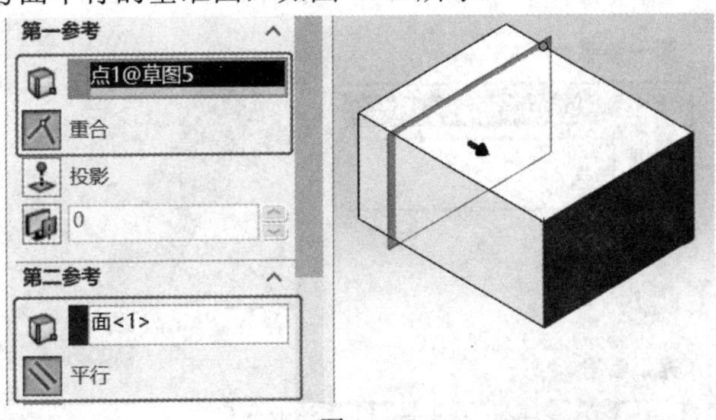

图 3-20

(4) 等距建基准面。如图 3-21 所示，在“基准面”属性管理器的“第一参考”中选定绘图区的 1 个面，在距离栏中输入偏移距离为 10，生成的基准面数量为 2，可以一次性创建间隔 10 mm 的两个基准面，勾选属性管理器中的“反转等距”可以改变与参考平面的偏移方向。

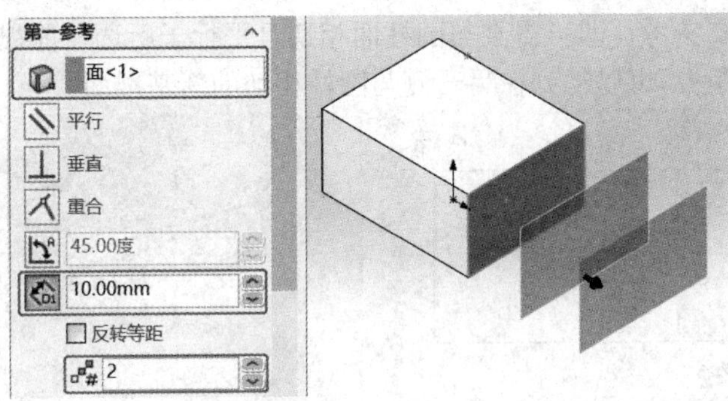

图 3-21

(5) 线面建基准面，即“两面夹角”生成基准面。如图 3-22 所示，在“基准面”属性管理器中的“第一参考”中选定绘图区的 1 条线，单击“重合”图标，“第二参考”中选定绘图区的 1 个面，输入角度为 120°，可以得到参考平面绕着参考边线旋转 120°的基准面。

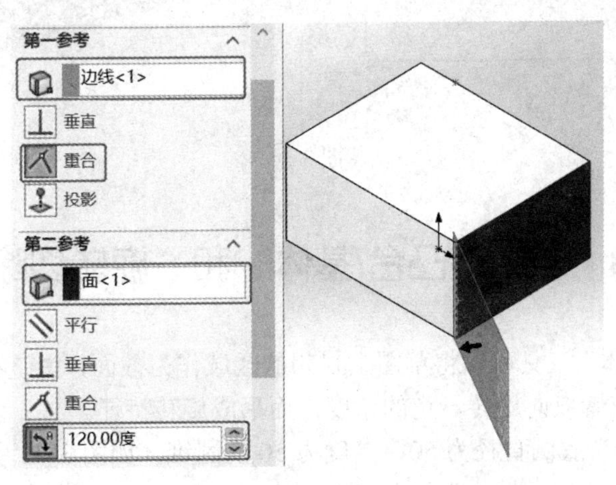

图 3-22

(6) 垂直于曲线生成基准面。进入“草图绘制”，用“样条曲线”工具 绘制一条曲线，退出草图。在“基准面”属性管理器中，设置第一参考，第二参考，如图 3-23 所示。

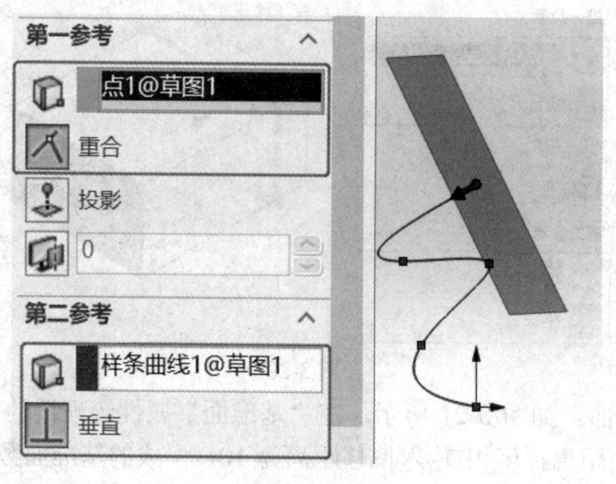

图 3-23

(7) 曲面切平面。先绘制圆柱体，然后在“基准面”属性管理器中，如图 3-24 所示，设置第一参考，第二参考，即可得到与圆柱面相切且平行于所选“前视基准面”的新基准面。选中“反转等距”，可以得到在另一侧与圆柱相切的新基准面。

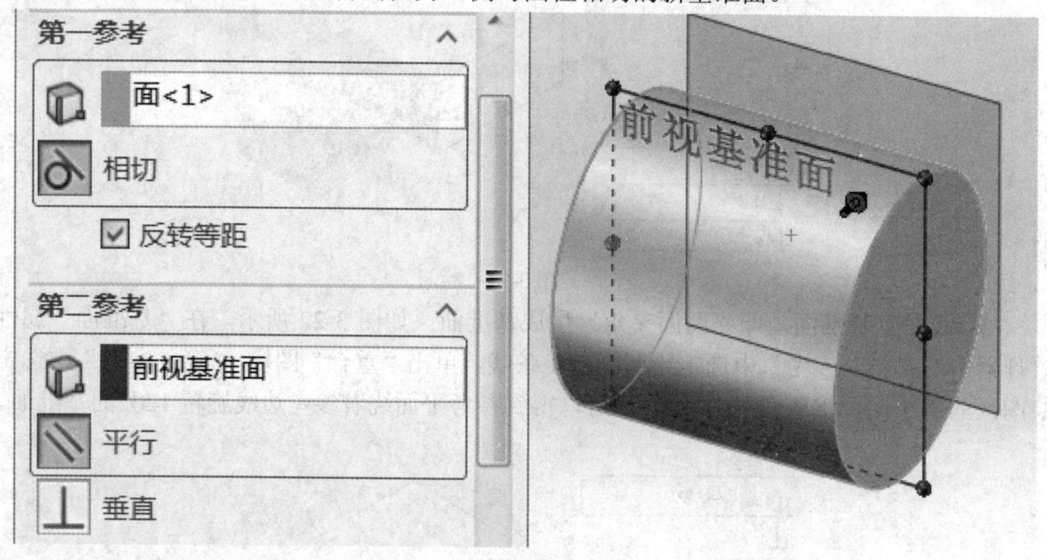

图 3-24

3.3 “旋转凸台/基体”和“旋转切除”

“旋转凸台/基体”工具可以将草图上封闭的区域作为截面，围绕在同一草绘平面上绘制的中心轴线单向或者双向旋转一定的角度，而形成旋转特征。

例题 3　创建一个底圆直径为 50，高度为 50 的圆锥，如图 3-25 所示。

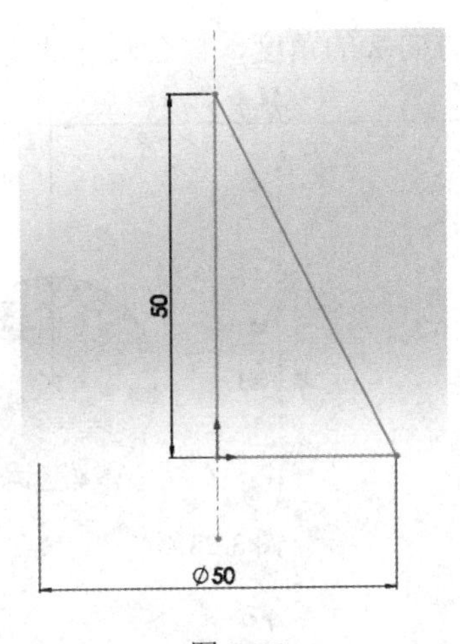

例题 3　圆锥

图 3-25

具体步骤如下：

(1) 在前视基准面(或右视基准面)上用“直线”工具绘制三角形和经过左侧直角边的轴线(构造几何线)，标注尺寸以完全定义，因为是旋转圆锥，底边采用“双边对称”方式标注直径ϕ50。

(2) 单击“旋转凸台/基体”，弹出该工具的属性管理器，因为草图中只有一个封闭线框(三角形)和一条轴线，所以系统智能选择了二者，默认旋转 360°，并且给出预览，如图 3-26 所示。单击“确认”按钮即完成圆锥体创建，如图 3-27 所示。

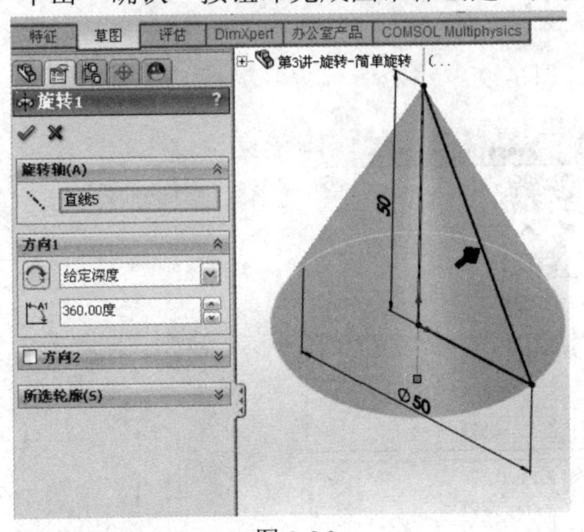

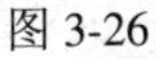

图 3-26

图 3-27　旋转形成圆锥

例题 4　在右视基准面上绘制草图，尝试圆环的旋转和旋转角度的调节。

具体步骤如下：

(1) 如图 3-28 所示，在右视基准面上绘制ϕ20 的圆和经过原点的轴线(构造几何线)，标注尺寸以完全定义。

(2) 单击“旋转凸台/基体”，弹出该工具的属性管理器，因为草图中只有一个封闭线框(ϕ20)和一条轴线，所以系统智能选择了二者，默认旋转 360°，并且给出预览，如图 3-29 所示。单击“确认”按钮即完成圆环创建。

单击设计树“旋转 1”，如图 3-30 所示，选择“编辑特征”，弹出“旋转”属性管理器，如图 3-31 所示，调整方向 1、方向 2 的角度，体会圆环的变化。

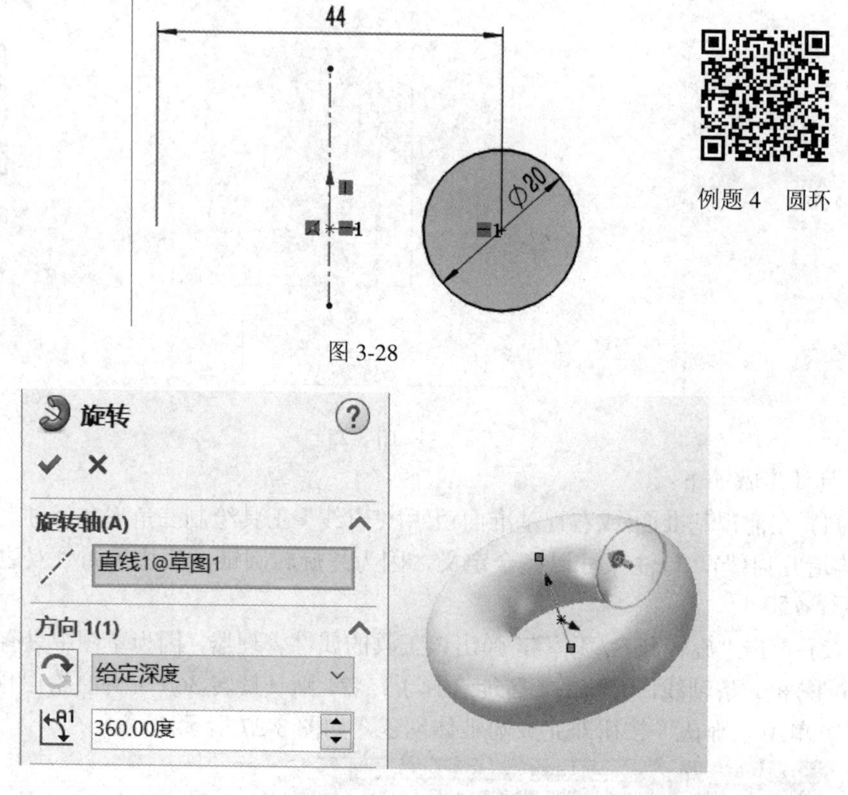

图 3-28

图 3-29

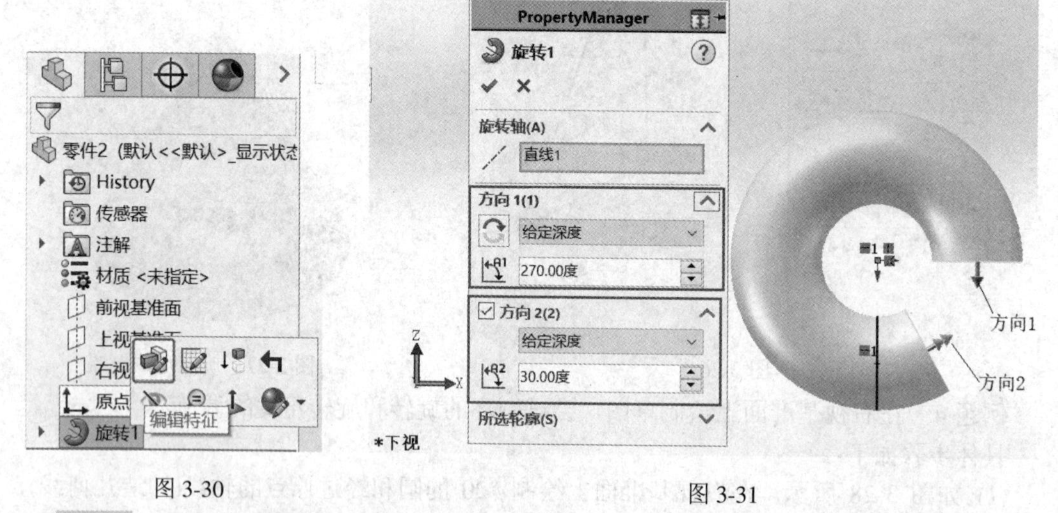

图 3-30　　　　图 3-31

例题 5　采用“旋转凸台/基体”和“旋转切除”命令创建如图 3-32 所示的立体。

分析：该立体可分解为两个特征。其一是 $\phi 50$ 的大圆柱，可以通过前述“拉伸凸台/基体”得到。按照题目要求，在这里采用旋转特征的方法；其二是大圆柱上方的小圆柱槽，可以通过建立一个半径为 15，长度为 20 的小圆柱，采用旋转切除的方法得到。

20
50
R15
35
ϕ50

例题 5　圆柱旋转切除

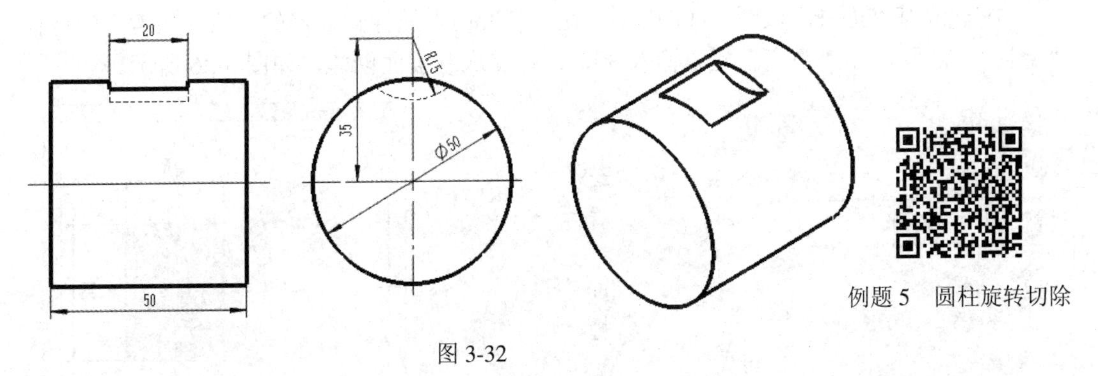

图 3-32

具体步骤如下：

(1) 在上视基准面上绘制轴线及矩形，并标注尺寸。注意，此立体轴向对称，绘制矩形时，以原点对称，尺寸均采用对称标注，如图 3-33 所示。

(2) 旋转得到直径为ϕ50 的大圆柱，如图 3-34 所示。

50
50
Y
Z
X
*等轴测

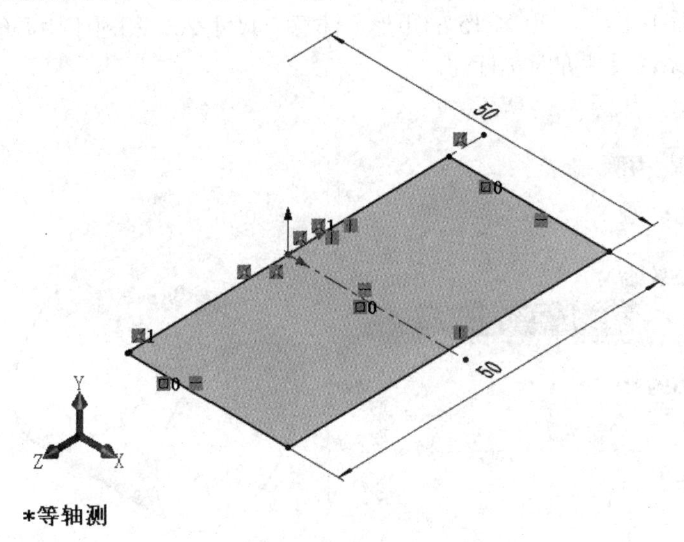

图 3-33

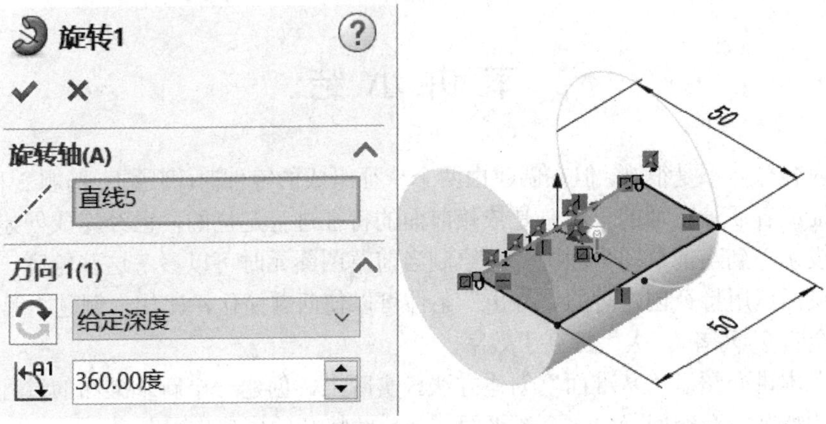

旋转1
旋转轴(A)
直线5
方向 1(1)
给定深度
360.00度
50
50

图 3-34

(3) 建立基准面 1，如图 3-35 所示。在“基准面”属性管理器的“第一参考”中选择“上视基准面”，在“距离”栏中输入 35，即可完成基准面创建，如图 3-36 所示。

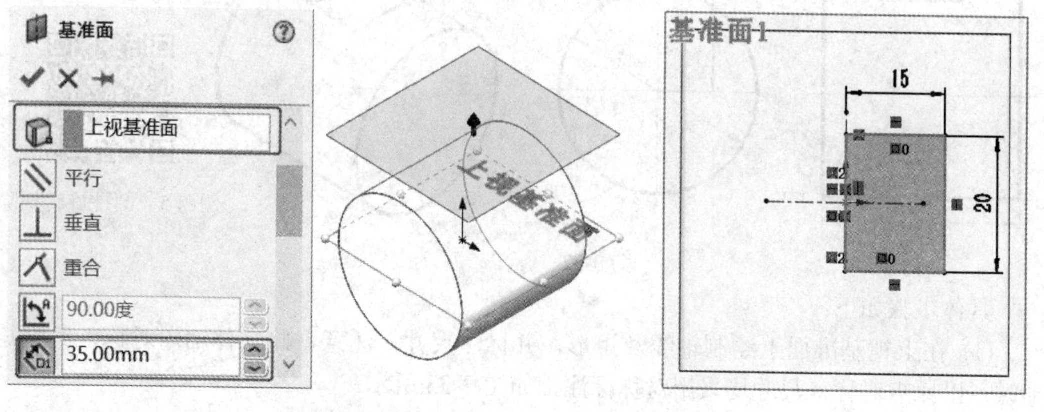

图 3-35　　　　图 3-36

(4) 在基准面 1 上绘制 20 × 15 的矩形。注意，尺寸 20，相对于中心线对称，两条线建立对称几何关系，尺寸亦对称标注。

(5) 旋转切除，如图 3-37 所示。

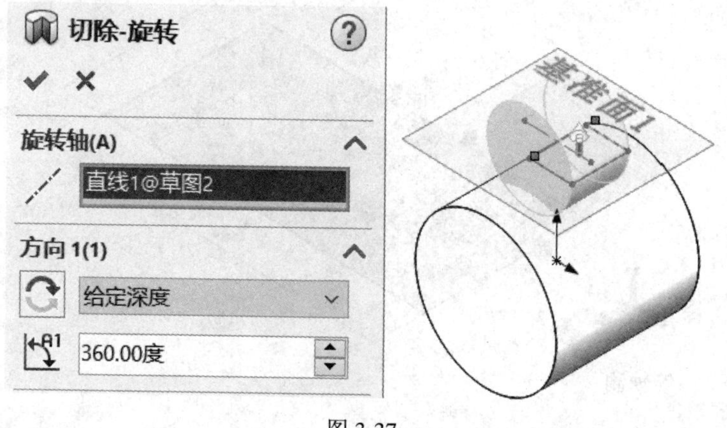

图 3-37

本讲小结

本讲内容总体不是很难，但在创建由两个特征组成的零件时(例题 1、例题 2 和例题 5)，第二个特征或者后续特征的草图总是依赖前面的特征进行定位的，已经完成创建的特征轮廓可以“投影”到当前草图平面上，在绘制当前草图图元时可以参考这些轮廓。另外一个问题是，灵活运用特征创建时的“终止”条件可以使问题简化，比如，例题 1 第(6)步中，选择“完全贯穿-两者”，大大提高了效率。

另外，本讲介绍了“基准面”创建方法。实际上，创建一个新基准面的过程就是借助当前已有的特征，在空间确定一个新平面，为后续特征的创建作准备。

课 后 作 业

(1) 对图 3-38 所示的零件建模(尺寸从图中量取，取整数)，保存备用。

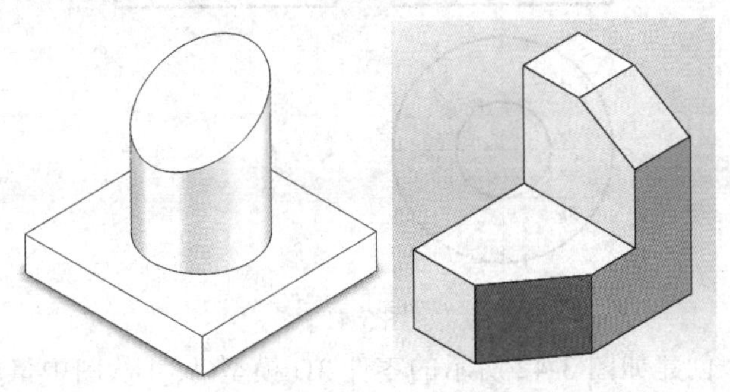

图 3-38

(2) 按照图中尺寸，分别创建如图 3-39、图 3-40 所示的零件 3D 模型。

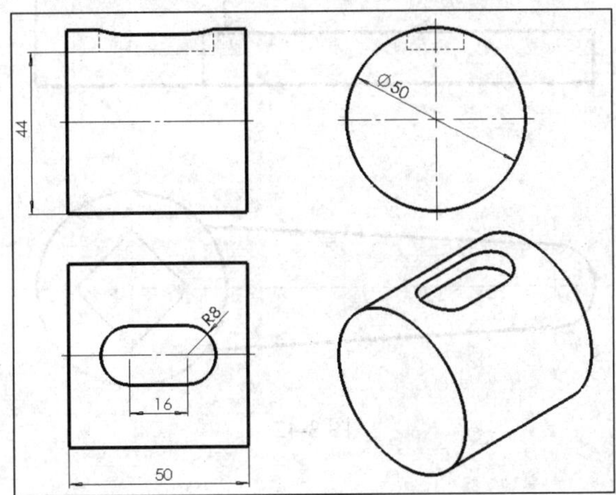

图 3-39

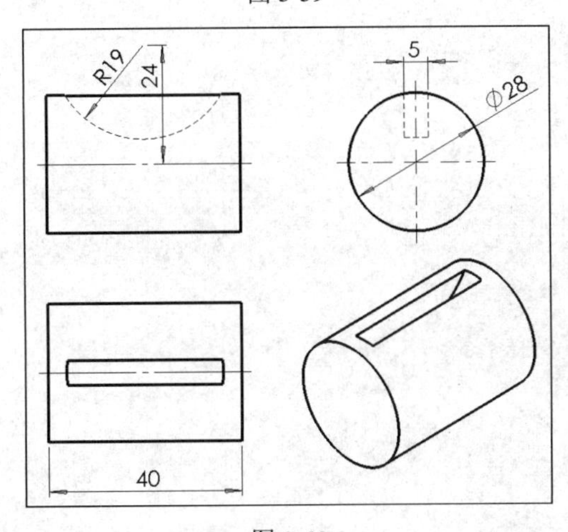

图 3-40

(3) 绘制如图 3-41 所示的 3D 零件(尺寸在图中量取，取整数)，保存备用。

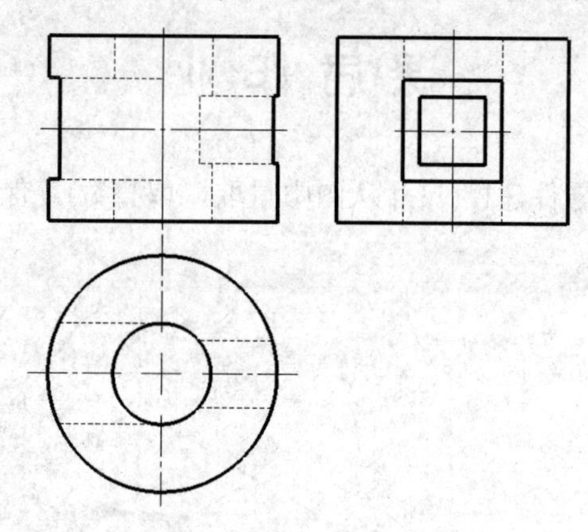

图 3-41

(4) 读懂视图，创建如图 3-42 所示的零件 3D 模型(尺寸从图中量取，取整数)，保存备用。

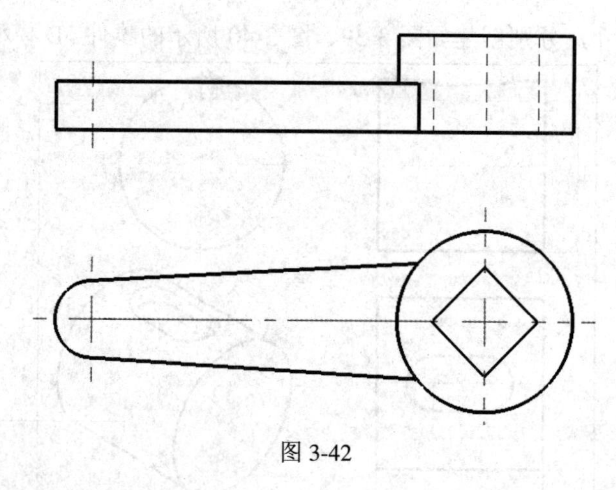

图 3-42

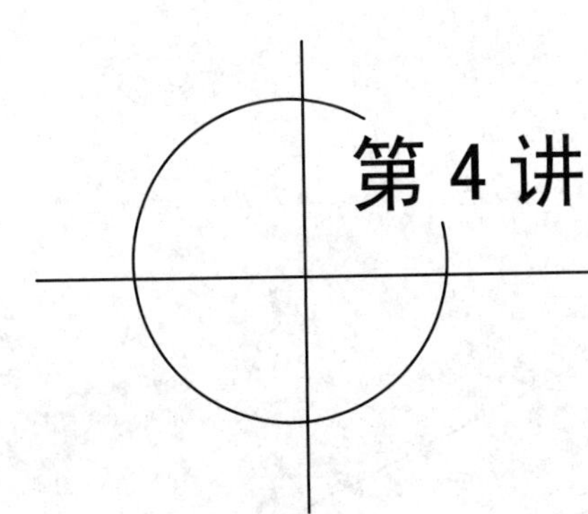

第 4 讲　*基础特征建模(2)

教学目标

通过案例了解“放样凸台/基体”“扫描”两种基础特征工具的适用场合和基本操作方法。

第 3 讲学习了“拉伸”和“旋转”两种基础特征的创建方法，这两种方法是创建实体特征应用最多的两种建模方法，基本可以满足制图课程学习中大部分零件的建模。但如图 4-1 所示的棱锥类实体，是否可以采用“拉伸”或“旋转”创建呢？显然不可以。本讲将介绍另外两种基础特征的基本操作。

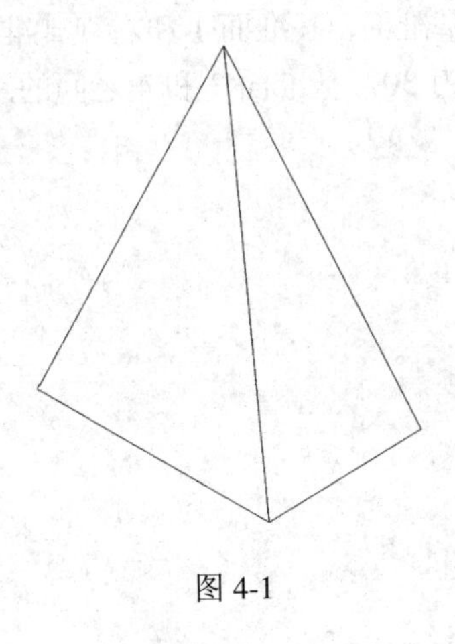

图 4-1

4.1　放样凸台/基体

放样是通过在两个或者两个以上的轮廓之间进行过渡生成特征的造型方法，用于截面形式变化较大的场合。可见，放样需要在多个平面(或者基准面)上绘制草图轮廓，这是与前述两种基本特征创建方法的最大区别。

例题 1 绘制凿子的 3D 实体，如图 4-2 所示。

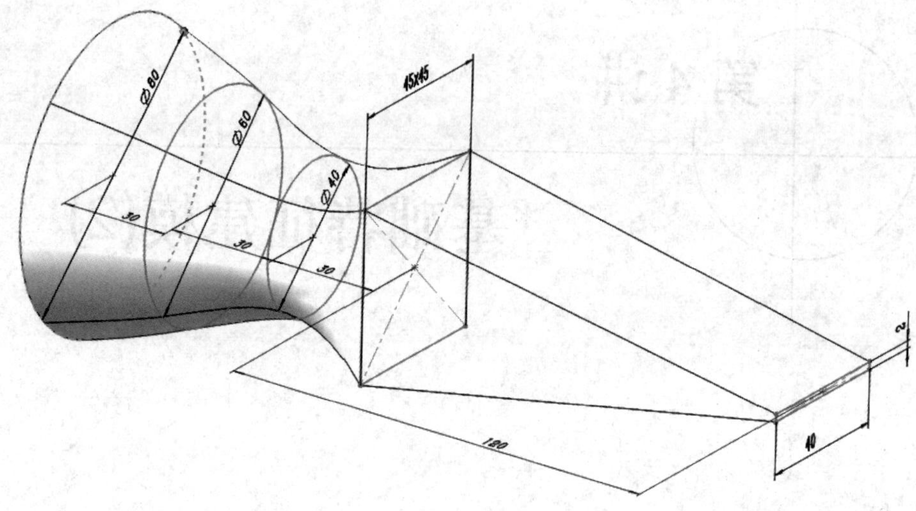

图 4-2

分析：凿子左侧手握持的部分，其截面形状是由圆逐渐变小，然后再慢慢变大成为一个正方形；右侧部分是一个四棱台，最右侧收缩成很小的刀刃。

建模思路如下：

(1) 建立一组与右视基准面平行的基准面，控制相互距离与图示一致。

(2) 在每个基准面上绘制界面图形。

(3) 在左侧 4 个草图截面上进行一次放样，在右侧两个草图截面上进行一次放样。

具体步骤如下：

(1) 沿 X 轴正向建立 4 个基准面，基准面 1 和右视基准面、基准面 1 和基准面 2、基准面 2 和基准面 3 之间的间距均为 30，基准面 3 和 4 之间的距离为 120，如图 4-3 所示。

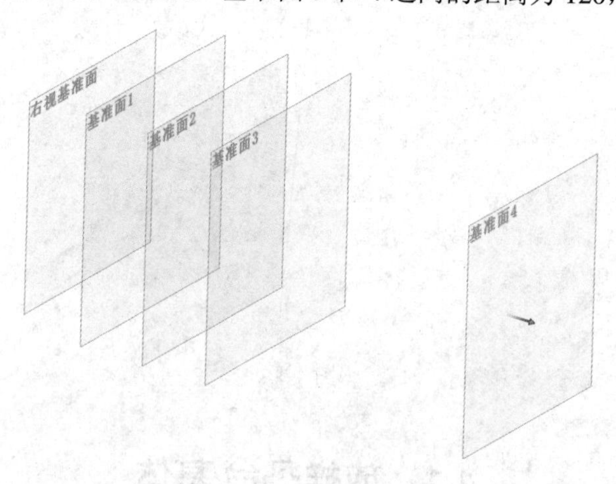

图 4-3

(2) 绘制草图，如图 4-4 所示，在右视基准面、基准面 1、基准面 2 上分别绘制直径为 80、60、40 的 3 个圆，圆心在坐标原点上。在基准面 3 上绘制 45 × 45 的正方形，在基准面 4 上绘制 40 × 2 的矩形。

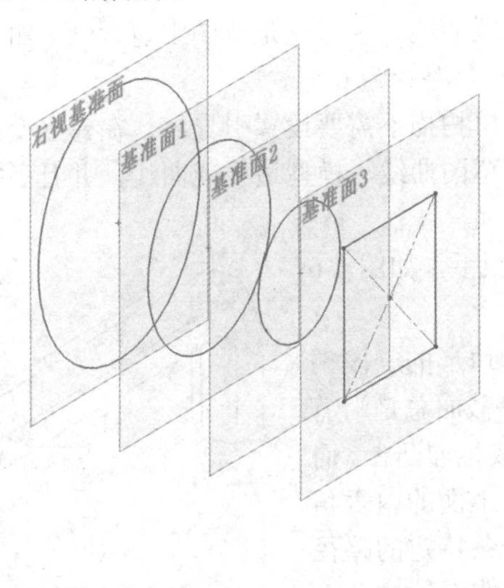

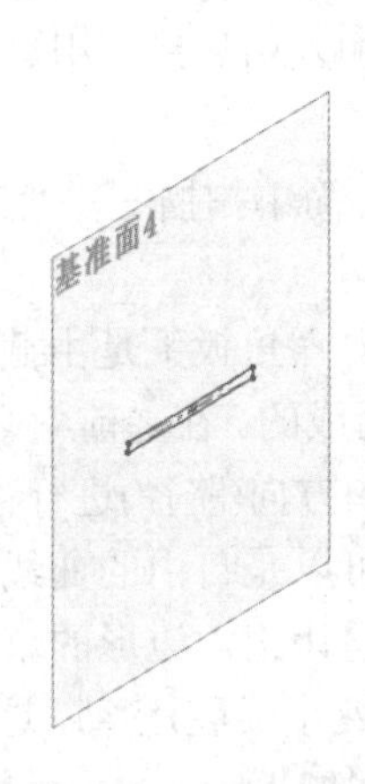

图 4-4

(3) 如图 4-5 所示，在右视基准面、基准面 1～基准面 3 上用“放样凸台/基体”建立第一部分模型；在基准面 2 和基准面 4 的草图上再次采用“放样凸台/基体”建立第二部分模型。

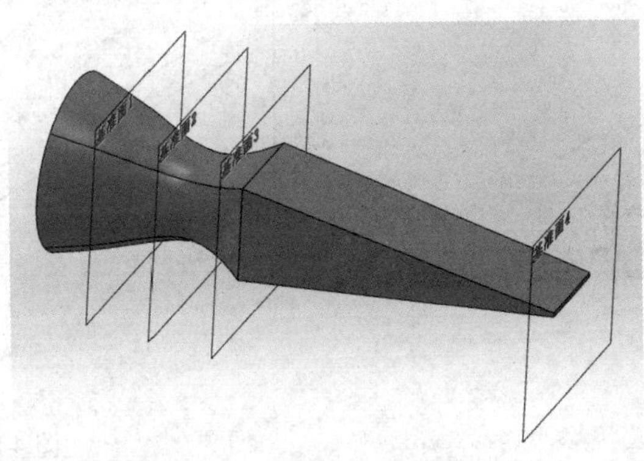

图 4-5

生成放样时，轮廓间选择的对应点不同，或者轮廓间的图元数不等，系统无法判断其对应点，需要用鼠标拖动图元进行调节，这种方法称为“放样同步”。

4.2 扫 描

“扫描”是沿着一条路径移动轮廓(截面)来生成基体、凸台或者曲面的。建立扫描特征，必须具备扫描轮廓和扫描路径，若要求扫描特征的中间截面变化，还应定义扫描特征的引导线。

扫描轮廓往往是用二维草图来定义的。对于基体或者凸台的扫描特征，要求扫描轮廓为闭环，曲面扫描特征的轮廓可以为开环或闭环。任何扫描特征的轮廓不能有自相交叉的情况。

扫描路径可以使用已有模型的边线或曲线，也可以是草图中包含的一组草图曲线，或者是三维草图曲线(比如螺旋线)，一般扫描路径为开环。

引导线是扫描特征的可选参数，简单扫描不需要设置引导线。在建立变截面扫描特征时，则需要加入引导线。引导线可以是草图曲线、模型边线或曲线，并且必须和截面草图相交于一点。

例题 2 简单扫描——绘制内六角扳手，如图 4-6 所示。

分析：内六角扳手是由截面为正六边形的一段钢材折弯 90°而成的。在之前学习拉伸时，截面总是沿着与截面垂直的方向(路径)进行移动以形成拉伸凸台。而扫描的路径可以是自由的曲线。比如，上面的内六角扳手可以考虑让正六边形的草图沿着一条特定的路径(相互垂直的两个线段)移动，这便是“扫描凸台/基体”。

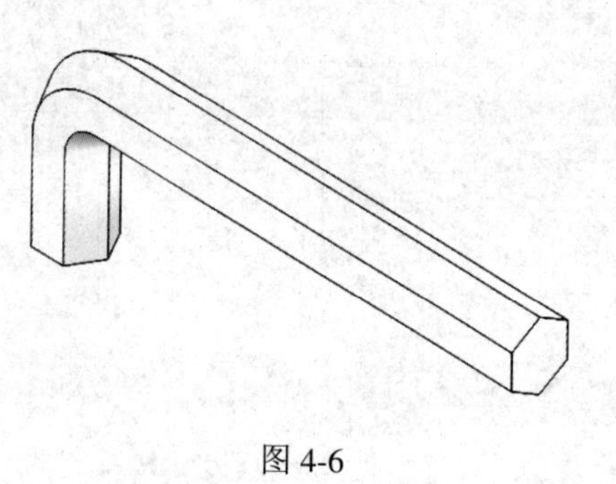

图 4-6

具体步骤如下：

(1) 如图 4-7 所示，在上视基准面中绘制正六边形，作为草图 1；

(2) 如图 4-8 所示，在前视基准面中绘制草图 2，作为扫描路径；

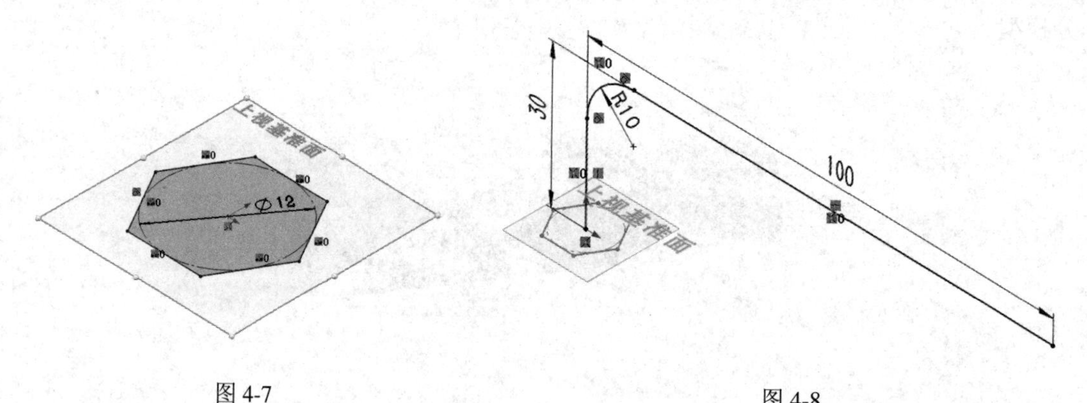

图 4-7　　图 4-8

(3) 调用“扫描”命令，进行必要设置后，得到内六角扳手实体，如图 4-9 所示。

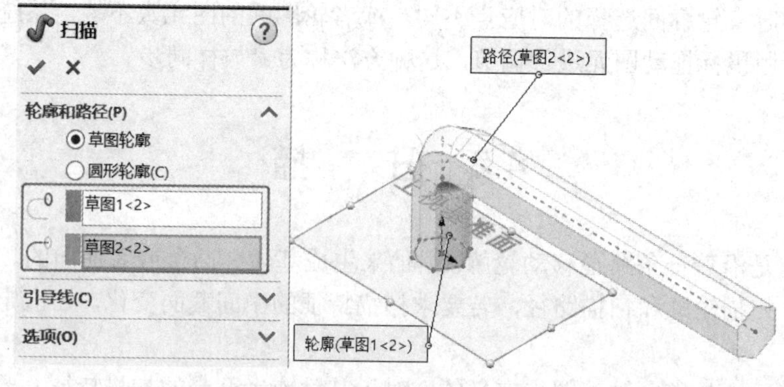

图 4-9

除了上述的简单扫描，还有一种更复杂的扫描——引导线扫描。使用引导线扫描必须具备路径线、引导线(可以有多条，但能不超过 4 条)和轮廓三个条件。一般先绘制路径和引导线，最后绘制草图截面。

例题 3　使用引导线扫描，绘制如图 4-10 所示的墨水瓶。

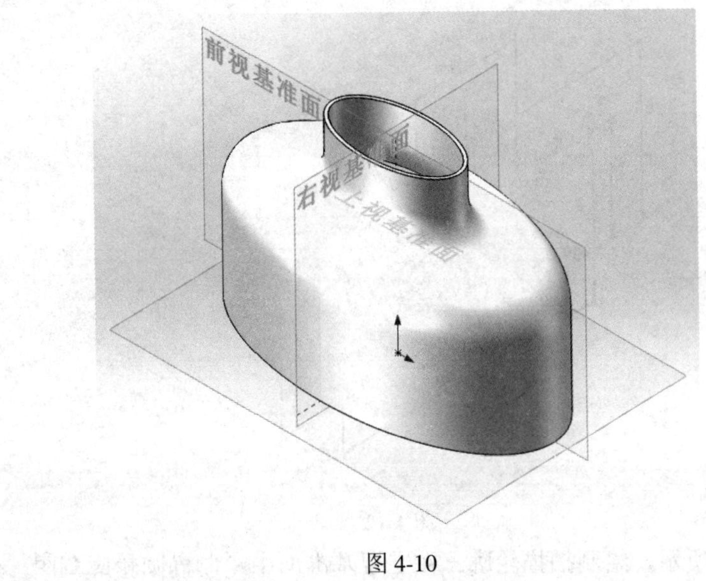

图 4-10

具体步骤如下：

(1) 如图 4-11 所示，绘制扫描路径。在前视基准面中绘制一条直线，作为扫描路径，退出草图。

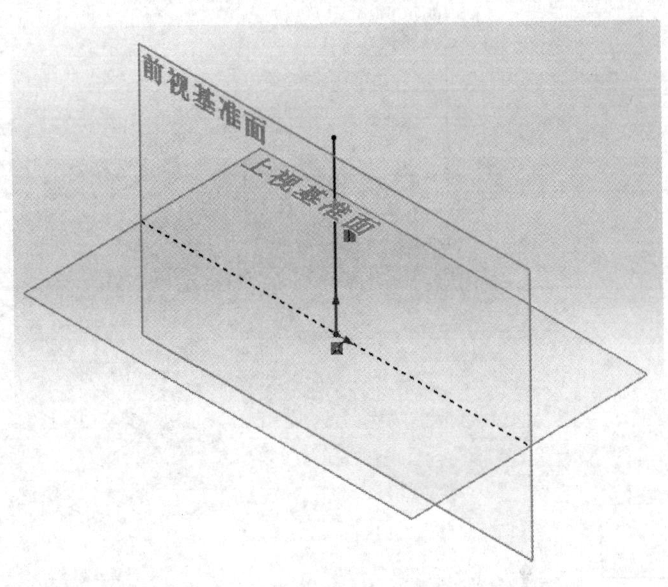

图 4-11

(2) 如图 4-12 所示，绘制引导线。在前视基准面中绘制另外一个草图作为引导线，这时只需画出大概轮廓即可，注意在直线之间添加圆弧过渡，退出草图。

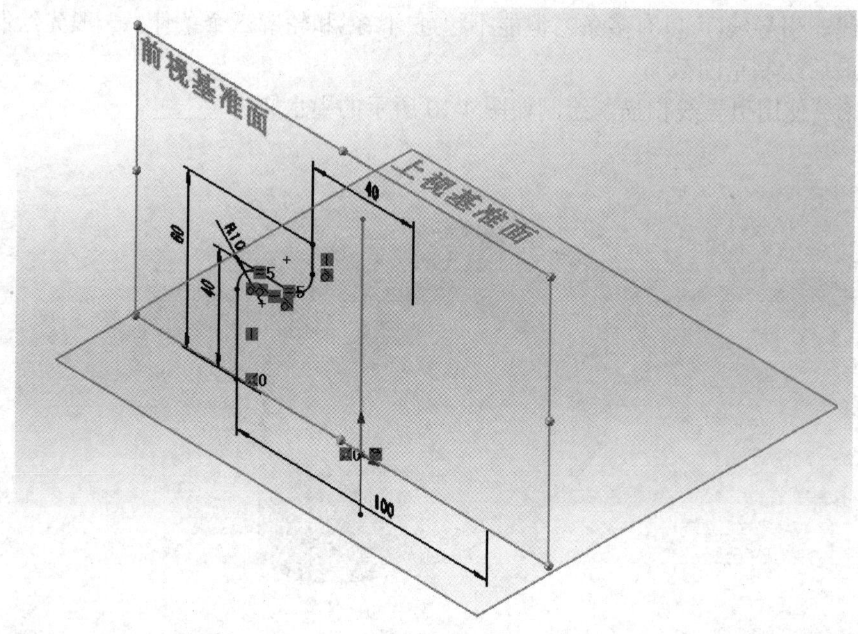

图 4-12

(3) 如图 4-13 所示，绘制扫描轮廓。在上视基准面中绘制椭圆轮廓草图，使椭圆控制点与引导线端点重合，退出草图。

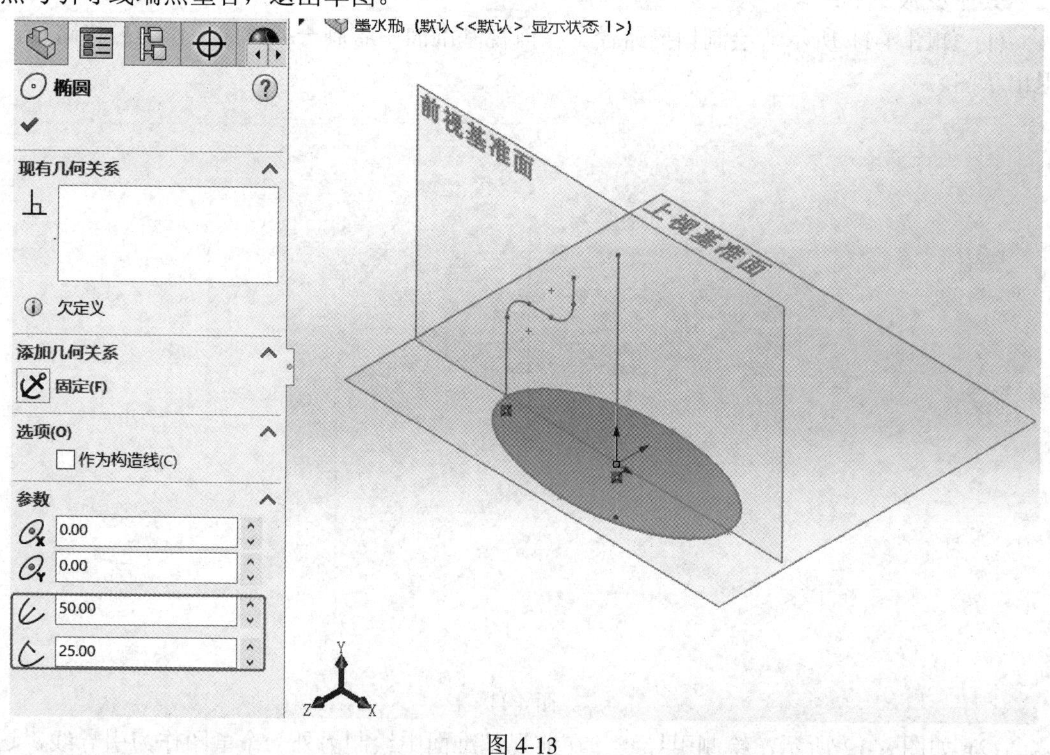

图 4-13

(4) 单击“特征”工具栏上的扫描按钮，在“扫描”属性管理器中进行设置，完成扫描操作，如图 4-14 所示。

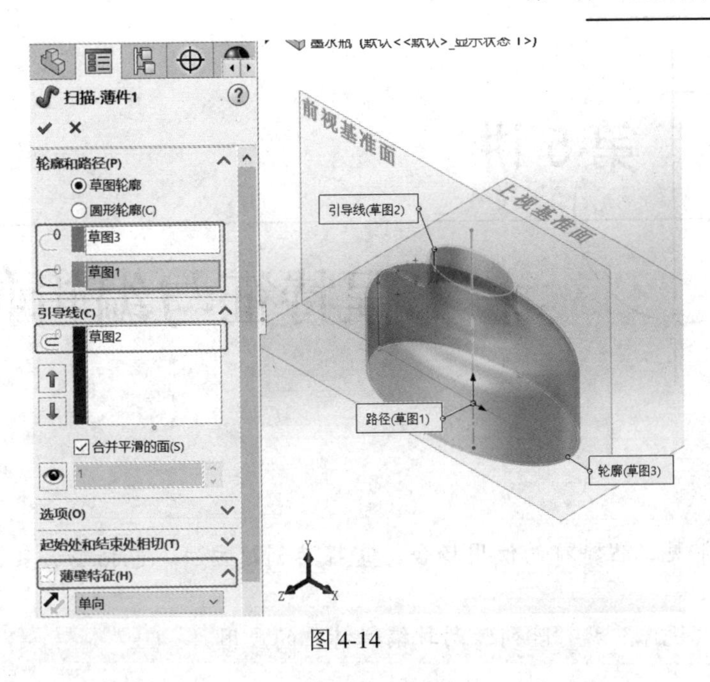

图 4-14

本 讲 小 结

“放样凸台/基体”和“扫描”两种特征，相比于第 3 讲学习的两类基础特征，相对复杂，因为一般而言，二者都需要预先创建多个草图。对于大学工科制图课程中涉及到的绝大部分零件，第 3 讲中的内容已经够用了，本讲内容标注了“*”，可作为选学内容。

课 后 作 业

采用放样和扫描凸台/基体建立如图 4-15 所示的实体模型。

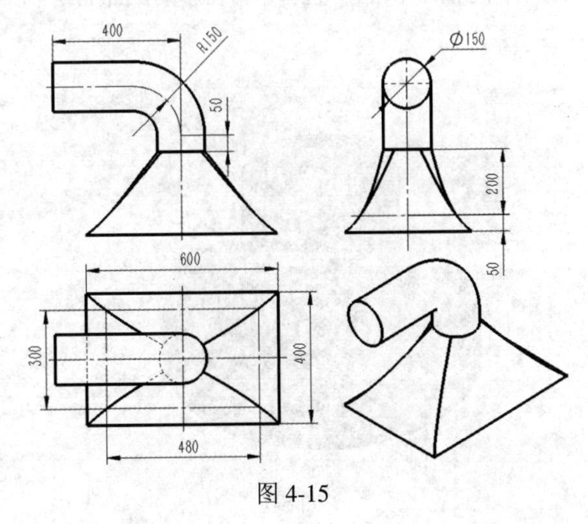

图 4-15

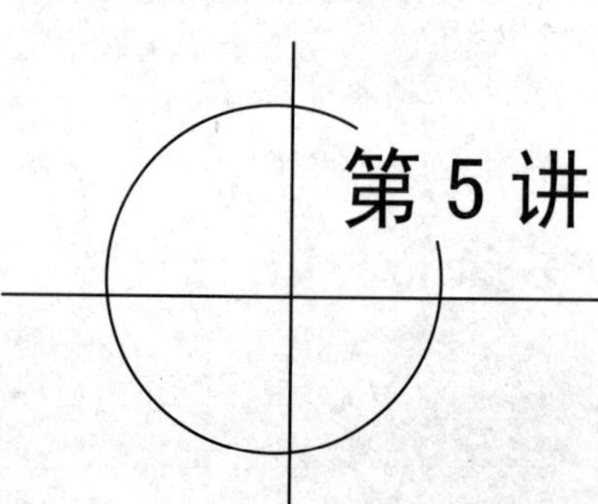

第 5 讲

工程特征与编辑特征

教学目标

(1) 了解常见工程特征的使用场合，掌握其创建方法，包括筋、孔、圆角、倒角、抽壳等；

(2) 了解“镜像”和“阵列”两种编辑特征的应用。

工程特征(又称附加特征)依附于基础特征，不改变基础特征的主要形状，仅对已有特征的局部进行修饰，工程特征工具包括筋、孔、圆角、倒角和抽壳等。编辑特征(又称操作特征)可以对已经建立的实体特征，按照预想的排列规律进行复制，以方便地建立相同或者相似的特征，编辑特征工具包括镜像和阵列(包括线型阵列和圆周阵列)。

5.1 筋、镜像、圆周阵列

筋、镜像与圆周阵列

筋是一种特殊类型的拉伸特征，是在现有实体轮廓上添加指定方向和厚度的材料，用以提高零件的强度和刚度。

对于图 5-1 所示的两个同轴堆积的圆柱，在右视基准面上绘制一条草图线段，标注尺

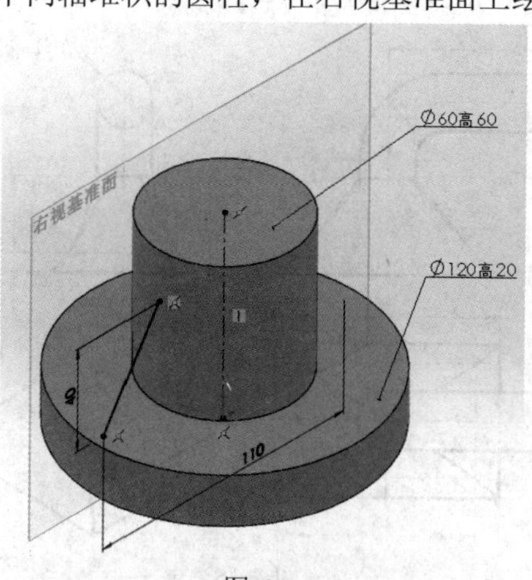

图 5-1

寸以使其完全定义，该线段与两个圆柱之间围成一个封闭的区域。采用“筋”特征工具，根据提示选择刚刚绘制的草图，在“筋”属性管理器中进行适当的设置，包括厚度、填充的材料方向等，单击“确认”按钮后完成筋特征创建，如图 5-2 所示。

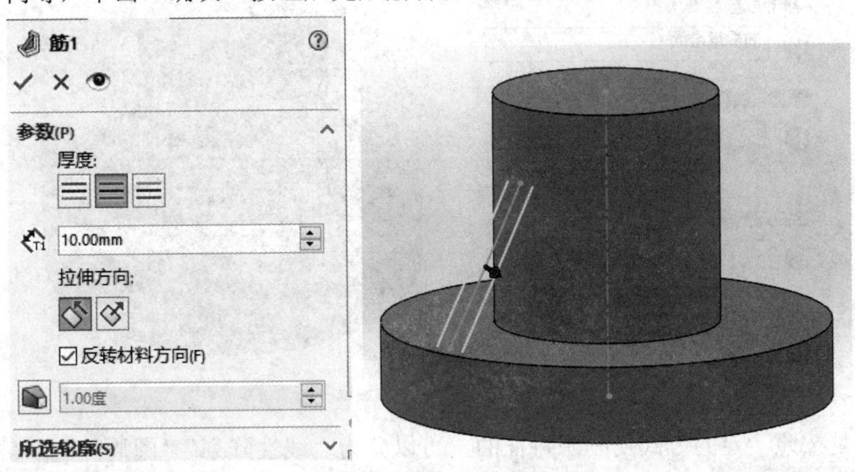

图 5-2

需要特别强调的是，筋特征的草图与第 3 讲中拉伸特征所用的草图不同，它本身不需要封闭，而是与已经创建的一个或者多个特征的轮廓一起围成一个区域，在这个区域上按照设定的厚度生成“筋”。在后续第 9 讲制作剖视图时，一旦切割面通过筋特征，系统会自动弹出“剖面范围”对话框，用于设置筋特征被剖切后是否需要绘制剖面线；如果是“拉伸凸台/基体”特征，则不会出现这个对话框。

“镜像”和“圆周阵列”工具的位置在“线性阵列”的下拉菜单中，如图 5-3 所示。“镜像”可以简化对称结构零件的建模，比如对于上述创建完成的筋特征，可以采用“镜像”工具在小圆柱的对面方便地创建出另一条与其对称的筋。如图 5-4 所示，在设置“镜像”属性管理器时，选择“镜像面/基准面”为“前视基准面”。在需要时，还可以选择实体表面(必须是平面)或者自己建立的参考基准面。镜像部分是由原结构派生而来的，编辑原结构会引起镜像结构的改变，而改变镜像部分不会引起原结构的改变。

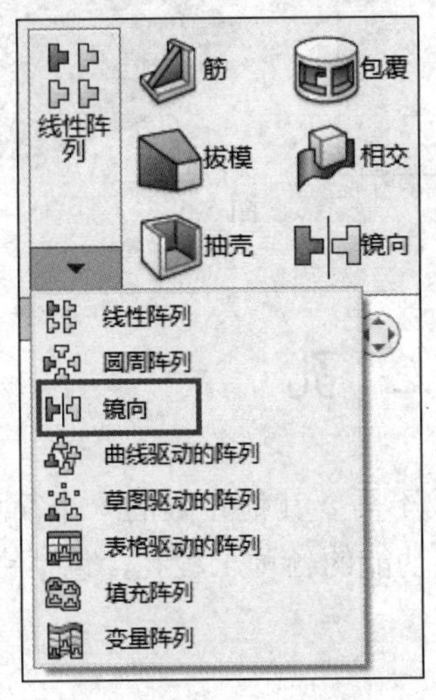

图 5-3

图 5-4

阵列是按照一定的方式复制源特征的，可以分为“线性阵列”“圆周阵列”“曲线驱动的阵列”和“草图驱动的阵列”等。采用“圆周阵列”，可以在前面建立的一条筋的基础上，快捷地生成沿着圆柱分布的多条筋，如图 5-5 所示。

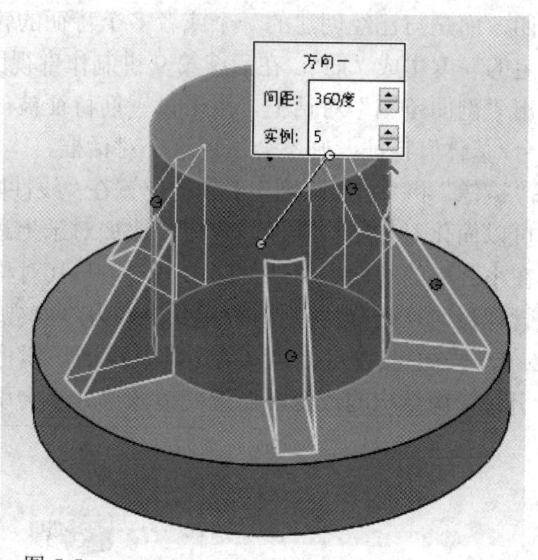

图 5-5

5.2 孔

简单直孔与异性孔

“简单直孔”工具可以生成不需要其他参数的一个简单直孔；“异性孔向导”可以生成多参数、多功能的各种工程孔，包括锥形孔、螺纹孔(详见 11 讲)等。

“简单直孔”快捷按钮默认情况下不在特征工具栏中。为了使用方便，可以通过简单设置实现：鼠标放在快捷工具栏上，单击右键，在弹出的菜单中选择“自定义”，在弹出的窗口中选择“命令”选项卡，在“特征”中找到图标(见图 5-6)，按住鼠标左键，将其拖拽到快捷工具栏区域中。按照上述方法，用户可以根据自己的使用习惯将其他工具的快捷按钮添加到工具栏中。

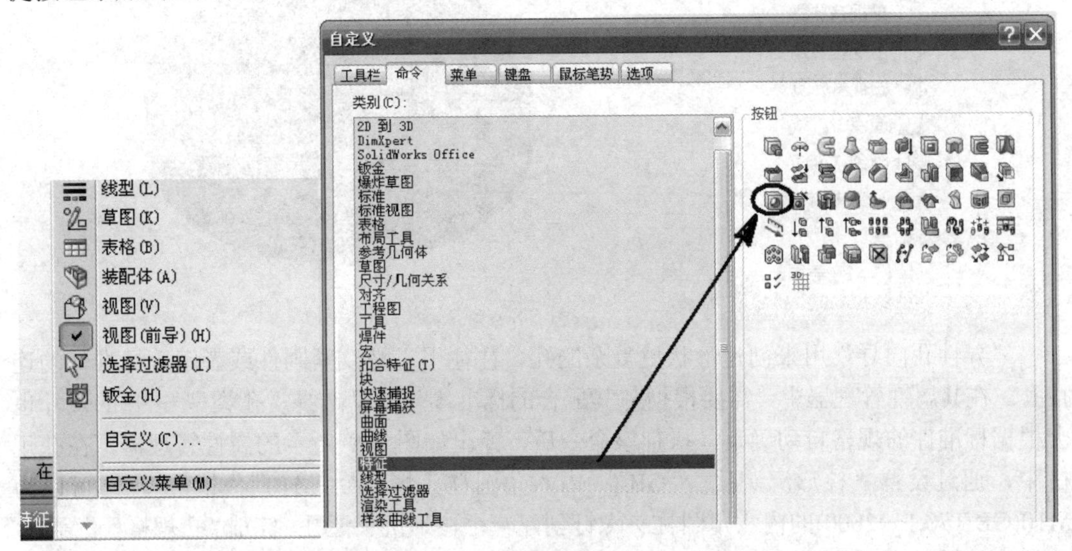

图 5-6

仍然采用上面的圆柱凸台，在环面上利用“简单直孔”工具建立直径为ϕ10 的通孔(定位圆的直径为ϕ90)。执行该工具时，首先根据提示“为孔中心选择平面上的一位置”，在台阶环面上的任意一处左键单击一下，弹出属性管理器，设置深度和直径后，单击“确认”按钮，结果如图 5-7 所示。

图 5-7

上面孔的形状已经完全确定，但其位置尚未确定。注意到设计树中孔特征也有一个草图，可以重新编辑对圆孔定位，如图 5-8 所示。

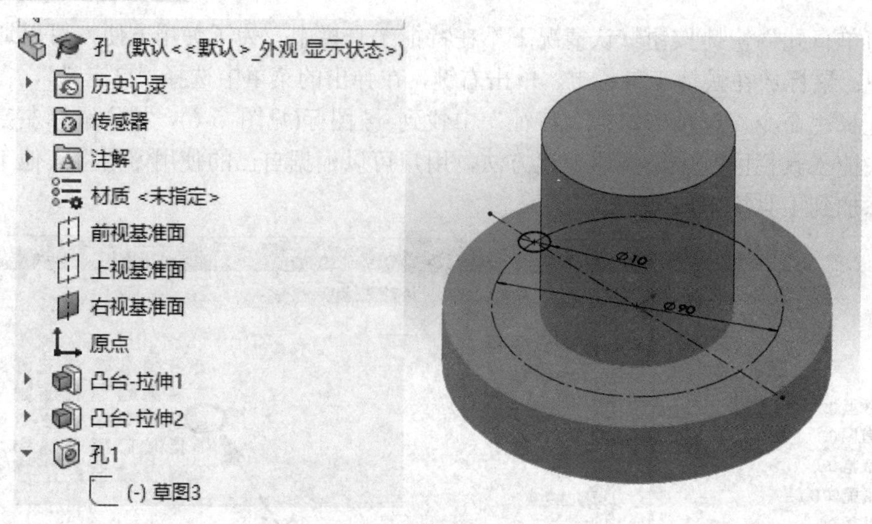

图 5-8

“异性孔向导”用来创建形状更复杂的孔，往往用于螺纹紧固件或者销等标准件的连接孔。在其属性管理器中，需要根据与其配合的标准零件类型选择“孔类型”，孔的尺寸也会根据标准件的规格自动确定。执行该命令后，弹出如图 5-9 所示的属性管理器，在孔规格中，通过设置“柱形沉头孔”“GB”“内六角圆柱头螺钉”“M10”“正常”，即可以为M10(GB/T70.1—2000)的内六角圆柱头螺钉创建一个柱形沉头通孔。完成“孔规格”设置后，选择“位置”选项卡，首先在模型上选择创建孔的平面，之后确定孔的中心位置。

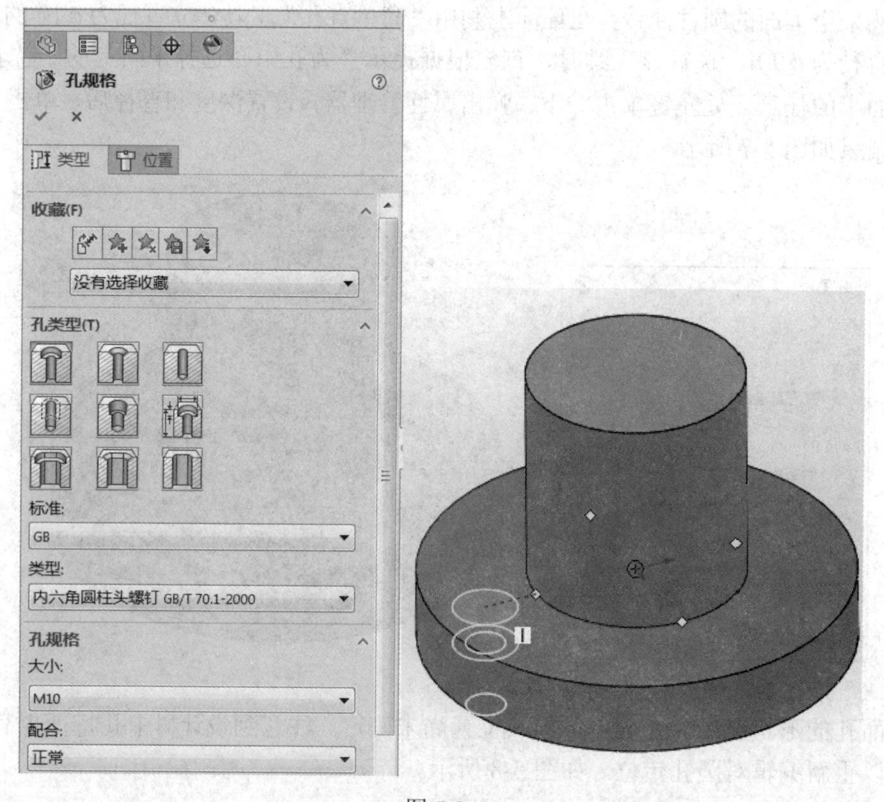

图 5-9

在上述孔位置设定过程中，尽管在圆周方向上使用鼠标捕捉到“四分点”，但在径向上，定位圆尚需要编辑。与“简单直孔”不同的是，异性孔有两个草图，一个用于确定位置，草图上只有“中心点”，另一个用于确定形状。所以，如同前面简单直孔的做法，只需要编辑第一个草图中“中心点”的位置，即可确定孔的位置，如图 5-10 所示。

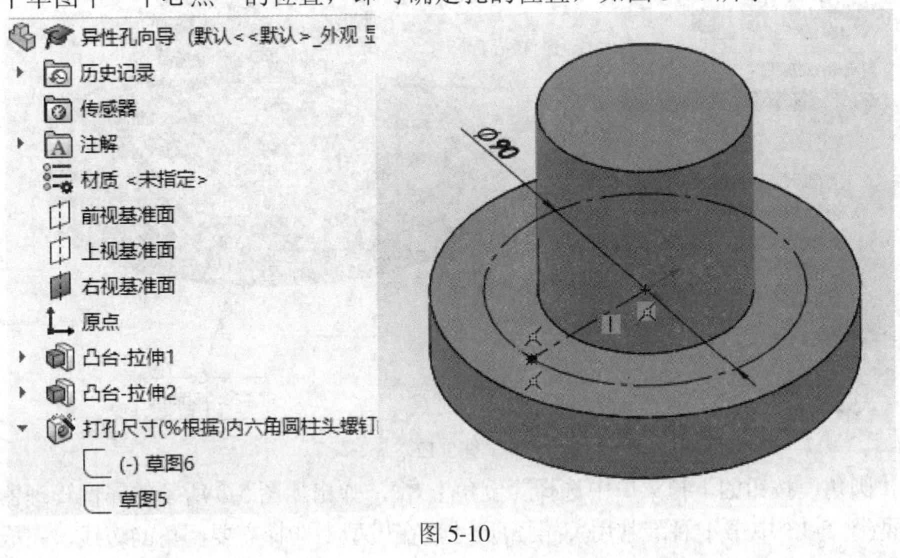

图 5-10

5.3　圆角、倒角

在机械零件中，倒角、圆角是很常见的结构。圆角是指在两个表面结合处的一种过渡，可以有效减少应力对零件强度的集中影响。圆角在铸造件上也是一种常见的工艺结构。倒角是指为了方便装配“导入”，同时避免锐边对操作者双手的划伤，对外螺纹轴端部进行的保护。

依然采用上述圆柱凸台，创建如图 5-11 所示的倒角(2 × 45°)和圆角(R5)。

图 5-11

在“特征”中，鼠标左键单击“圆角”，在弹出的属性管理器中，设置圆角类型、圆角半径，在模型上选择圆角边线，单击“确定”按钮后完成圆角创建(见图 5-12)。

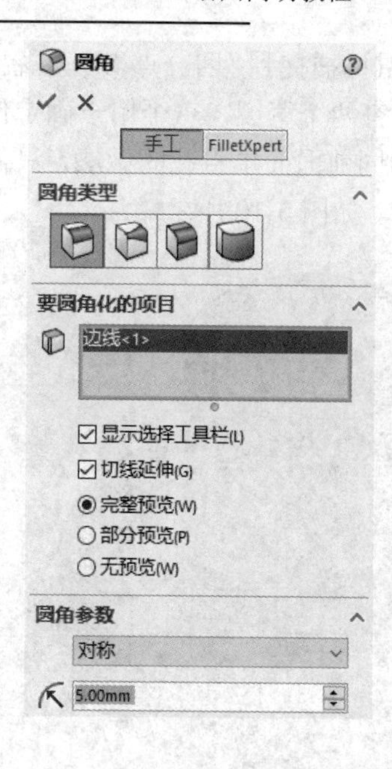

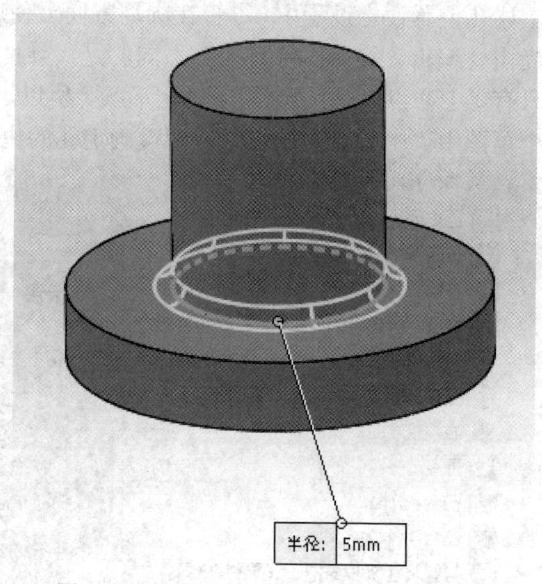

图 5-12

在“圆角”按钮的下拉菜单中选择“倒角”，弹出如图 5-3 所示的属性管理器，选择倒角类型(图 5-13 中第 1 种最常用)、倒角尺寸，在模型上选择需要倒角的边线，完成后单击“确认”按钮。

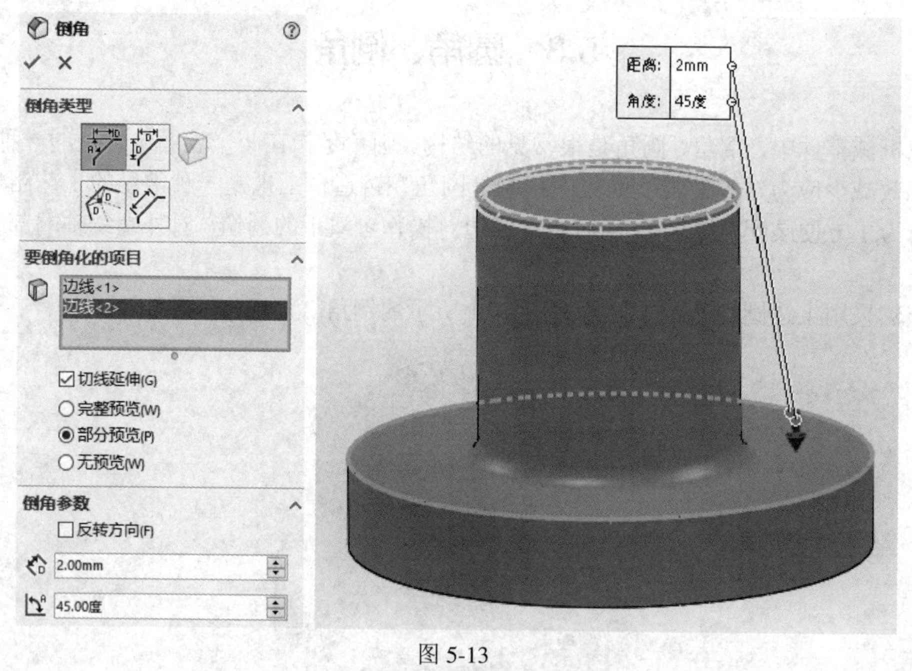

图 5-13

5.4 抽　壳

抽壳是指敞开所选的面而去除零件内部的材料，在其他面上生成薄壁的特征造型方法。

如果不选择任何面，抽壳一个零件实体会生成一个封闭的、掏空的特征。

抽壳可以分为等厚度抽壳和不等厚度抽壳两种类型。下面通过一个例题认识“抽壳”的应用场合。

例题　创建图 5-14 所示的模型，对其采用抽壳操作，要求：上表面开口，各侧面厚度为 2 mm。在此基础上请思考，若保持各侧面厚度为 2 mm 不变，可否将下表面厚度单独设为 5 mm？

具体步骤如下：

(1) 创建长方体(长、宽、高分别为 120，50，60)，并在前侧平面上建立通孔和长方形凹槽，如图 5-14 所示。

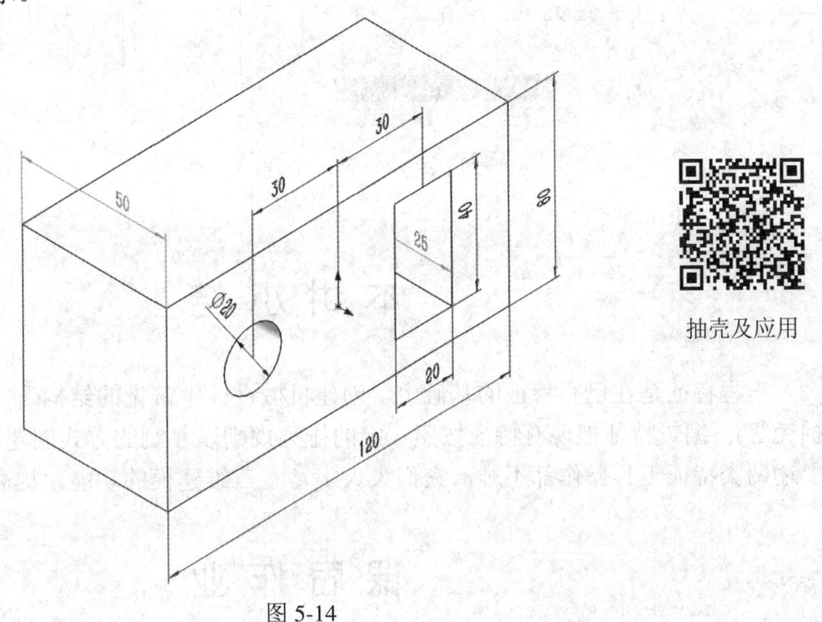

图 5-14

(2) 如图 5-15 所示，选择“特征”工具栏上的“抽壳”按钮，在“抽壳”属性管理器上进行必要的设置，图中设置壳厚为 2 mm，开口面为上侧平面，单击“确认”按钮，完成抽壳操作，如图 5-16 所示。也可以尝试“多厚度设定”，实现各面不同的厚度，图 5-17 是将底厚设为 5 mm 之后的剖视情况。

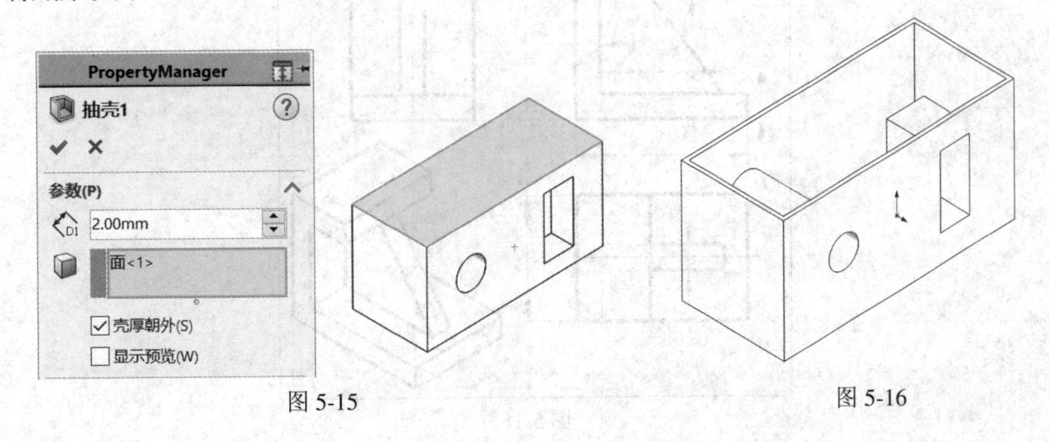

图 5-15　　图 5-16

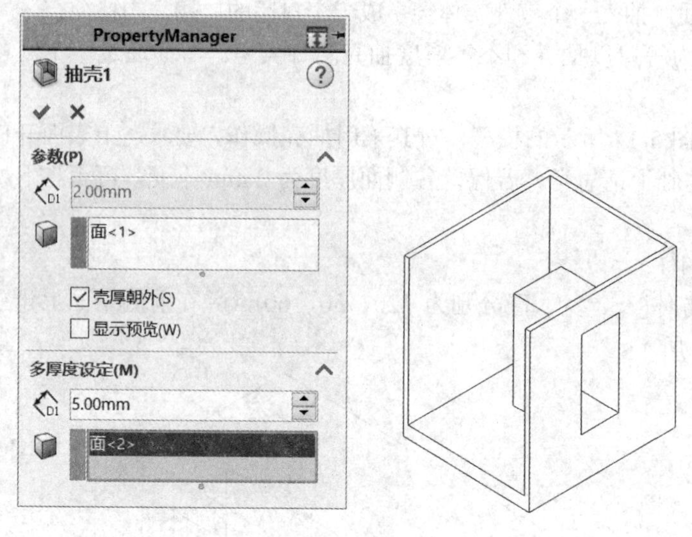

图 5-17

本讲小结

工程特征是在已有特征的基础上，创建机械设计中常见的结构(筋、圆角、倒角、孔和抽壳等)；编辑特征把现有特征按照一定的排列规则以复制的方式创建出多个相同的特征。上述两类特征工具操作都不难，它们大大丰富了三维建模的功能，提高了设计效率。

课后作业

(1) 绘制如图 5-18 所示的立体(用筋特征)。

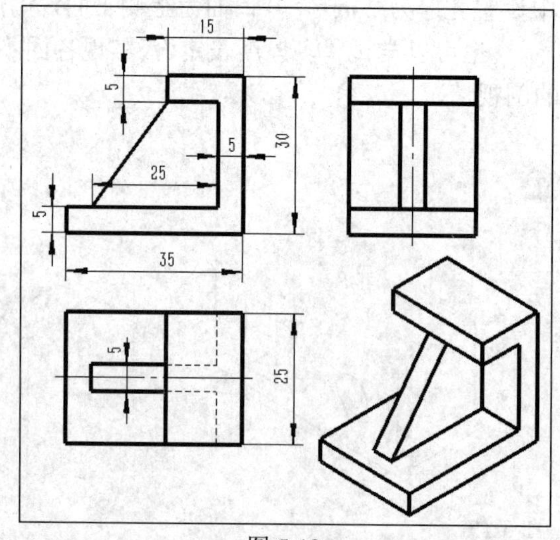

图 5-18

(2) 按图 5-19 创建轴承盖三维模型。

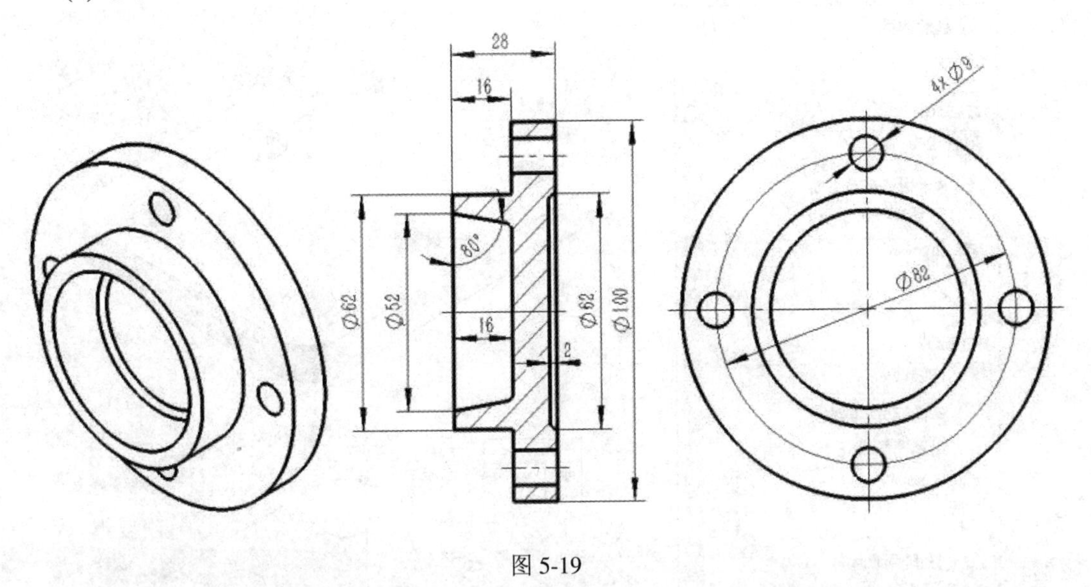

图 5-19

(3) 按图 5-20 创建皮带轮三维模型。

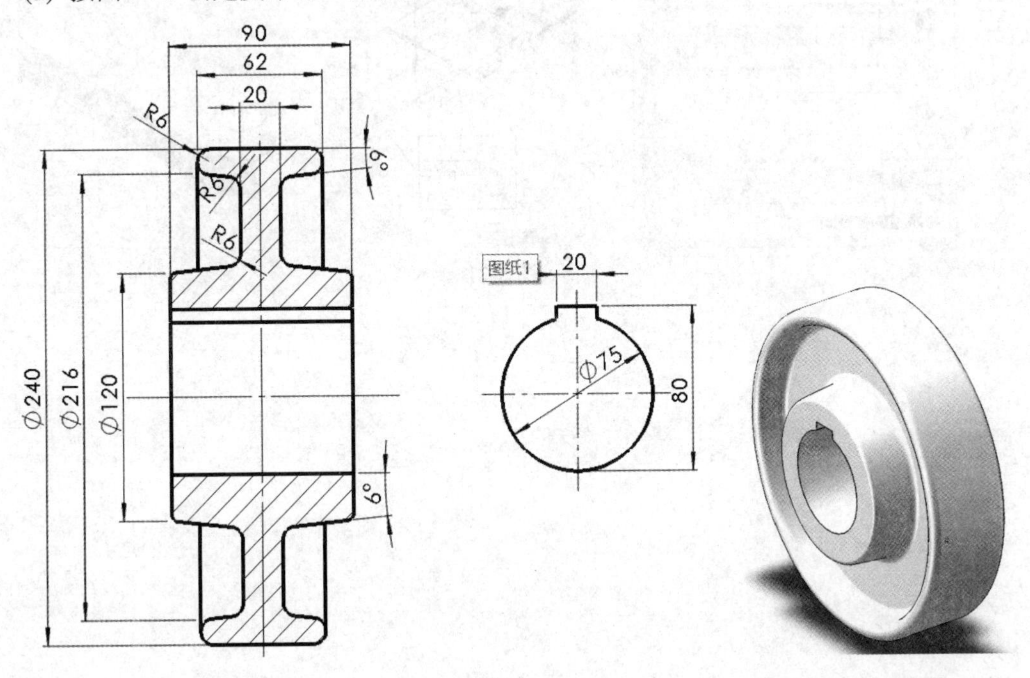

图 5-20

(4) 在 100×80×10(圆角 R10)的平板上，如图 5-21 所示，尝试采用“线性阵列”工具，制作 6 个ϕ10、孔口倒角 1×45°的通孔。注：“线性阵列”工具在本讲没有具体介绍操作，读者可以根据图中属性管理器自行尝试设置，用标注尺寸的“源头”孔，在两个方向上阵列出其余 5 个。

PropertyManager
线性阵列
方向 1(1)
边线<1>
间距与实例数(S)
到参考(U)
50.00mm
2
方向 2(2)
边线<2>
间距与实例数(S)
到参考(U)
35.00mm
3
只阵列源(P)
特征和面(F)
孔1
倒角1
实体(B)
可跳过的实例(I)

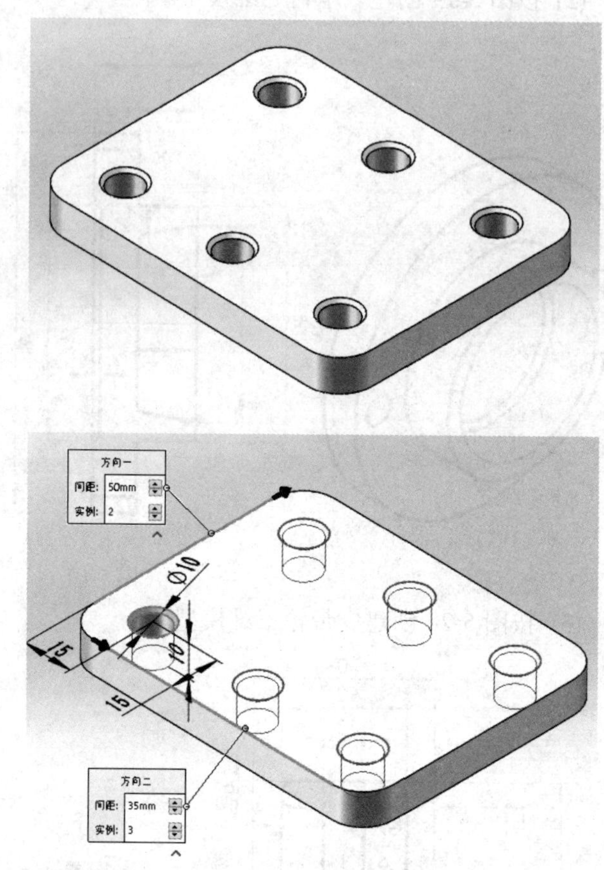
方向一
间距: 50mm
实例: 2
Ø10
15
10
15
方向二
间距: 35mm
实例: 3

图 5-21

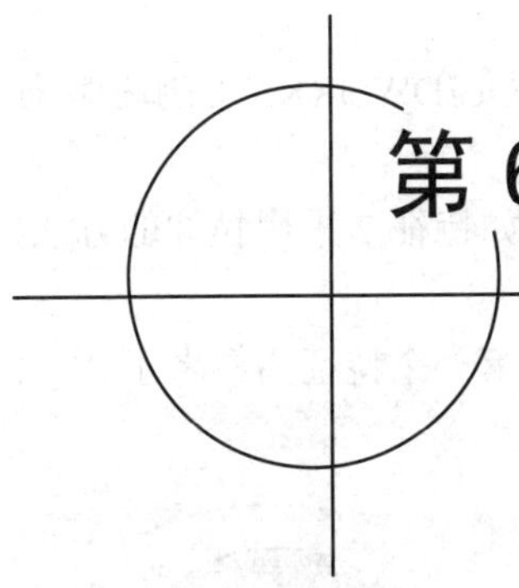

第 6 讲 形体分析法与 3D 建模

教学目标

通过实例学习形体分析法在 3D 建模中的应用，掌握综合使用各种特征工具规范创建复杂零件的 3D 模型的方法和技巧。

正如第 3 讲所述，各种复杂的实体模型都是由多种“特征”通过叠加、切割或者相切、相交而形成的。在设计一个多个(种)特征组成的复杂零件时，有必要采用“形体分析法”对零件进行分析，包括其对称性、实体组成部分及建模工具、各实体的相对位置关系，然后依照先主后次、先基础特征后工程特征和编辑特征的次序，依次完成各特征的创建。形体分析法是一种重要的思维方法，不仅可以让建模过程思路清晰，有条不紊，而且可以为后续工程图中视图创建及工程图中尺寸的自动生成创造有利的条件。

6.1　形体分析法建模过程

例题 1　用形体分析法分析并创建如图 6-1 所示的模型，要求正等轴测视角和图中一致。

例题 1　形体分析法建模

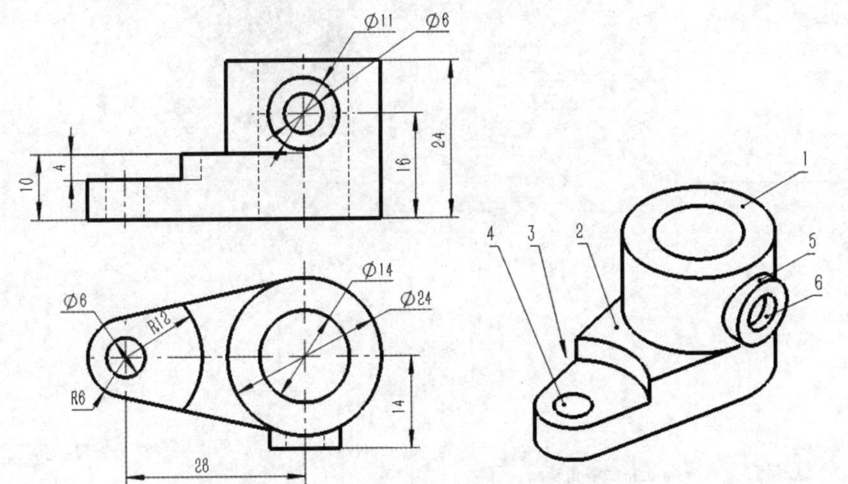

图 6-1

思路分析如下：

(1) 形体分析：分析零件的形体由几部分组成，每部分用 SOLIDWORKS 的哪种特征工具创建。

(2) 确定草图的绘制平面，并选择正确的方向绘制草图。比如特征 2 采用拉伸的方法，草图平面选择上视基准面，在等轴测方位绘制特征 2 的草图。

(3) 在第二个特征完成之后，剩余特征草图的绘制就可以以第一个特征为参考了。

具体步骤如下：

(1) 创建特征 1。单击“新建”按钮→“零件”按钮→“确定”按钮。

在设计树中选择“上视基准面”选项，单击“草图”工具栏中的“草图绘制”按钮，进入草图绘制,绘制同心圆ϕ24、ϕ14，圆心与原点重合，标注尺寸，单击右上角按钮，退出草图。

选择“特征”→“拉伸凸台/基体”，弹出“凸台-拉伸”对话框，输入高度 24，单击“确定”按钮，完成特征 1 的创建，如图 6-2 所示。

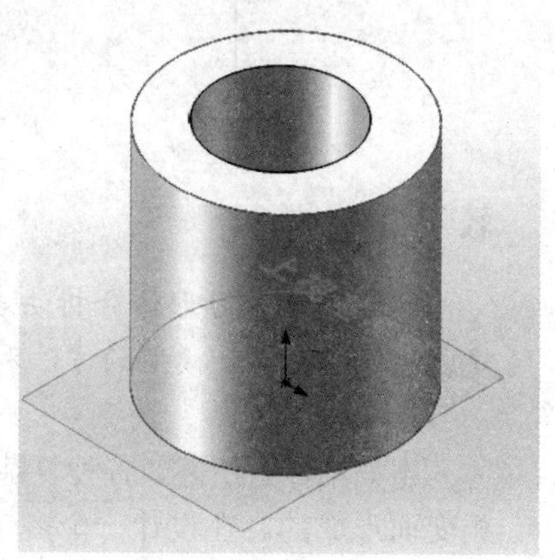

图 6-2

(2) 创建特征 2。选择“上视基准面”选项，进入草绘状态。注意，此时在等轴测状态下绘制，不单击“正视于”，对称零件，先经过原点绘制中心线，然后绘制小圆ϕ12，小圆圆心与中心线重合，此时零件的方位已确定，如图 6-3 所示。

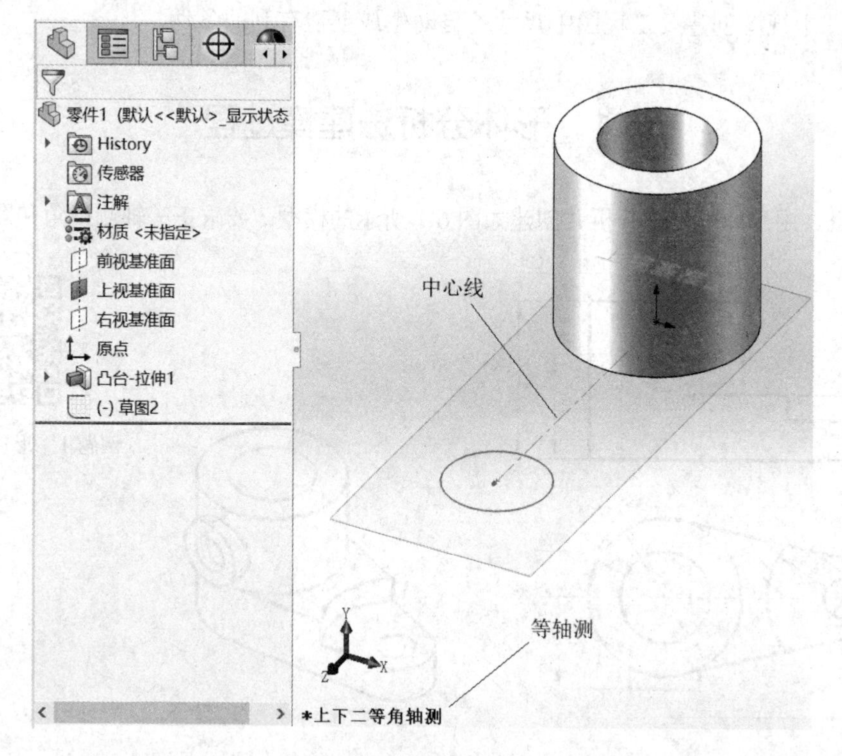

图 6-3

完成特征 2 草图其余部分。单击“正视于”，绘制两条切线；ϕ24 圆弧用命令“转换实体引用”来实现：单击“转换实体引用”按钮，弹出“转换实体引用”对话框，选择ϕ24 圆弧(边线 1 即为ϕ24 圆弧)，如图 6-4 所示；剪裁多余线条，标注尺寸，退出草图。单击“特征”→“拉伸凸台/基体”，选择草图 2 拉伸，完成特征 2 的创建，如图 6-5 所示。

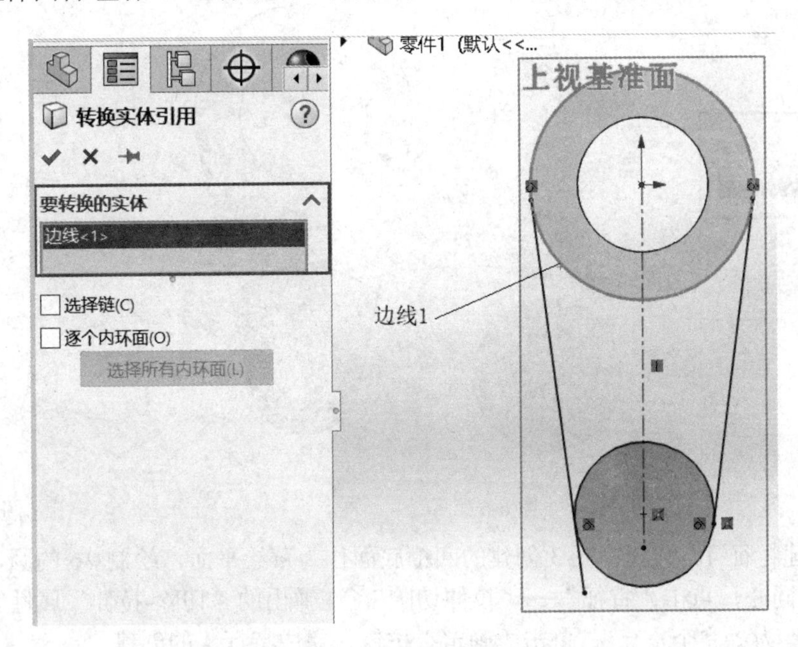

图 6-4

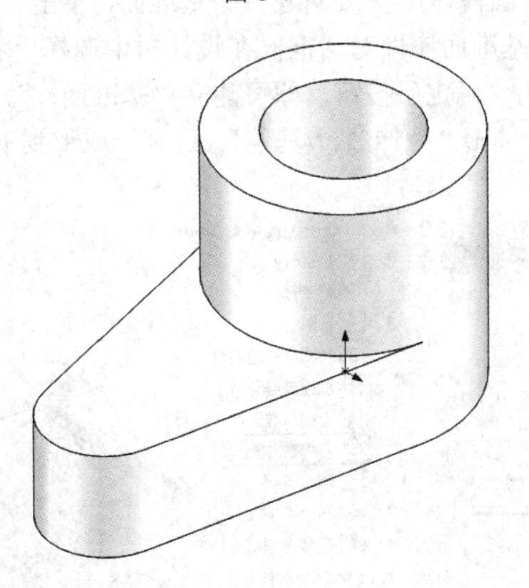

图 6-5

(3) 创建特征 3。单击“拉伸切除”命令，选择特征 2 凸台的上表面为基准面，绘制草图。先绘制圆，圆心与凸台的小圆圆心重合；其余的两条直线和一段圆弧用“转换实体引用”绘制：单击“转换实体引用”按钮，弹出“转换实体引用”对话框，选择边线 1、边线 2、边线 3，单击左上角按钮✔。然后用“剪裁”工具，剪裁多余线条，标注半径 R12，如图 6-6 所示，单击按钮，退出草图；单击“特征”→“拉伸切除”，弹出“切除-拉伸”对话框，输入深度为 4，单击“确定”按钮，完成特征 3 的创建，如图 6-7 所示。

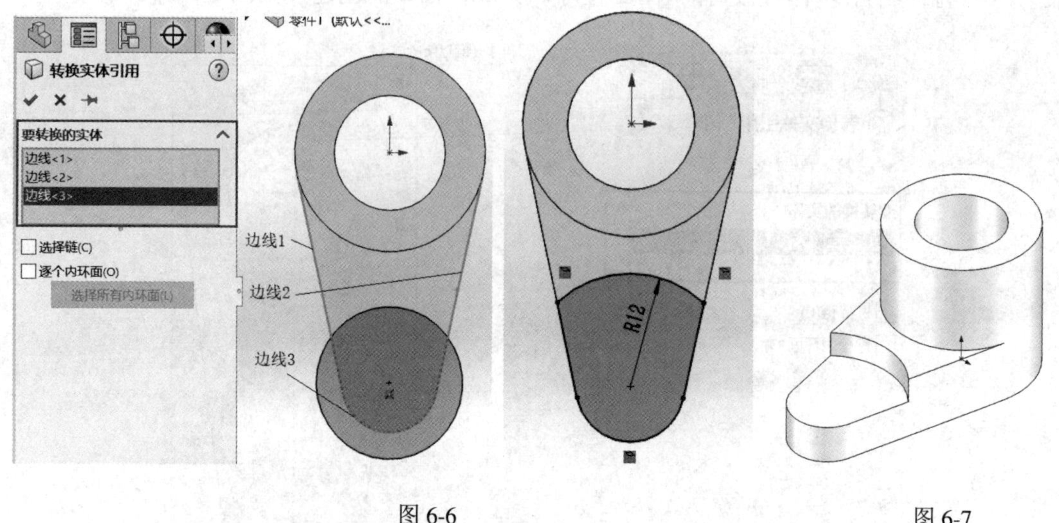

图 6-6　　　　图 6-7

(4) 创建特征 4。选择特征 3 创建的凹槽底面作为草绘平面，绘制ϕ6 的圆，圆心和凸台左侧圆弧同心，点击“特征”→“拉伸切除”，在弹出的“切除-拉伸”属性管理器中设置“方向 1”为“完全贯穿”，单击“确定”按钮，完成特征 4 的创建。

(5) 创建特征 5(ϕ11 圆柱体)。需要新建一个基准面，单击“参考几何体”按钮，选择“基准面”，弹出基准面属性对话框，在设计树中选择“右视基准面”，输入距离为 14，如图 6-8 所示，单击“确定”按钮，即可建立“基准面 1”。然后在“基准面 1”上绘制草图，如图 6-9 所示。单击“拉伸凸台/基体”，选择“成形到下一面”，之后单击“确定”按钮，如图 6-10 所示。

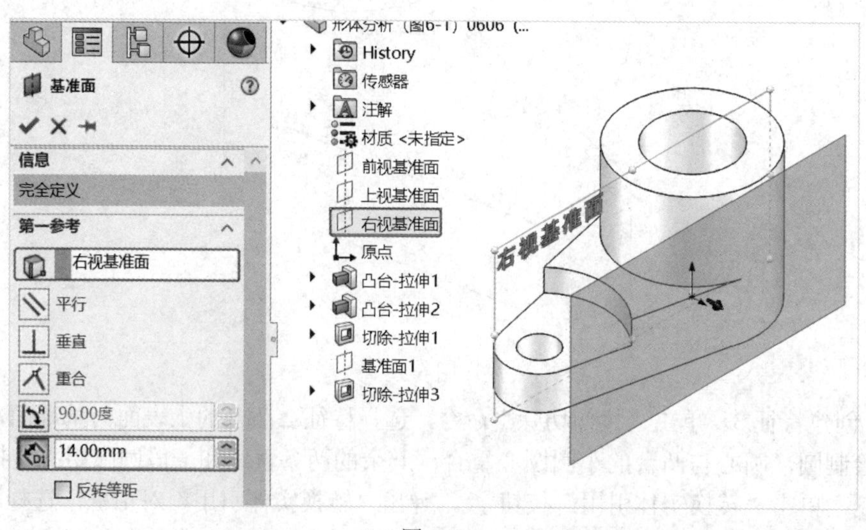

图 6-8

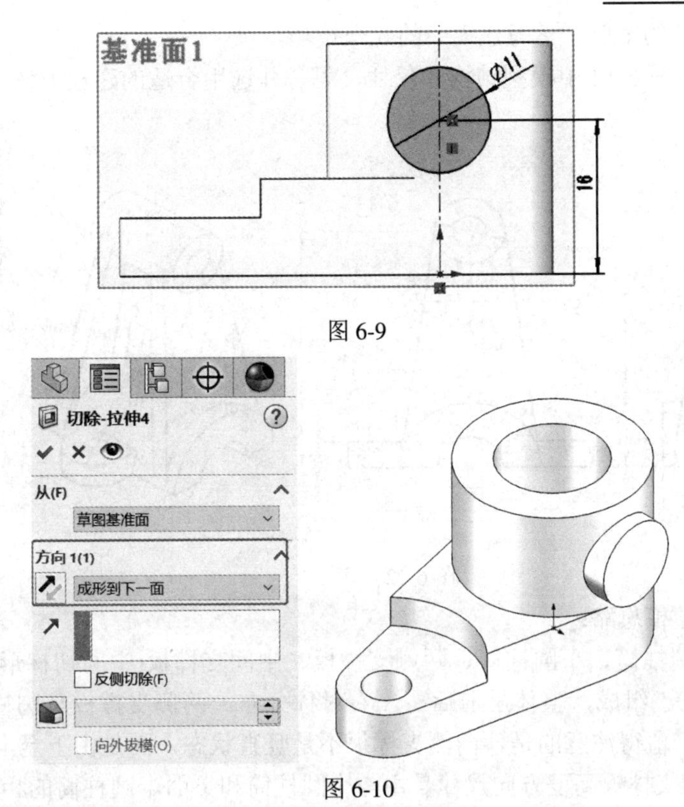

图 6-9

图 6-10

(6) 创建特征 6、ϕ6 孔。此时注意，设置“切除拉伸”属性框时，方向选择“成形到下一面”，即可完成切除。

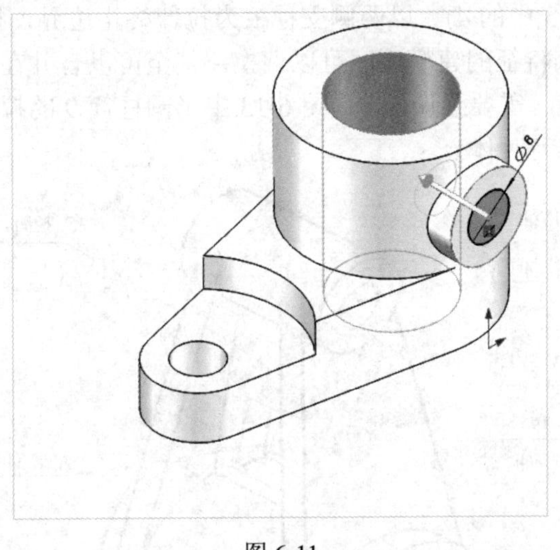

图 6-11

*6.2　复杂实体建模

前面的例题建模过程中主要用到了拉伸和拉伸切除特征，总体来说还不算复杂，下面通过一个较为复杂的案例，学习建模中的几个技巧。

例题 2 分析图 6-12 中模型结构和尺寸，思考并选用合适的建模方法，安排各特征的建模次序。

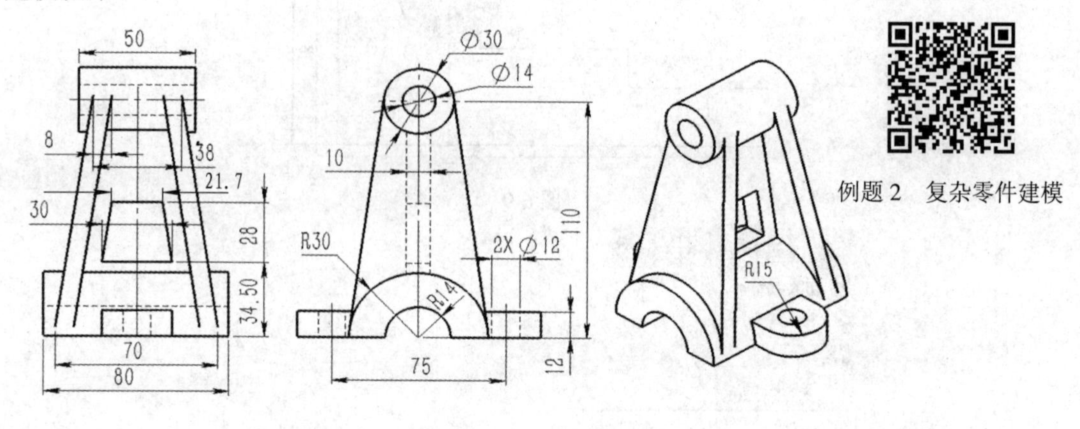

图 6-12

形体分析与建模思路：

该模型由半圆柱筒、小圆柱筒、两侧支撑板、中间支撑板(中间切梯形孔)、半圆柱筒前后耳板(用来固定)组成，整体呈前后、左右对称分布。两侧支撑板与圆柱相切，中间支撑板与圆柱相交。值得注意的是，两侧支撑板不是竖直状态，而是由下至上向中间收缩。

模型中，两侧支撑板高度方向尺寸是由与小圆柱筒和下面半圆柱筒的相切关系确定的，因此必须先对两个圆柱建模(图 6-13 中的 1、2)，而后专门绘制一个草图确定切点，经过切点做支撑板放样的两个基准面，绘制矩形草图放样得到支撑板(图 6-13 中的 3)，通过镜像得到对侧支撑板(图 6-13 中的 4)。以两侧支撑板为拉伸终止边界，拉伸得到中间支撑板(图 6-13 中的 5)。其他几个特征的建模次序可以调换，甚至可以合并在一起，采用一个草图拉伸(图 6-13 中的 2 和 10)。需要强调的是，图 6-13 中半圆柱筒 9 的拉伸切除一般放在耳板之后，这一点留给大家练习时体会。

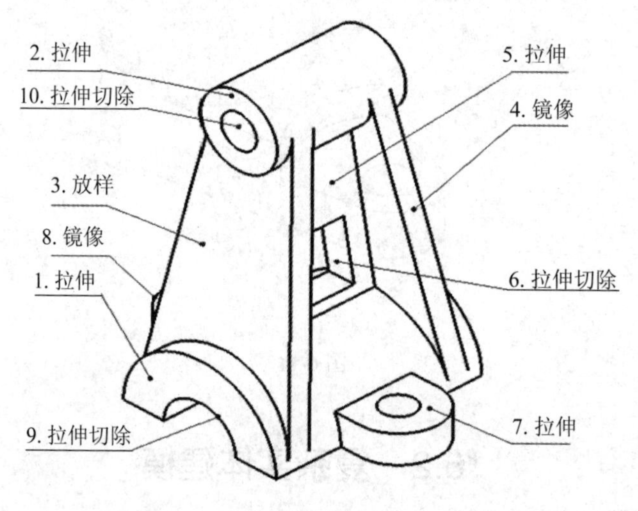

图 6-13

该例题的关键步骤是两侧支撑板建模“放样凸台基体”。在完成半圆柱和圆柱建模之后，可通过放样建立支撑板。首先画出放样草图，为此需要分别建立经过切点且与上视基准面平行的两个基准面。

具体步骤如下：

(1) 如图 6-14 所示，专门绘制一个草图，用来确定切点的位置。退出草图，经过切点建立与上视基准面平行的“新基准面 1”，如图 6-15 设置新基准面的第一参考为“切点”和第二参考为“上视基准面”。

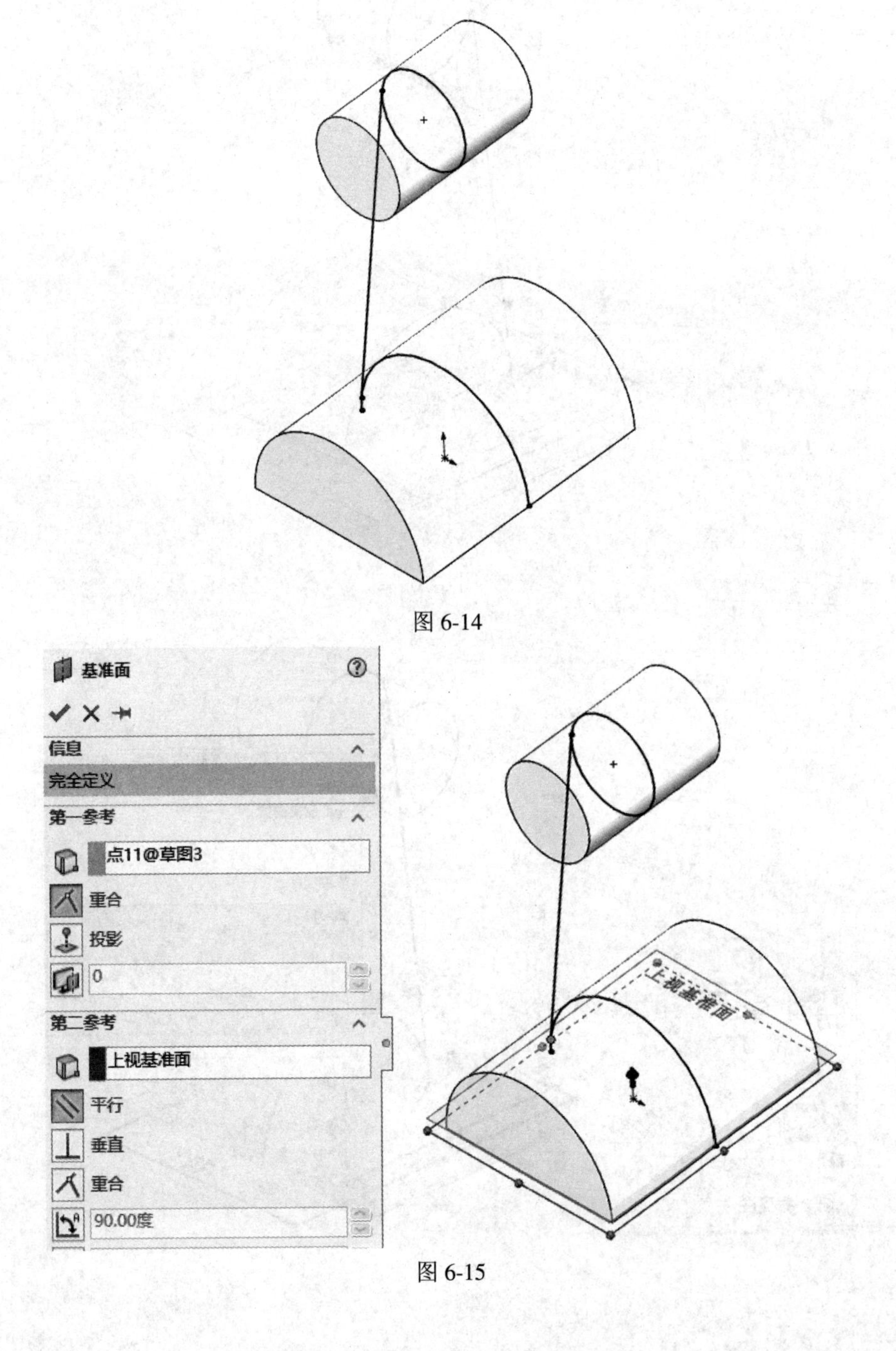

图 6-14

图 6-15

(2) 基准面建好后，需要在该基准面上绘制一个矩形，该矩形相对于半圆柱轴线方向的位置和宽度分别为 70 和 8(见图 6-16)，但长度应为基准面与半圆柱的交线，无法采用直接标注尺寸的方式确定。采用“转换实体引用”菜单中的工具“交叉曲线”，其设置如图 6-17 所示，只需选取半圆柱面即可生成半圆柱面与当前草绘基准面的交线(即支撑板与半圆柱的切线)。经过延伸和修剪后得到矩形草图，如图 6-18 所示。

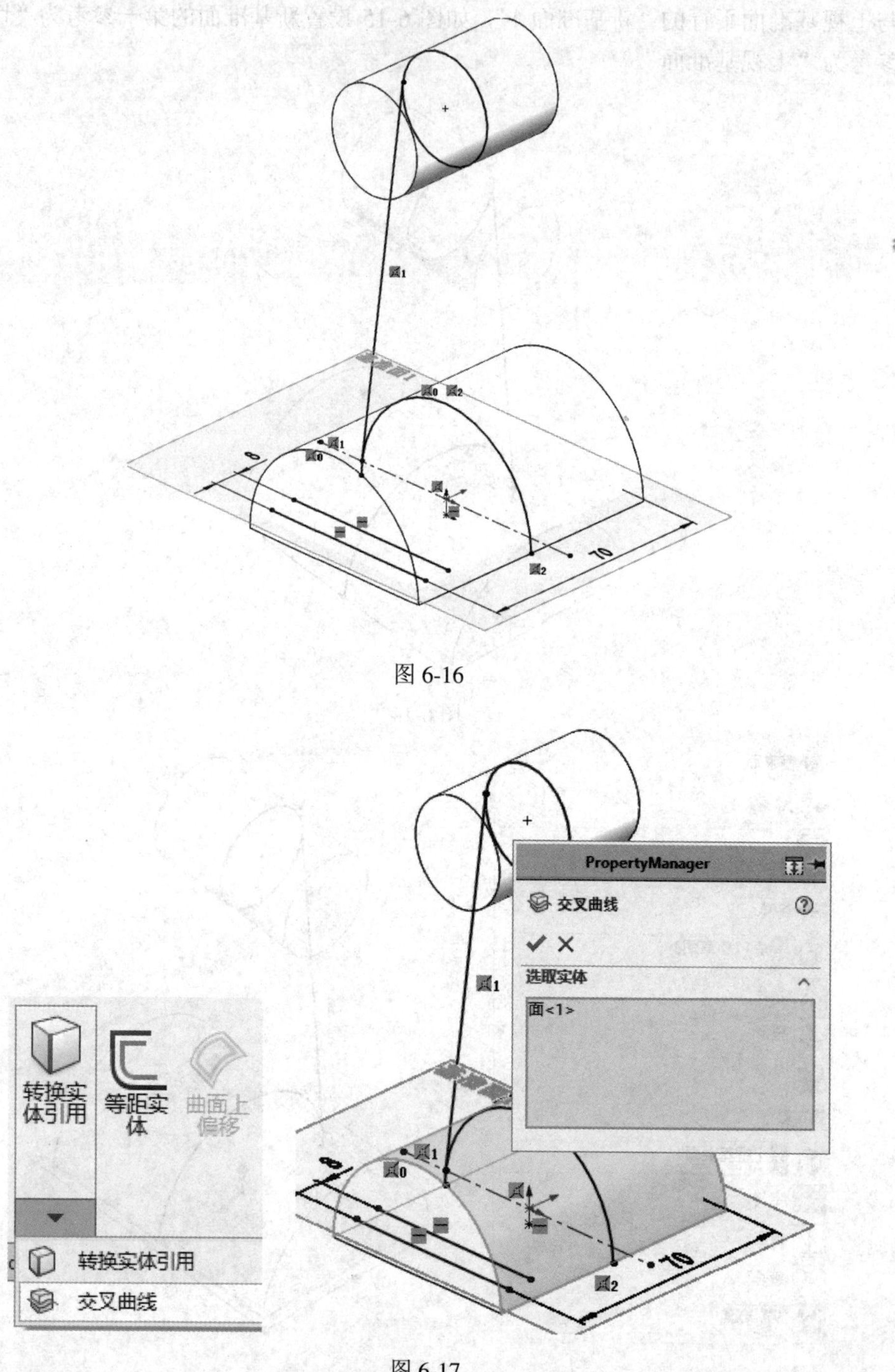

图 6-16

图 6-17

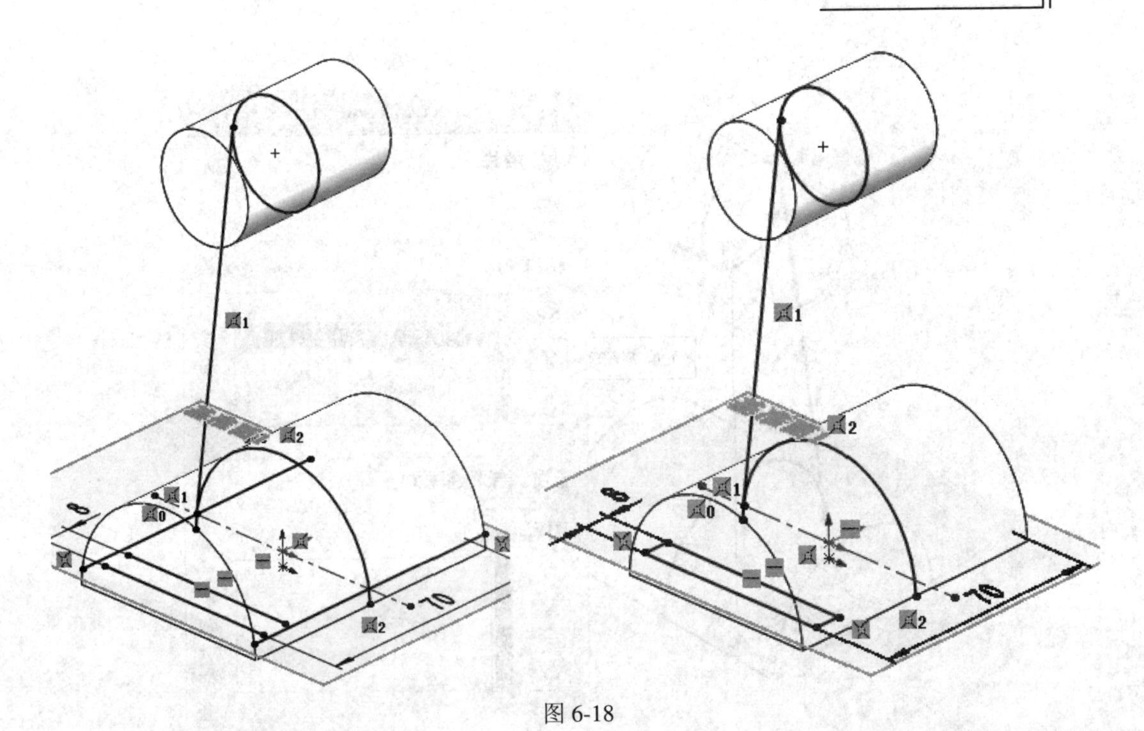

图 6-18

(3) 采用上述同样的方法，在支撑板与小圆柱相切处，另建一个矩形草图(见图 6-19)。退出草图后，单击图标 放样凸台/基体 建立支撑板放样特征，在放样属性管理器中选取刚刚完成的两个矩形草图，如图 6-20 所示，并在绘图区拖动矩形顶点上的“圆点”，实现“放样同步”，即同侧对应位置相连，单击“确认”按钮，完成了建模(图 6-13 中的 3)，如图 6-21 所示。

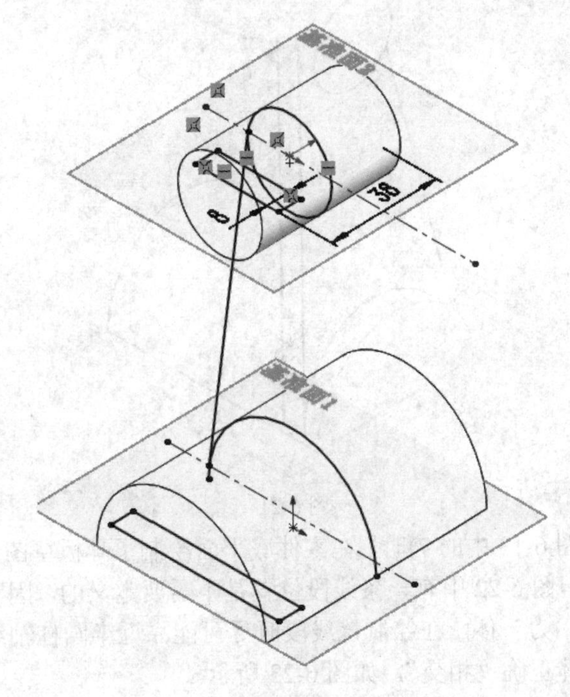

图 6-19

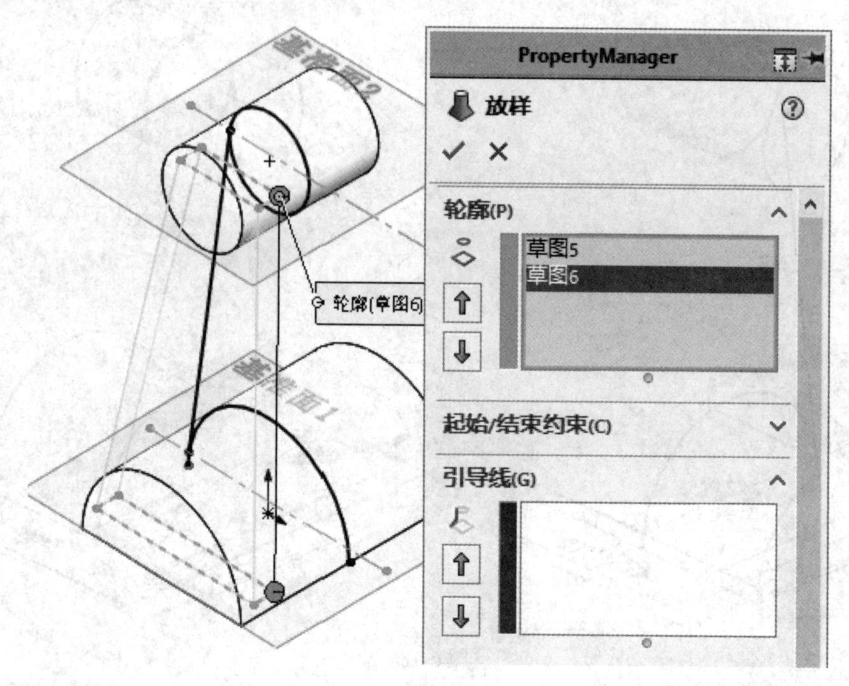

图 6-20

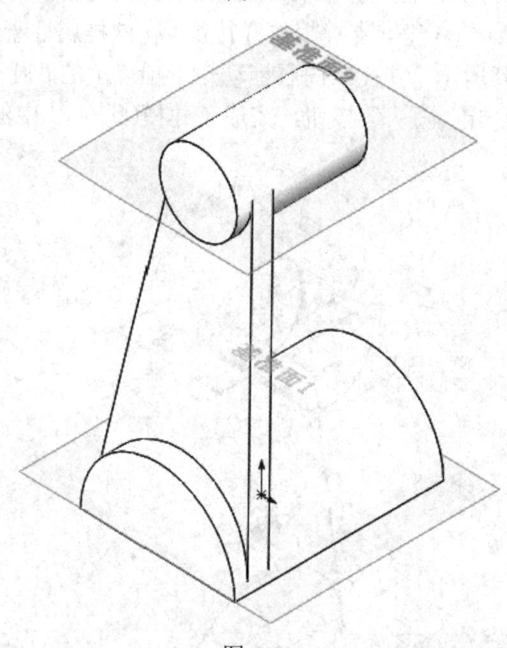

图 6-21

(4) 在耳板拉伸(图 6-13 中的 7)时，在零件底平面绘制了耳板草图，耳板的位置和形状可由标注尺寸确定，但图 6-22 中有一条线段位置是不需要定义的，因为草图拉伸后耳板和圆柱在该位置“合并”为一体，在绘制该线段时尽可能靠近半圆柱轴线，确保草图拉伸为耳板后能够和半圆柱体正确“相交”，如图 6-23 所示。

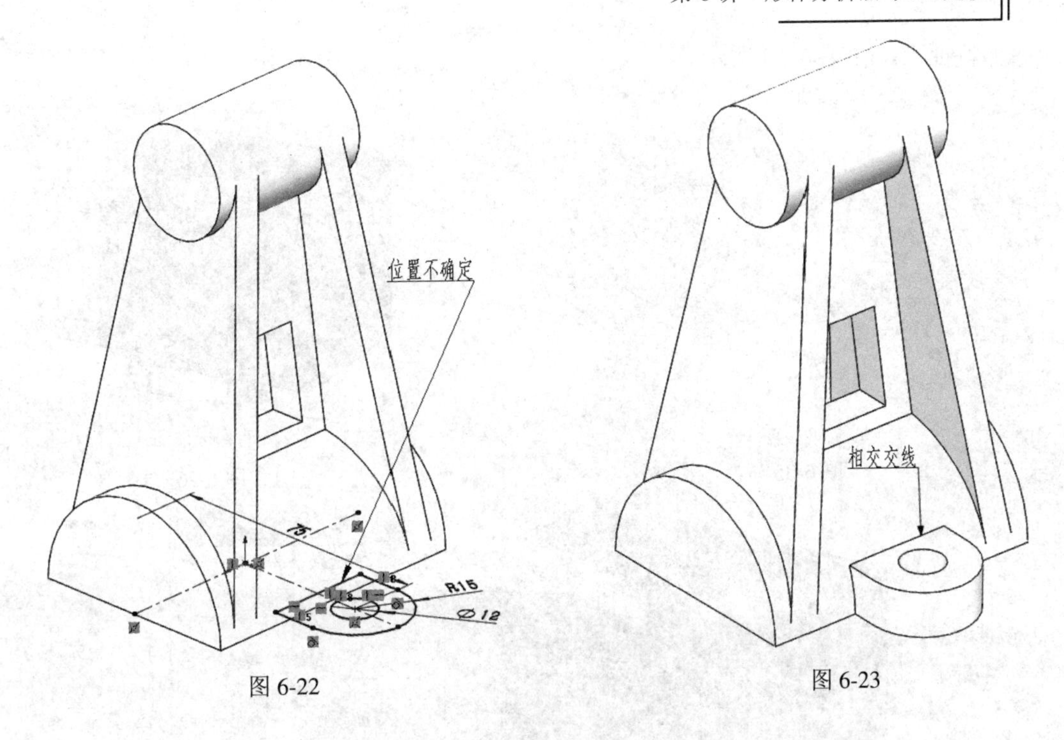

图 6-22　　　　　　　　　　　　图 6-23

*6.3　组合实体简介

上述例题中，复杂实体模型总是可以分解为一个个单一实体的特征，依次创建。但对于某些实体特征，不能或者不方便采用之前学过的特征工具一次创建完成。比如图 6-24 所示实体，是否能够采用之前学过的特征工具直接绘制其 3D 模型？显然不太方便。

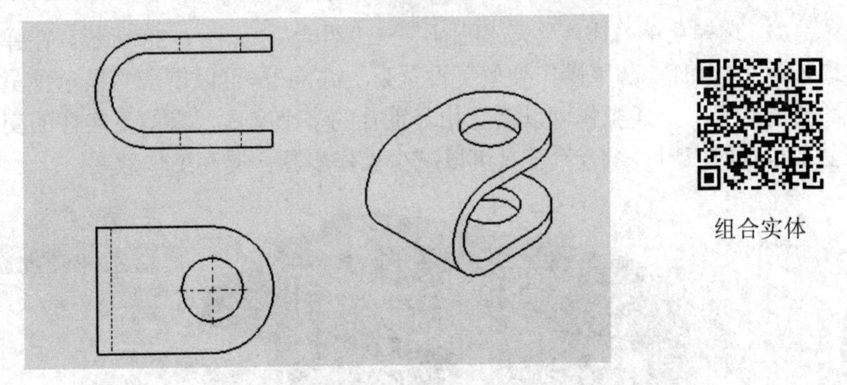

图 6-24

SOLIDWORKS 软件提供了一个“组合”工具，可以利用“添加”“删减”或“共同”多个实体来创建单一实体，类似于三维模型间的布尔运算。下面采用“组合”工具中的“共同”完成上述模型创建。

(1) 绘制草图，拉伸出第一个特征(见图 6-25)。

(2) 在第一个特征的表面绘制第 2 个草图，拉伸得到第 2 个特征(见图 6-26)。特别留意第 2 次拉伸时属性管理器中“合并结果”的设置，不能把第 2 个拉伸特征“合并”到第一个拉伸特征上，如图 6-27 所示。

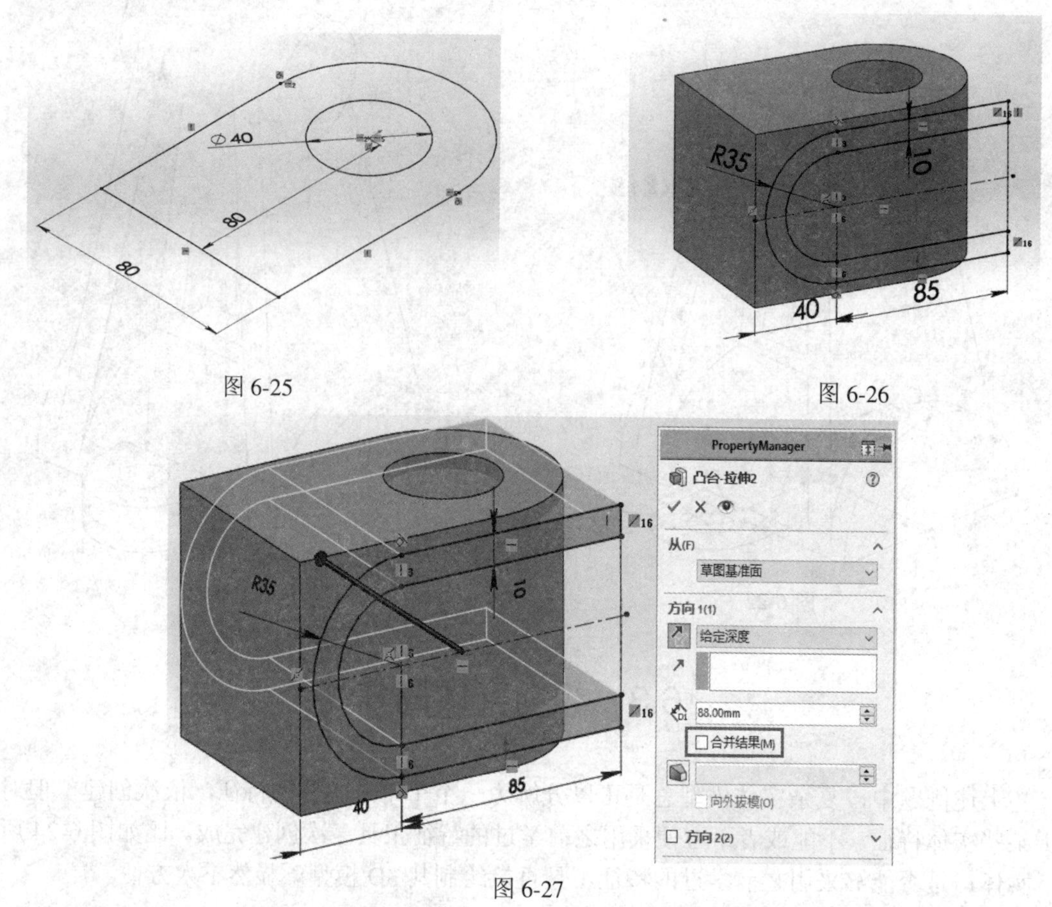

图 6-25

图 6-26

图 6-27

(3) 选择菜单“插入”→“特征”→“组合”，如图 6-28 所示，在弹出的属性管理器中选择两个拉伸特征，“操作类型”设置为“共同”，可以单击“显示预览”查看是否获得了需要的效果。上述操作可以接受相互重叠的多个实体，只留下实体的交叉体积。生成某些复杂特征时应用“组合”工具可以减少操作步骤，提高工作效率。

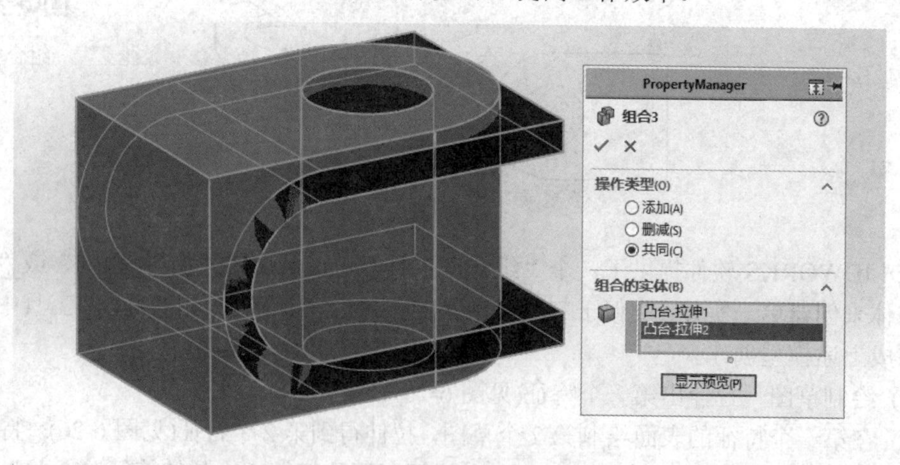

图 6-28

本讲小结

本讲主要学习如何利用形体分析法来创建多个特征组成的零件。除第一个特征外，后续特征的草图总是以已经创建的特征作为参考来确定位置。在绘制后续特征草图的过程中，转换实体引用是一种特别好用的工具，它把已创建特征的轮廓投射到当前草绘平面上，生成草图图元，不仅简化了作图步骤，而且实现了以已创建特征作为参考的功能，比如在例题 1 中特征 2 和特征 3 的草图绘制就使用了转换实体引用。

另外，为了使零件在空间有一个正确的摆放姿态，第一个特征草图基准面的选择是非常重要的。本讲例题创建过程中的其他一些技巧值得读者认真体会。

课后作业

(1) 绘制如图 6-29 所示的零件 3D 模型(尺寸在图中量取)，保存备用。

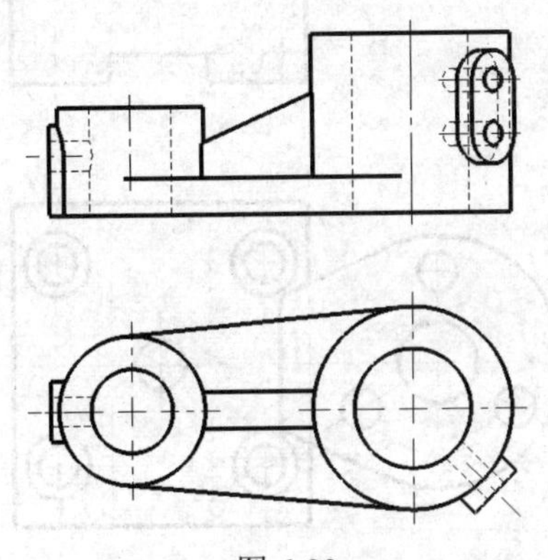

图 6-29

(2) 读懂视图，创建如图 6-30 所示的零件 3D 模型(尺寸从图中量取，取整数)。

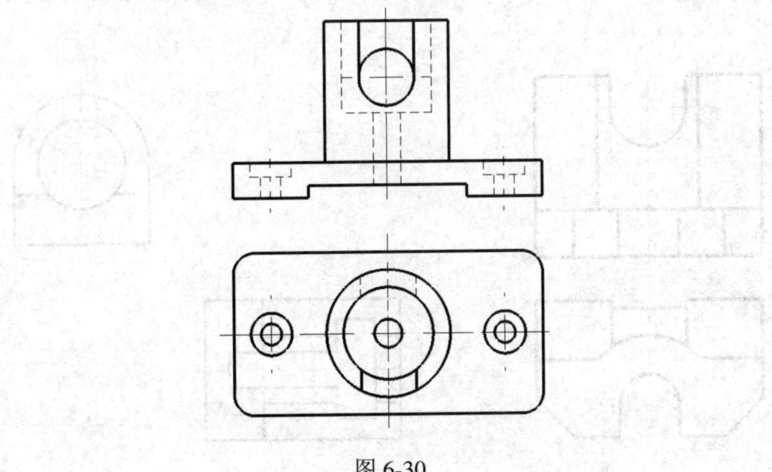

图 6-30

(3) 读懂视图，创建如图 6-31 所示的零件 3D 模型(尺寸从图中量取，取整数)。

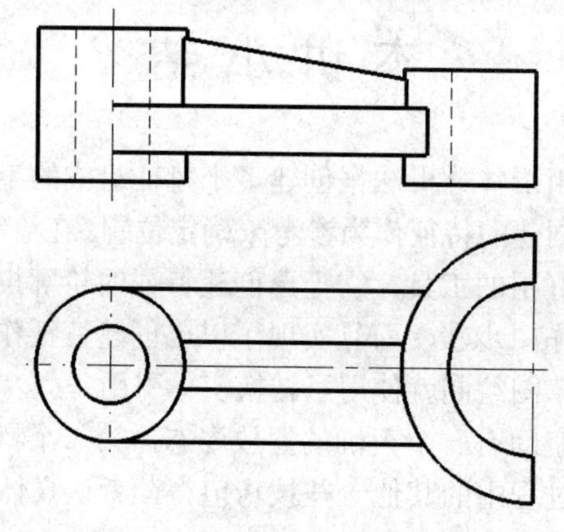

图 6-31

(4) 读懂视图，创建如图 6-32 所示的零件 3D 模型(尺寸从图中量取，取整数)。

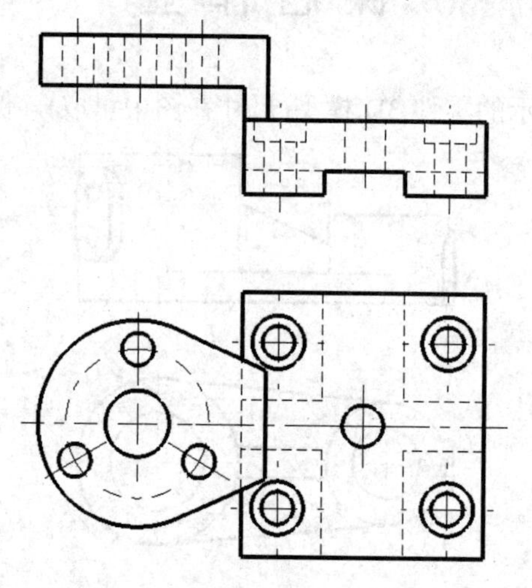

图 6-32

(5) 根据已知视图，如图 6-33 所示，想象组合体形状，画出 3D 图(尺寸在图中量取，取整数)。

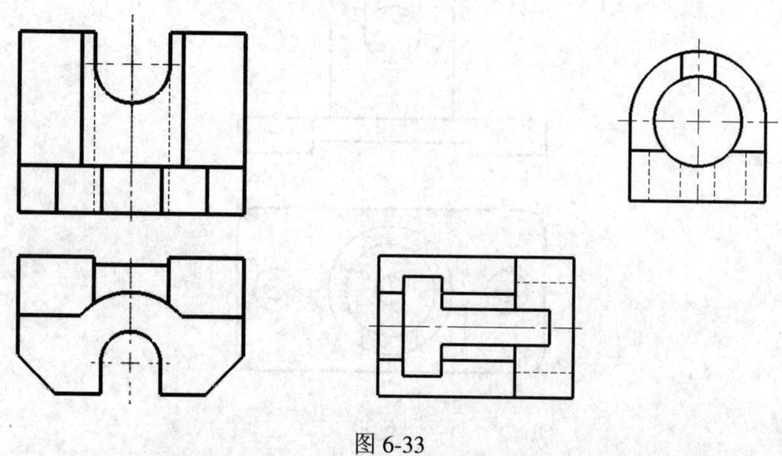

图 6-33

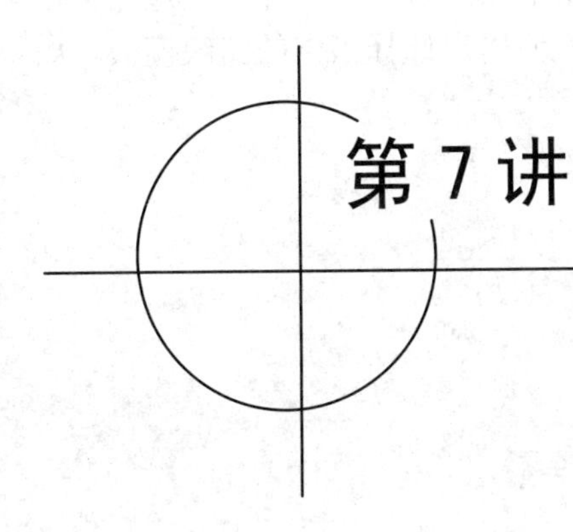

第 7 讲 工程图的基本操作

教学目标

(1) 学会使用“视图调色板”和“投影视图”建立三视图和正等轴测图；

(2) 掌握图纸基本设置：投影类型、线型粗细、比例；

(3) 掌握视图基本调整：隐藏切边线、隐藏/显示虚线、添加中心线(或轴线)；

(4) 掌握图纸格式制作，了解标题栏信息与“零件”中文件属性的链接关系；

(5) 学会使用“模型项目”自动生成工程图尺寸的调整方法，体会“零件”与“工程图”之间的数据关联。

SOLIDWORKS 工程图在零件建模完成之后，依据投影规律和国家标准规定，按照确定的工程图表达方案，在“工程图”模式下采用软件提供的工具创建并完成规范的工程图文件。虽然工程图和三维实体模型是两个不同的文件，但二者之间在建立之后存在着相互的数据依存关系，如果随意移动三维实体的存储位置或者更改其文件名称，都可能无法正确打开工程图文件。

本讲内容主要对应制图教学中的“组合体三视图及尺寸标注”相关内容，涉及到相切画法、第一角视图等基本概念，同时介绍 SOLIDWORKS 软件中关于图纸格式及标题栏内容的自动填写。

7.1 进入工程图环境

进入工程图环境常用的两种方式：“新建”和“从零件制作工程图”。两种方式的不同之处在于，“新建”方式首先指定需要作工程图的目标零件。不管通过哪种方式进入工程图环境，我们都需要在图纸上建立第一个视图，并以此为父视图，生成其他视图。

1. “新建”方式

单击标准工具栏中的“新建”按钮，或单击菜单栏中的“文件”→“新建”，弹出“新建 SOLIDWORKS 文件”对话框，选择“工程图”，单击“确定”按钮，进入工程图环境，此时的“图纸模板”为系统默认，如不合适需修改，具体修改方法将在后面的“工程图基本设置”中介绍。在“新建 SOLIDWORKS 文件”对话框的左下角，有一个“高级”按钮 高级 ，单击后可以切换到如图 7-1 所示的窗口，方便用户选择指定的图纸模板，如 gb_a4，表示 GB 下图幅为 A4 的图纸。

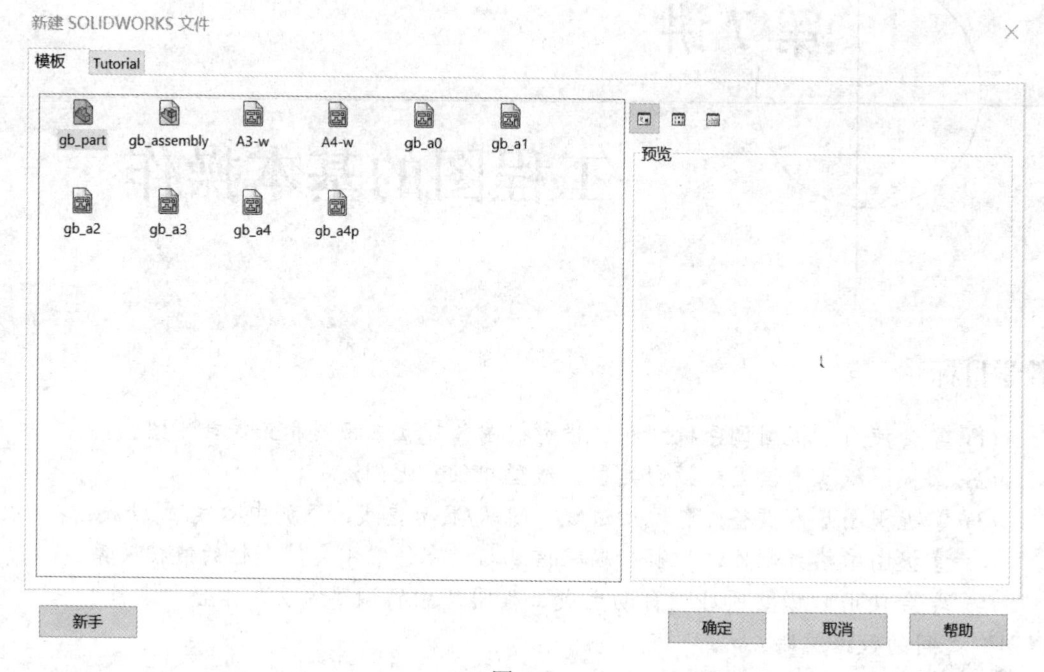

图 7-1

一般而言，使用“新建”方式进入工程图环境后，绘图区将出现“一张空白的图纸”(图纸幅面和标题栏取决于图纸模板)，并且自动执行“模型视图”工具，弹出其属性管理器，方便用户进行后续操作，包括通过“浏览”指定建立工程图的“零件”文件，确定第一个视图的投影方向等。但有些情况下不会自动执行“模型视图”工具，这取决于该工具属性管理器中“☑生成新工程图时开始命令(G)”是否被勾选。关于该工具的具体应用方法将在第 8 讲介绍。

2.“从零件制作工程图”方式

当完成一个三维实体模型并保存后，或者打开一个已经创建好的三维模型文件后，单击“文件”→“从零件制作工程图”，如图 7-2 所示。

从零件制作工程图

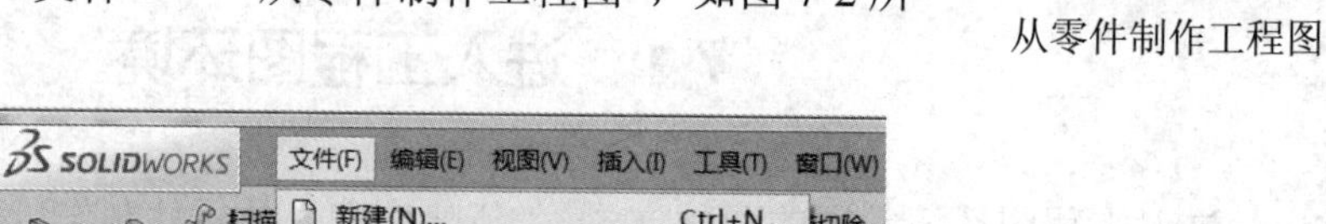

图 7-2

打开图 6-1 所示的零件，采用该方法进入工程图环境。在屏幕右侧会自动出现“视图调色板”窗口(见图 7-3)，根据提示，可把“(A)右视”图形拖拽到图纸上，作为当前图纸的第一个视图。完成这个步骤后，软件会智能地执行“投影视图”工具，可以尝试将鼠标在该视图的下侧、右侧、左上侧移动，这时会出现不同视图的预览，只需分别单击“确定”按钮，就可以建立俯视图、左视图和正等轴测图(见图 7-4)，单击“确定”✓，结束“投影视图”。此时可以用鼠标拖拽视图移动，并调整其在图纸上的位置，也可以用鼠标单击某视图，按“Delete”键删除该视图。

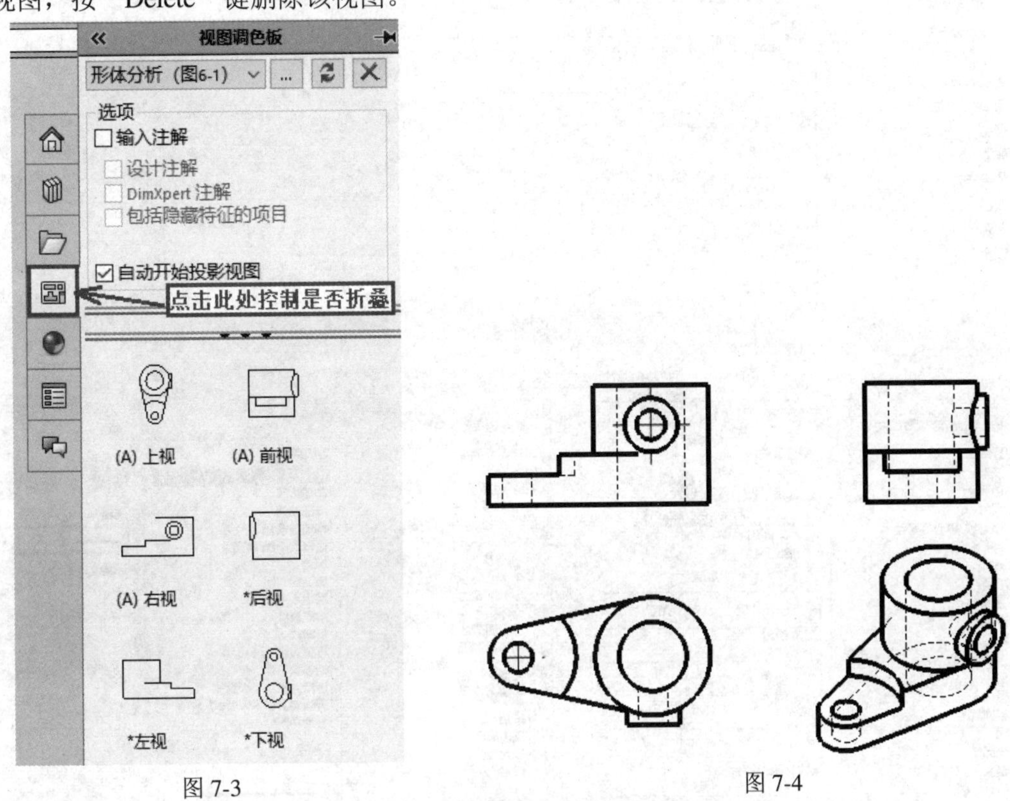

图 7-3

图 7-4

7.2　工程图的基本设置

在不同的电脑上，利用上述“视图调色板”和“投影视图”工具，完全相同的操作可能带来不同的视图结果，如果出现的这组视图和图 7-4 不同也不足为怪，这是因为各自使用的默认图纸模板、绘图标准等设置不同。

1. “选项”→“文档属性”设置

单击“选项”按钮，在弹出的窗口中，选择“文档属性”选项卡，设置“总绘图标准”为“GB”(见图 7-5)；单击“单位”选项，设置“单位系统”为 ◉MMGS (毫米、克、秒)(G)；单击“线型”→“可见边线”选项，将线粗设置为 0.5 mm(见图 7-6)。为了符合国家标准的工程图，“文档属性”中的其他项目也需要进行相应的设置。

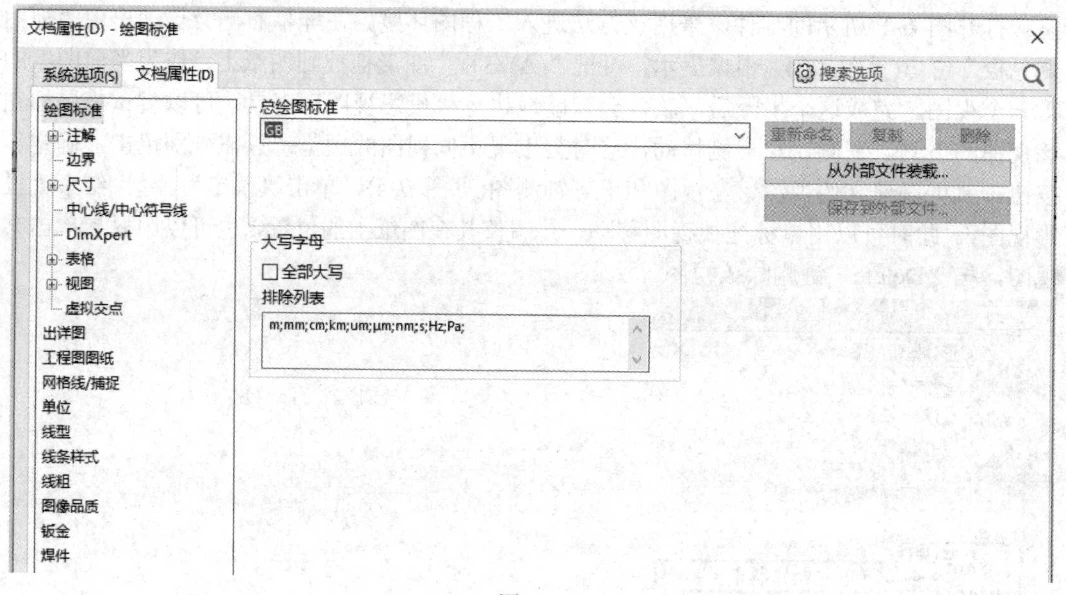

图 7-5

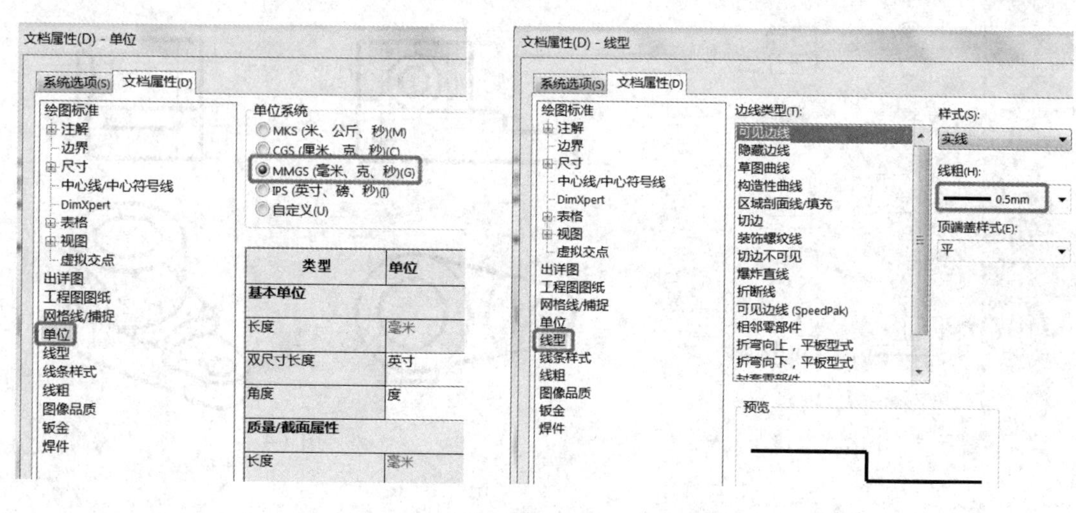

图 7-6

2．设置图纸属性

在设计树中，将鼠标移到“图纸1”处，右击，弹出如图 7-7 所示窗口，单击“属性”选项，进入“图纸属性”选项卡，设置如下项目：(1)投影类型：第一视角；(2)“图纸格式/大小”可以选取系统默认的，也可以单击“浏览”按钮找到已建立的图纸格式文件(见图 7-7)。

3．视图中的中心线、轴线、切边线和虚线

按照 GB 规定：视图中回转体需要画中心线和轴线，对称机构的视图需要画对称线；组合体的相切位置不需要画切边线；视图中的虚线需要根据需要确定是否保留(在组合体视图中需要全部保留)，轴测图中为了增强立体感，需要省略所有虚线。这些规定在 SOLIDWORKS 软件中不能自动实现，需要用户采用相应工具加以调整。

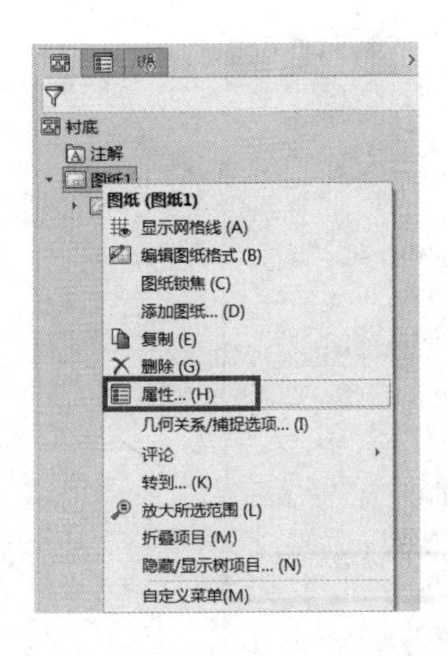

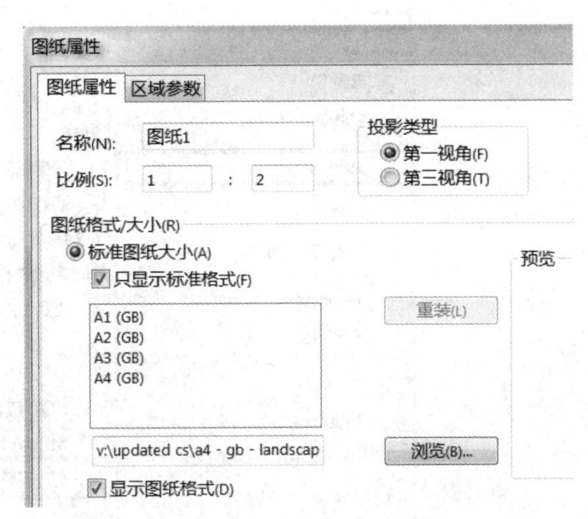

图 7-7

添加中心线：在图 7-8 中，单击“注解”→“中心符号线”按钮⊕，选中视图中的圆，为其添加中心线。

添加轴线：单击 中心线，勾选“选择视图”(见图 7-8)，分别选择需要加注轴线的视图，单击“确定”按钮，即可显示所选视图上所有回转体的轴线；然后在视图上拖拽轴线的控制点调整其长度。使用这个工具时，也可以根据需要不采用“选择视图”的方式，而是选择视图上的两条平行边线，只在其中间生成对称线。

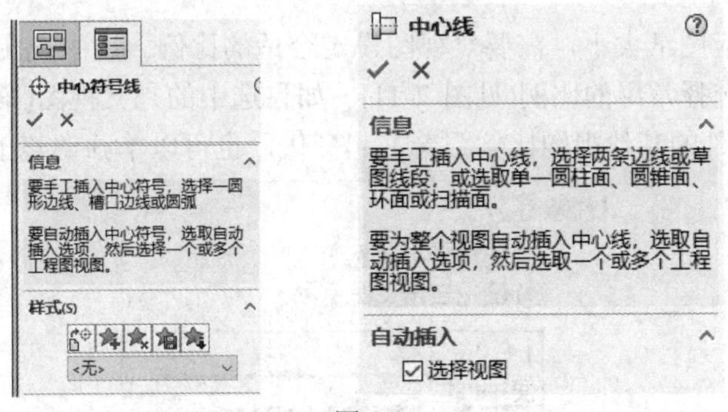

图 7-8

隐藏切边线：在该例中，主视图、左视图和轴测图上有切边线(见图 7-9)，隐藏方法是首先选中具有切边线的视图，再单击菜单“视图”→“显示”，勾选“切边不可见”，如图 7-10 所示。

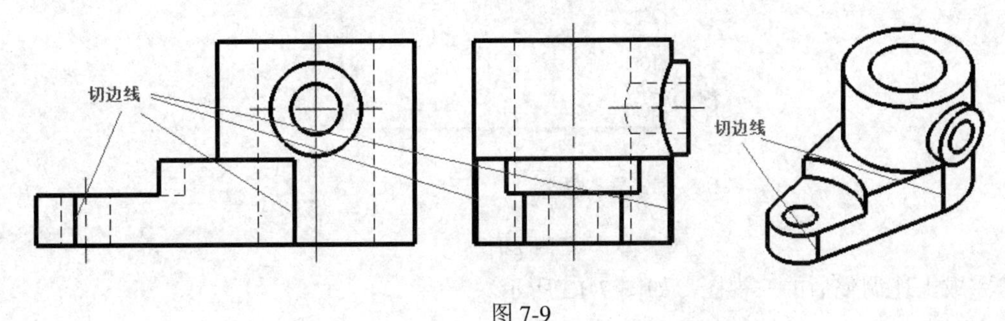

图 7-9

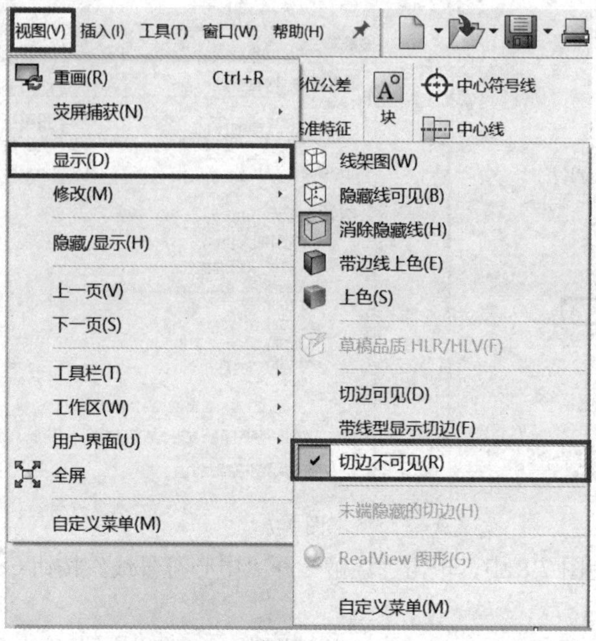

图 7-10

显示/隐藏虚线的调节方法和切边线相同，对应的工具也在“视图”→“显示”中(见图 7-10)，如“隐藏线可见”或“消除隐藏线”。

4．视图比例的调整

为了使视图适应图纸大小，需要对视图设定合适的比例。选中视图，在弹出的视图属性管理器中，可以选择常用的比例(见图 7-11)。如果选中的是父视图(第一个拖拽到图纸的视图)，则除轴测图外的其他视图比例跟着一起变化，也可以单独调整子视图的比例。

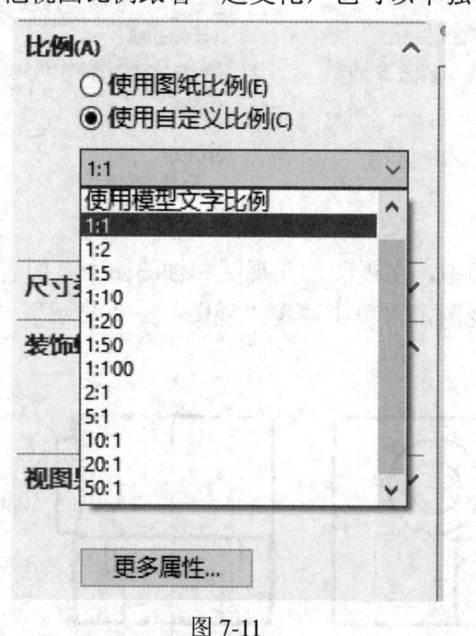

图 7-11

完成上述调整后的三视图，如图 7-12 所示。

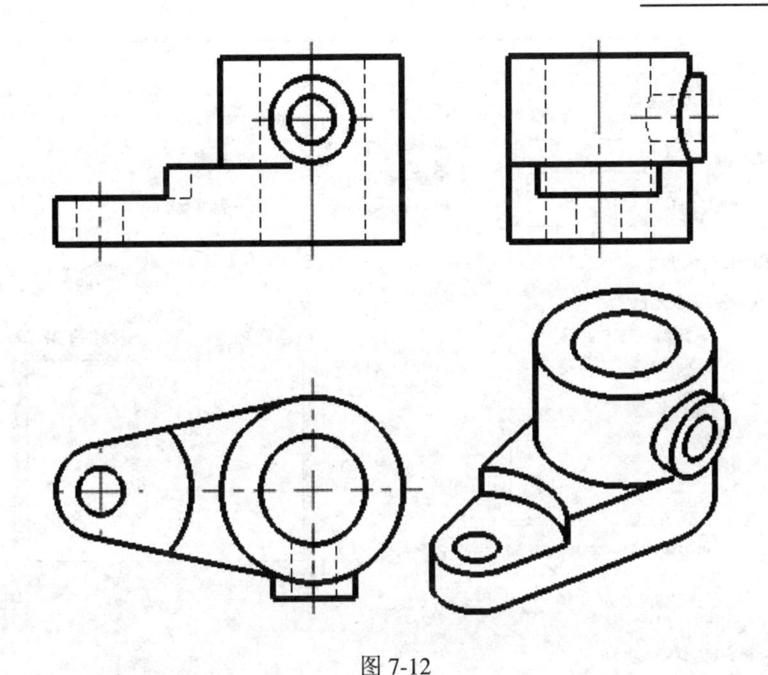

图 7-12

7.3 图纸格式

图纸格式定制

图纸格式包括图幅、图纸边框、标题栏等内容。图纸格式和图纸上其他内容都分布在两个不同的“层”上。通俗地说，图纸边框、标题栏等绘制在专门的一张纸上(图纸格式层)，视图等内容画在另一张透明的玻璃上，把这个玻璃对齐放在图纸格式层上形成完整的图纸。如果要编辑图纸格式或者手动填写标题栏信息，必须要进入“图纸格式层”。具体操作是：鼠标放在图纸空白处，单击右键，在弹出的快捷菜单上选择“编辑图纸格式”，此时发现之前的视图不见了(相当于把存在视图等内容的那层暂时移开)，此时可以编辑该图层上的所有内容，包括边框线和标题栏等。

SOLIDWORKS 系统提供了几种常用的图纸格式，但这些图纸格式需要在国标提出的建议性规范上进行定制修改。用户若修订了一次图纸格式后，建立一个图纸格式文件(*.slddrt)，将该文件保存，今后在绘制工程图的时候，就可以调用它。自定义图纸格式操作步骤如下(以 A4 横幅为例)：

(1) 通过“新手”方式“新建”一个新的工程图文件，关掉自动弹出的“模型视图”。调出“图纸属性”选项卡。自定义图纸大小为 297 × 210，如图 7-13 所示。

(2) 用鼠标右键单击工程图纸的空白区域，或者右键单击设计树中的“图纸”节点，从中选择“编辑图纸格式”选项。

(3) 删除当前图纸格式中不需要的线条，利用草图中的 、 按钮完成边框线和标题栏的绘制。图 7-14 为采用“矩形”绘制的图纸外边框线，选择角点坐标定位后，在“添加几何关系”中添加“固定”约束。

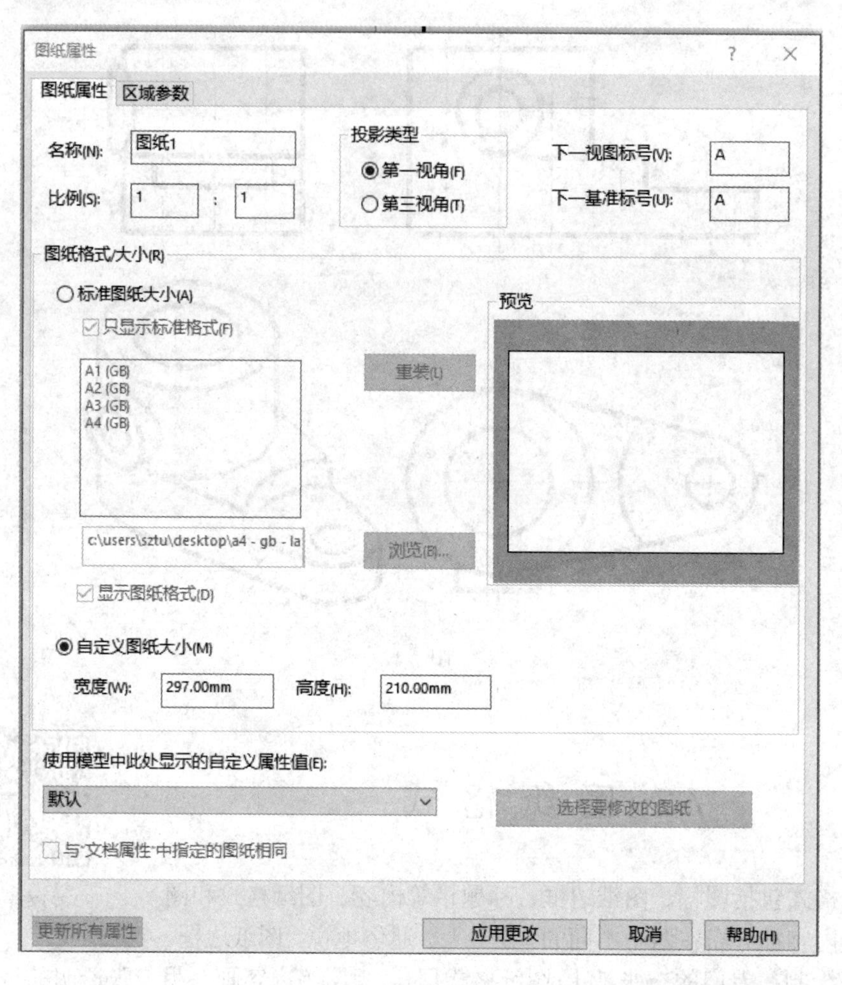
图纸属性
图纸属性
区域参数
名称(N):
图纸1
比例(S):
1
:
1
投影类型
第一视角(F)
第三视角(T)
下一视图标号(V):
A
下一基准标号(U):
A
图纸格式/大小(R)
标准图纸大小(A)
只显示标准格式(F)
A1 (GB)
A2 (GB)
A3 (GB)
A4 (GB)
重装(L)
预览
c:\users\sztu\desktop\a4 - gb - la
浏览(B)...
显示图纸格式(D)
自定义图纸大小(M)
宽度(W):
297.00mm
高度(H):
210.00mm
使用模型中此处显示的自定义属性值(E):
默认
选择要修改的图纸
与"文档属性"中指定的图纸相同
更新所有属性
应用更改
取消
帮助(H)

图 7-13

PropertyManager
点
现有几何关系
欠定义
添加几何关系
固定(F)
选项(O)
图框
参数
297.00
210.00

图 7-14

如果想改变线型粗细，则在工具栏中单击鼠标右键，调出“线型”和“图层”(见图 7-15)。如果要修改已经存在的线型粗细，可以采用“线型”工具；如果想控制当前绘制线条，可以切换到某一图层，用该图层的线型进行绘制。

图 7-15

如果想精确定位某些线条，可以选择“草图”→“智能尺寸” 进行标注(见图 7-16)，标注完成之后，运用“视图”菜单中的 隐藏/显示注解(W) 将尺寸隐藏。

标记	处数	分区	更改文件号	签名	年 月 日			
设计			标准化		阶 段 标 记	质量	比例	
校核							1:1	
审核								
工艺			批准		共 张	第 张		

18　20　10

图 7-16

(4) 如果要添加文字，单击“注解”工具栏上的“注释”按钮 注释(见图 7-17)，或者选择“插入”→“注解”→“注释”菜单命令(见图 7-18)，输入文字并指定文字属性，然后将其拖动到所需位置。

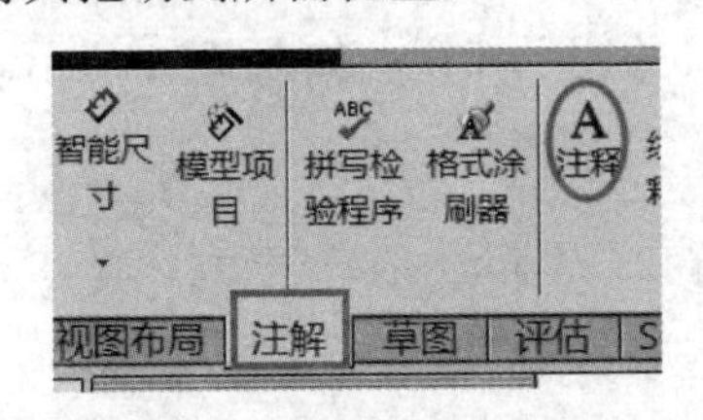

图 7-17

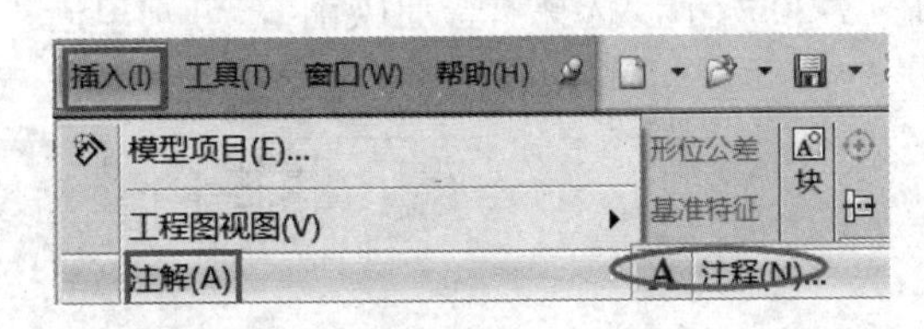

图 7-18

(5) 图纸格式制作完成后，在空白处单击鼠标右键，重新回到“编辑图纸”状态。单击“文件”中的 保存图纸格式(T)... ，将其保存在硬盘或者 U 盘中。下次可以通过图 7-7 中的“浏览”找到该文件，直接调用而替换当前的图纸格式。该图纸格式的标题栏信息可以采用“注释”按钮 注释 手动填写。

*7.4　标题栏内容的自动填写

在 3D 零件建模完成后，用户可以设置一些基本信息，比如设计者、零件名称、材料、代号等。这些信息会被工程图标题栏中的对应条目自动调用，完成标题栏的自动填写。具体操作如下：

(1) 在 3D 零件文件中，单击“文件属性”按钮，在“自定义”中输入“设计”“名称”和“代号”的内容，如图 7-19 所示。

摘要 自定义 配置特定

删除(D)　　材料明细表数量: -无-　　编辑清单(E)

	属性名称	类型	数值 / 文字表达	评估的值
8	设计	文字	小明	小明
9	审核	文字		
10	标准审查	文字		
11	工艺审查	文字		
12	批准	文字		
13	日期	文字		
14	校核	文字		
15	主管设计	文字		
16	校对	文字		
17	审定	文字		
18	阶段标记S	文字		
19	阶段标记A	文字		
20	阶段标记B	文字		
21	替代	文字		
22	图幅	文字		
23	版本	文字		
24	备注	文字		
25	名称	文字	组合体	组合体
26	代号	文字	ZHT-1	ZHT-1
27	共x张	文字		

图 7-19

(2) 零件材料的设置。在 3D 文件中，右击“材质<未指定>”项，选择“编辑材料”，如图 7-20 所示，选择“普通碳钢”，分别单击“应用”和“关闭”按钮，如图 7-21 所示。

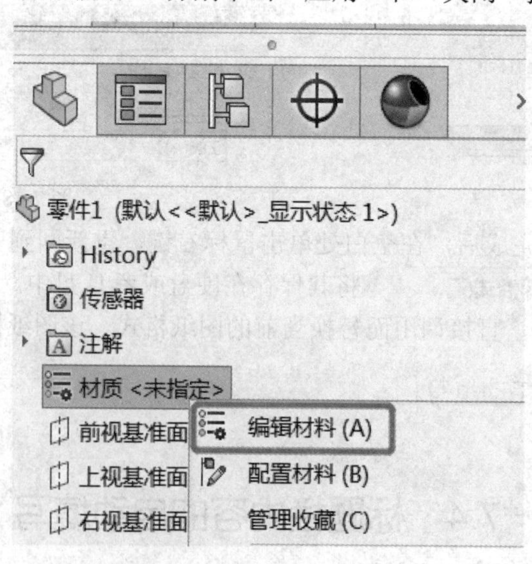

图 7-20

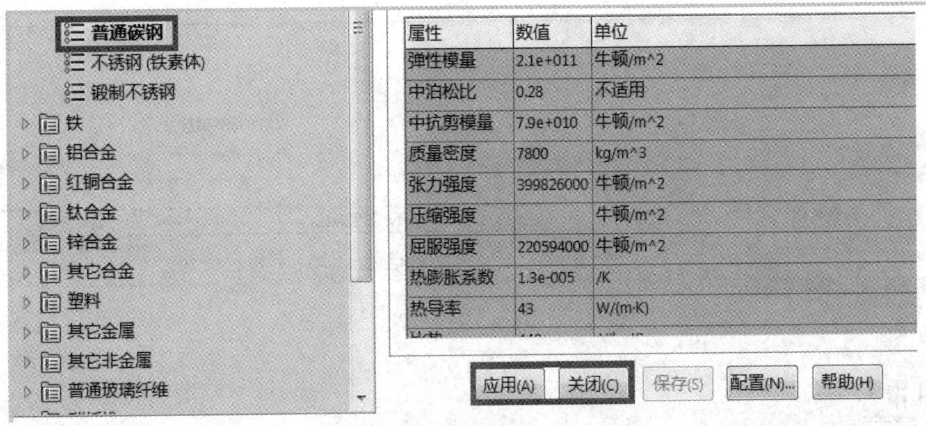

图 7-21

使用 7.3 节中创建的图纸格式制作工程图时，标题栏的零件基本信息需要使用“注释”按钮 A 手动输入文字完成填写，不仅费时费力，容易出错，而且不便于设计中的修改和数据管理。为了使标题栏中表达图纸基本信息的空格具有链接到 3D 零件“文件属性”，实现自动填写的功能，需要升级 7.3 节中的图纸格式，修改如下：

(1) 重新进入工程图模式，建立一个空白文件，并调用自己定制的图纸格式，进入“编辑图纸格式”。在标题栏“设计”右侧的空格处，需要填写“设计者”的姓名。在该空格处，选择“注释”按钮 A，建立一个空白文本框，在屏幕左侧的“注释”属性管理器中，使用鼠标左键单击“链接到属性”按钮，在弹出的对话框中选择“◉ 此处发现的模型”，展开“属性名称”，选择“设计”(见图 7-22)。如果没有“设计”这个选项，则需要单击“文件属性”按钮打开对话框，在“自定义”中，添加“设计”(见图 7-23)。链接成功后，该空格中就会显示“$PRPSHEET:{设计}”(如果没有零件视图，“编辑图纸”状态仍旧为空白)。

(2) 然后依照同样的方法，在标题栏中需要填写“零件名称”“材料”“代号”等的空格中，依次建立链接。完成设置后，重新回到“编辑图纸”状态，保存图纸格式文件，完成升级。

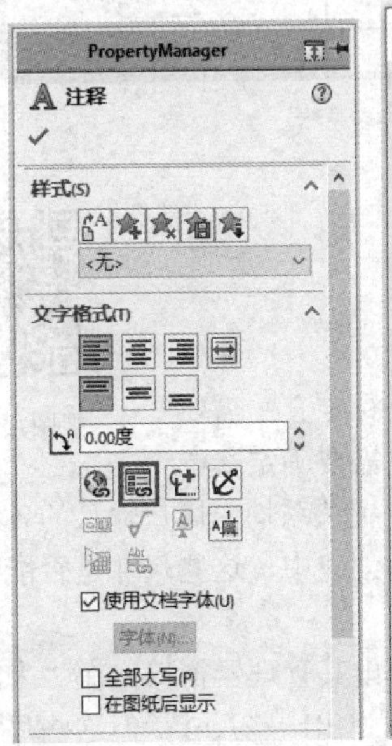

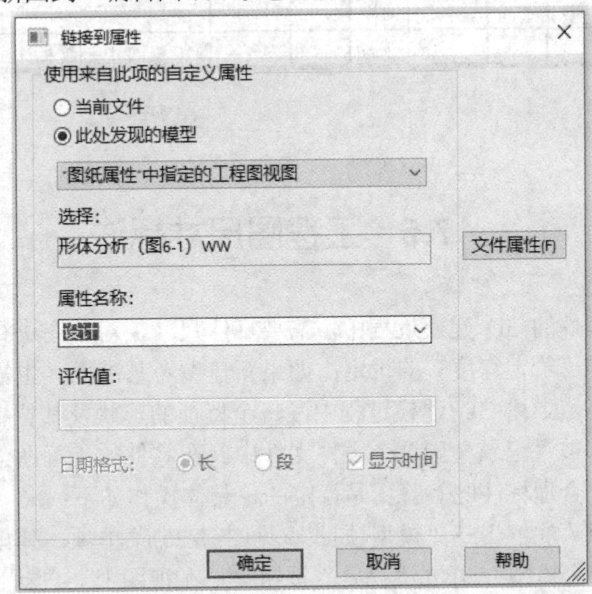

图 7-22

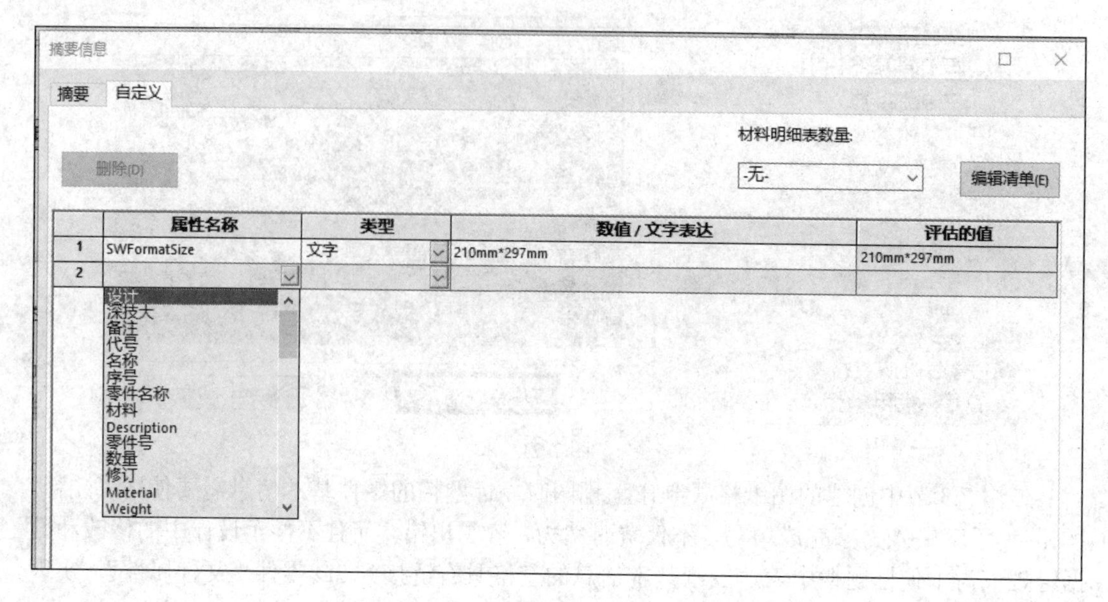

图 7-23

上述标题栏内容建立的注释链接，本质上是把当前工程图标题栏空格内容链接到 3D 零件图上的“文件属性”中对应的条目。完成后，以图 7-12 为例进行操作，调用已编辑的图纸格式文件，则关联的工程图标题栏如图 7-24 所示。

						普通碳钢			深圳技术大学
标记	处数	分区	更改文件号	签名	年 月 日	阶段标记	质量	比例	组合体
设计	小明		标准化				0.069	1.5:1	
校核			工艺						ZHT-001
主管设计			审核						
			批准			共1张 第1张	版本		替代

图 7-24

7.5　工程图尺寸标注

视图尺寸标注

在零件的 3D 建模过程中，需要标注尺寸，对草图进行定义；需要完成拉伸“给定深度”的设定；如果新建参考基准面，也需要确定其位置和距离。上述 3D 建模过程中，每个特征的形状及其位置关系均由用户输入的各种尺寸来确定并被“记录”到这个零件文件中。在零件的工程图创建中，这些尺寸是否能够被自动调用并合理标注呢？答案是肯定的，具体操作如下：

选择“注解”→“模型项目”(见图 7-25)菜单项，弹出其管理器窗口，在“来源”中选择“整个模型”，单击“确定”按钮✓。在视图上会自动弹出一些尺寸，但这些尺寸的分布有些混乱，需要调整位置，甚至必要时要将尺寸从一个视图移动到另一个视图上，但有些尺寸还存在重复或者漏标现象，必须仔细检查，最终达到“正确、完整、清晰、合理”的要求。

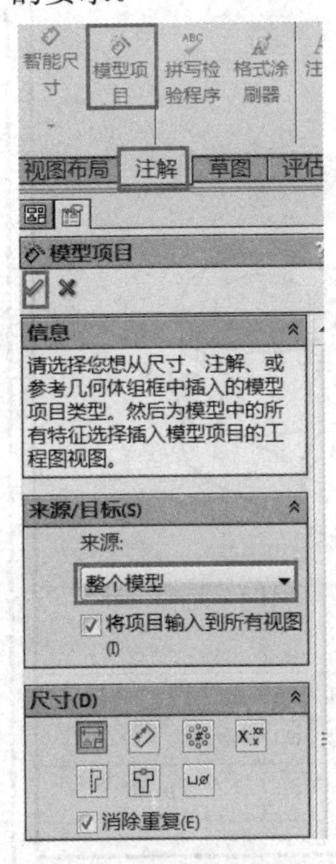

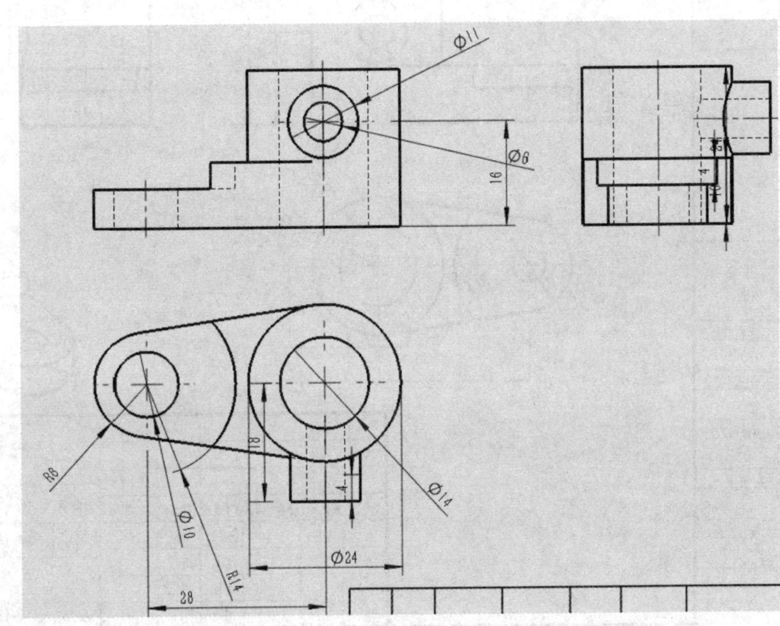

图 7-25

常用的调整方法如下：

(1) 移动尺寸：在尺寸上单击鼠标左键，将其拖动到适合的位置。

(2) 将尺寸从一个视图移动到另一个视图上：Shift 键+鼠标左键拖动。

(3) 删除多余尺寸：鼠标左键单击选中尺寸后，在键盘上按 Delete 键。

(4) 增加尺寸：对于遗漏的尺寸，可以采用“智能尺寸”补上，类似于草图尺寸的标注。

(5) 标注直径时，系统默认的标注往往只有一个箭头，单击该尺寸，弹出“属性管理器”窗口，单击“使用文档第二箭头”前的复选框，如图 7-26 所示。

(6) 对某尺寸数字字头向上，可以采用(5)中同样的方法，调出“属性管理器”窗口，在“自定义文字位置”栏中进行设置，如图 7-27 所示。

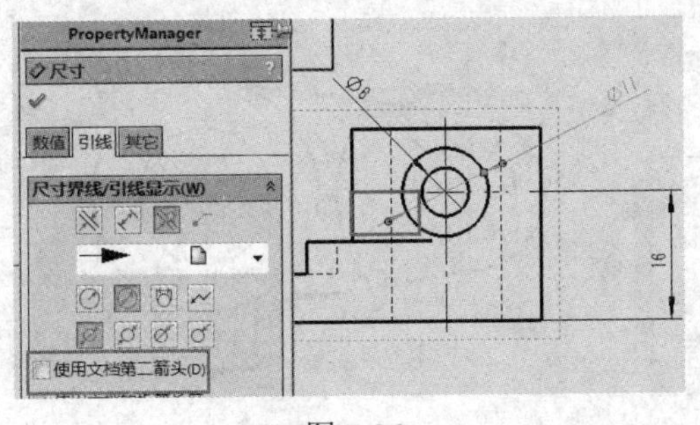

图 7-26

图 7-27

按照上述方法进行调整，该组合体的最终视图如图 7-28 所示。

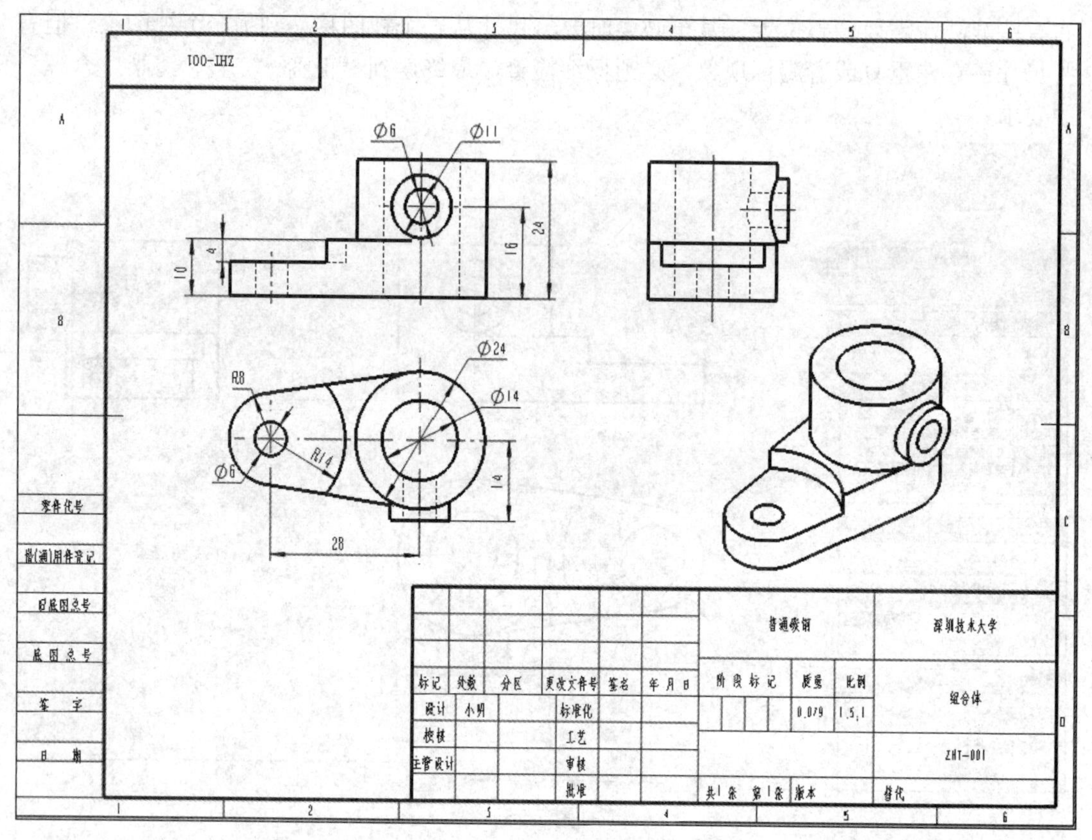

图 7-28

特别需要强调的是，使用“模型项目”自动生成的尺寸数据来自于 3D 建模，这些尺寸是否规范、合理，取决于建模过程。从这个角度上讲，3D 建模的过程其实融合了设计的思维，比如某个部分相对于另一个部分如何定位等。因此，3D 建模必须规范化。另外一个问题是，如果修改工程图中的某个尺寸，3D 模型是否也会跟着改变呢？答案是肯定的。比如，我们在工程图中将水平圆柱的端面定位尺寸 18 修改为 14(见图 7-29)，单击“确定”按钮✔后，三个视图都被阴影覆盖了(见图 7-30)，此时系统会提示，这个手动标注的尺寸和 3D 模型不一致。如果在设计时这个尺寸的确搞错了，确实需要修改，那么运用“视图”→“重建模型”工具(Ctrl+B)，进行重建(见图 7-31)。打开 3D 模型，发现随着工程图的修改，组合体的尺寸也会自动同步进行了修改(见图 7-32)。

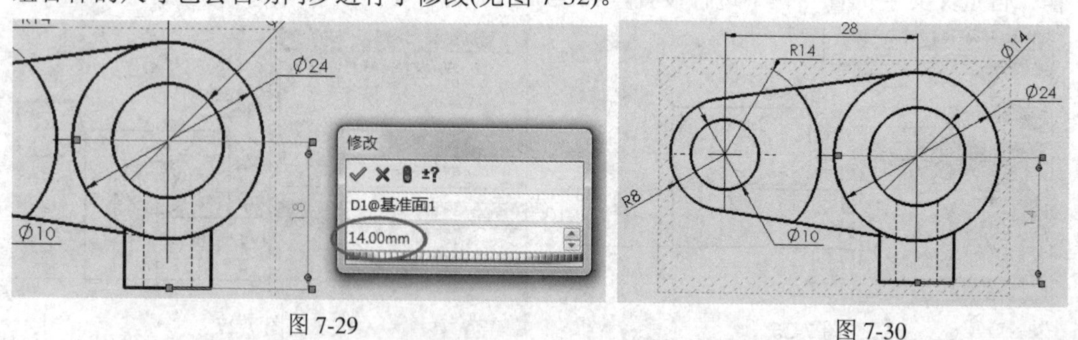

图 7-29

图 7-30

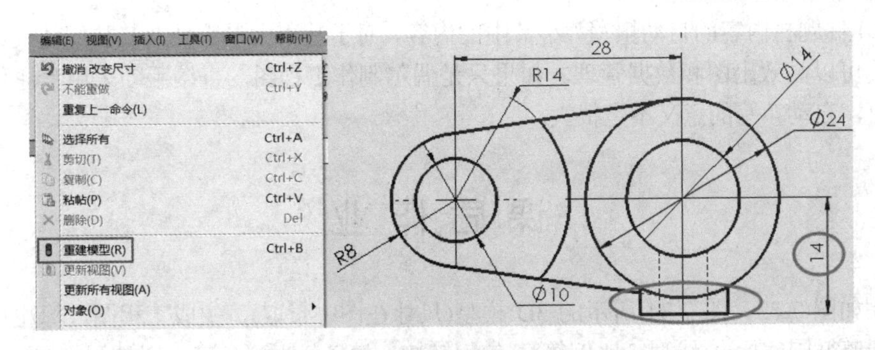

图 7-31

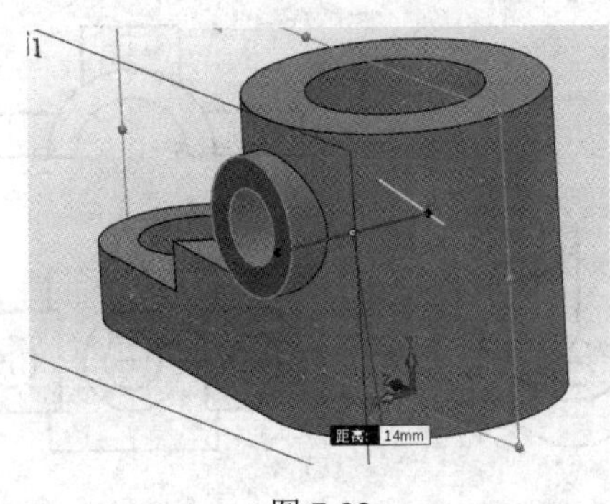

图 7-32

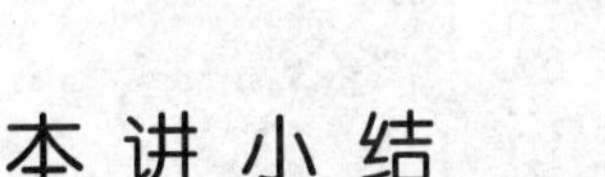

本 讲 小 结

本讲内容较多，主要对应大学工科制图课程中的“组合体画图及尺寸标注”内容。SOLIDWORKS 软件虽然可以根据已经创建完成的“零件”文件，似乎是简单点几下鼠标就可以自动地“生成”三视图工程图，但是需要认真检查三视图中的轮廓线线型、虚线、对称线、轴线和中心线、相切位置的切边线等是否符合相关规定，必要时需要加以调整和设置。

利用“注解”→“模型项目”可以为三视图标注尺寸，但这些尺寸来源于三维零件创建过程中标注的草图尺寸，以及各特征对应的属性管理器中设置的尺寸。一方面零件创建的规范性直接影响工程图尺寸是否正确和规范，从这个意义上说，在创建零件三维模型时，绝对不只是简单的操作软件，里面有一些“设计”的成分；另一方面说明工程图文件和零件文件之间数据的相互依存性，设计时，一般把两个文件存放在同一个文件夹，取相同的文件名(后缀名不同)。

本讲重点学习了“图纸格式”的制作和调用方法，并简单提到“图纸模板”。通俗地说，图纸格式是具有固定图幅、标题栏和边框线的一张空白图纸，就像传统尺规作图之前需要选择一张合适图幅的空白图纸一样，在软件下制作工程图同样需要，方便之处是，在软件下可以随时替换“图纸格式”。可以为各种图幅制作出各自的图纸格式文件，根据需要随时调用。图纸模板也是一个文件，它不仅可以包含某个图纸格式，而且还包含通过“选项”设置的包括绘图标准、可见轮廓线的粗细、是否显示隐藏线、是否显示切边线、尺寸字体和箭头大小等。图纸模板可以在“新建”→“高级”中直接选用，这样可以大大提高制图效率。

“7.4 标题栏内容的自动填写”小节中的内容，对于从事大量零件及其装配体设计的工程师而言，可以高效出图和数据管理。如果只是偶尔制作工程图，直接手动采用“注释”工具填写即可，自动填写的意义不是很大。

课 后 作 业

绘制如图 7-33、图 7-34 所示的 3D 模型(尺寸在图中量取)，生成工程图，标注尺寸。要求：图纸遵循国家标准(线型，比例等)；使用链接，填入标题栏信息；设置材料(普通碳钢)。

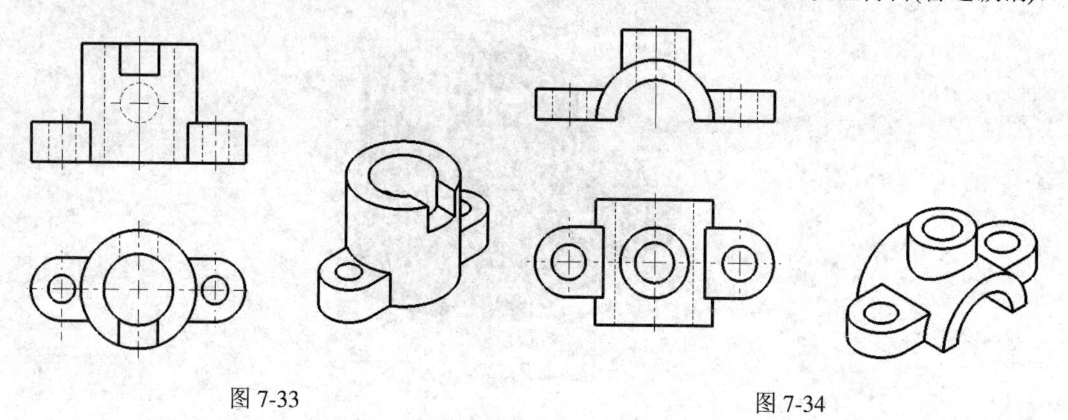

图 7-33　　图 7-34

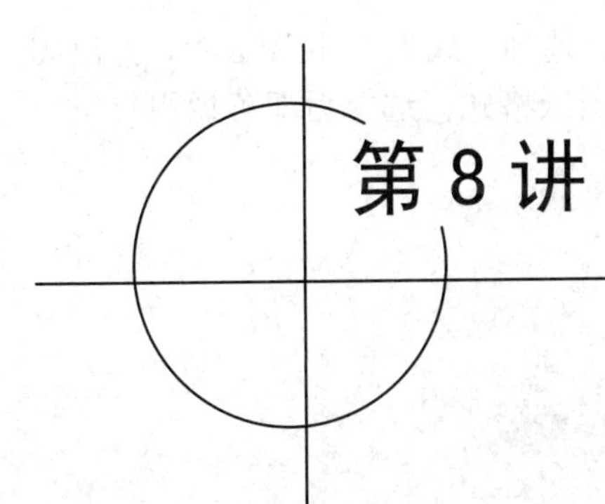

第 8 讲 图样表达方法(1)

教学目标

(1) 掌握运用“模型视图”“投影视图”绘制基本视图；
(2) 掌握运用“辅助视图”绘制向视图；
(3) 掌握运用“辅助视图”“剪裁视图”绘制局部视图，斜视图。

在工程应用中，出于功能、工艺、寿命以及经济性等多种因素考虑，零件的结构多种多样，零件工程图需要按照技术制图与机械制图国家标准规定，选用合理的表达方案，把零件的结构表达清楚。第 8 讲和第 9 讲内容主要通过典型案例，学习如何利用 SOLIDWORKS 提供的工具，实现机械制图中各种表达方法。

8.1 基本视图

运用“模型视图”工具的作用是：① 指定制作当前工程图的零件文件；② 选择该零件的某个视图作为当前工程图的第一个视图，并放置在图纸上。“模型视图”的功能和上一讲“视图调色板”类似，都是用来产生图纸上的第一个视图。而“投影视图”工具是以当前图纸上的某个视图作为父视图，向不同方向投影得到其他子视图。二者配合使用，可以得到零件各种视角的投影视图，包括正等轴测图。

例题 1　从图 8-1 三维模型的文件生成其六个基本视图(该零件为第 3 讲课后作业(1))。

图 8-1

例题 1　基本视图创建

具体步骤如下：

(1) 新建工程图，在设计树中用鼠标右击“图纸”，选择“属性”(见图 8-2)，弹出图纸属性对话框。单击“浏览”按钮找到上一讲建立的图纸格式，选择后即可调用自己定制的图纸格式(见图 8-3)。

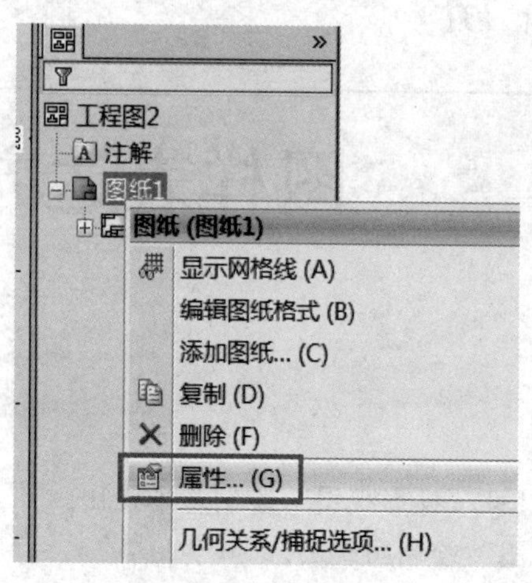

图 8-2

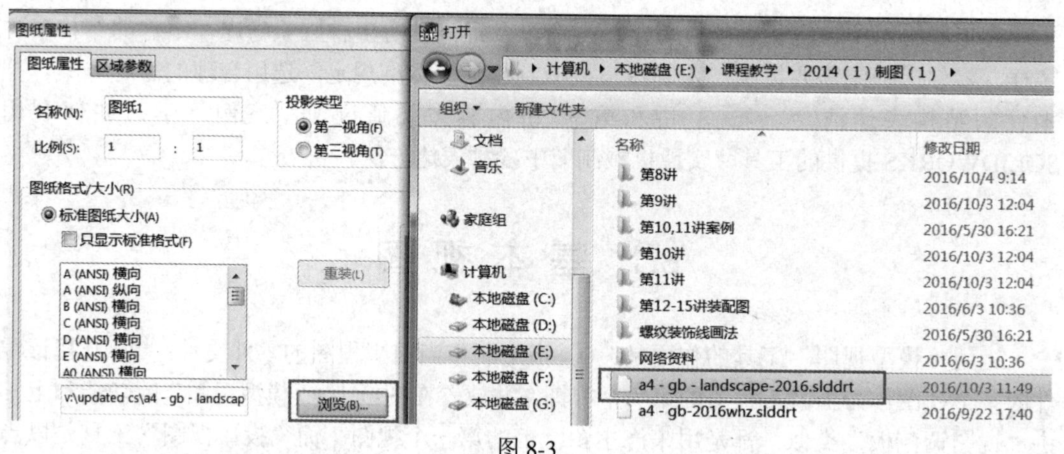

图 8-3

(2) 单击“视图布局”选项卡中的“模型视图”，单击“浏览”按钮，找到上述 3D 模型文件，选择后弹出“方向”，单击“预览”复选框，选择主视图的方向。单击标准视图下的不同图标按钮，将鼠标放置在绘图区，可以浏览视图的效果。按照工程制图惯例，选择“右视图”图标，在绘图区左击鼠标，作为“主视图”。此时“模型视图”属性管理器自动切换为“投影视图”管理器(见图 8-4)。此时，只要将鼠标围绕着主视图周围移动，就可以得到左视图、右视图、俯视图、仰视图和正等轴测图等投影，单击后得到各个视图(见图 8-5)。

(3) 单击“投影视图”命令，在绘图区选择左视图作为“父视图”，向其右侧移动鼠标，在绘图区单击后得到其左视图，也就是零件的后视图。

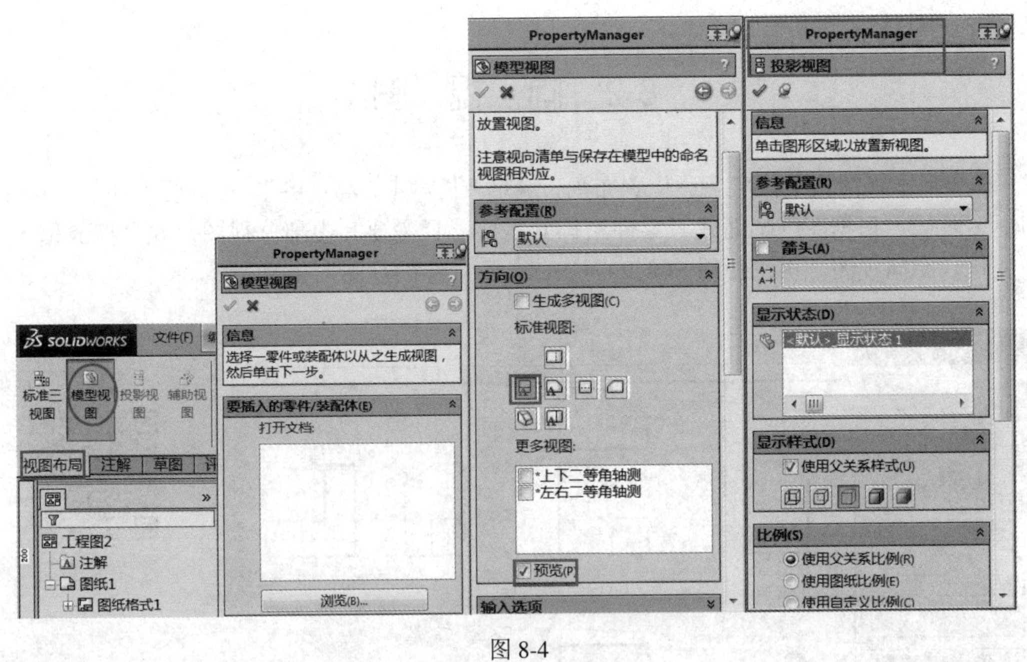

图 8-4

图 8-5

(4) 经过基本调整后，得到该模型的 6 个基本视图(见图 8-6)。

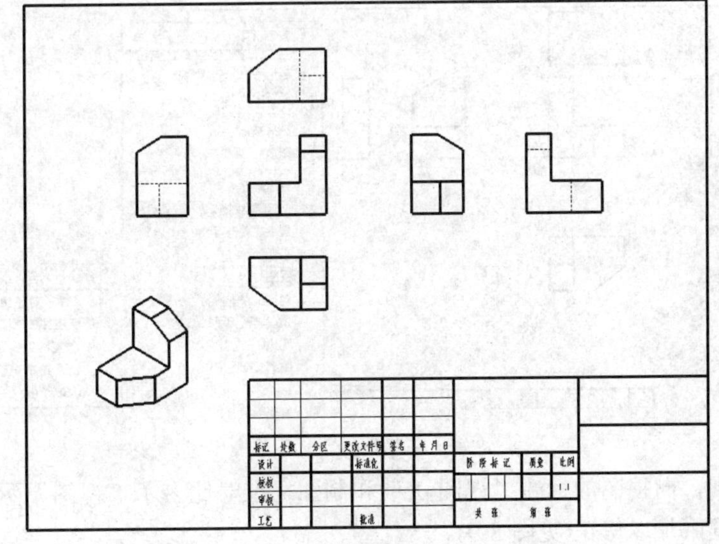

图 8-6

8.2 向 视 图

6 个基本视图如果按照上述位置布局，满足“长对正、高平齐”，不需要添加任何标注。但更多时候，根据图纸幅面或者零件结构的需要，只需要其中部分视图，并且摆放位置也会变化，即向视图。可以使用 SOLIDWORKS 的“辅助视图”工具 。

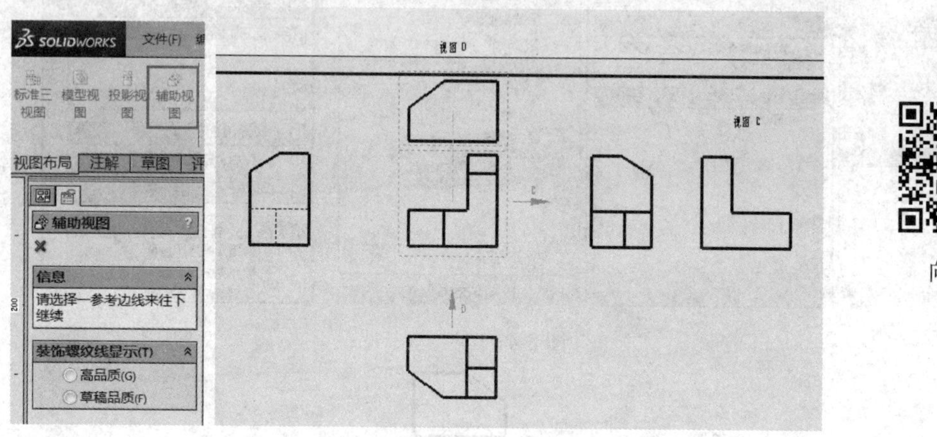

向视图

图 8-7

比如，重新生成上述例题中的后视图和仰视图，将这两个视图作为向视图。单击“辅助视图”工具按钮 ，选择左视图中与投影方向垂直的边线作为参考，向右滑动鼠标，就可以得到有标注的后视图。同理可得仰视图(见图 8-7)。

为了能够任意移动向视图位置，需要解除系统默认的对齐关系。将鼠标放置在需要移动的向视图上，单击鼠标右键，依次选择“视图对齐”→“解除对齐关系”(见图 8-8)，就可以任意移动该视图了。

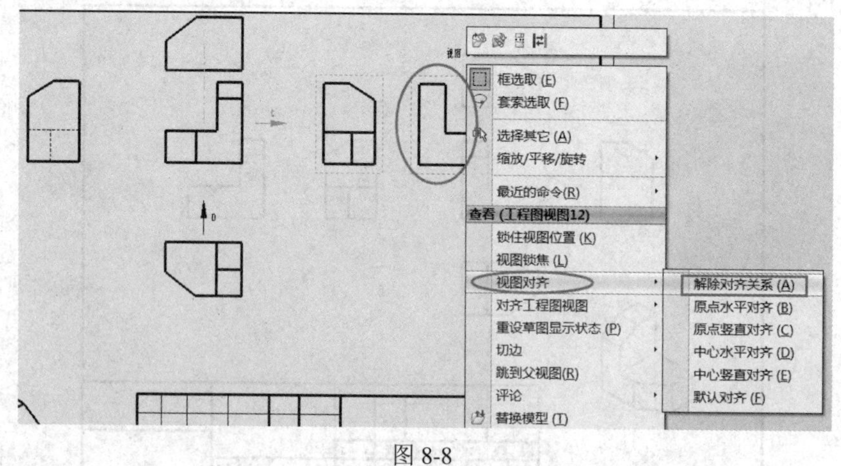

图 8-8

此时注意到，向视图的标注“视图 X”和制图标准对比多了“视图”两个字，可以在“选项”对话框中加以修正(见图 8-9)。

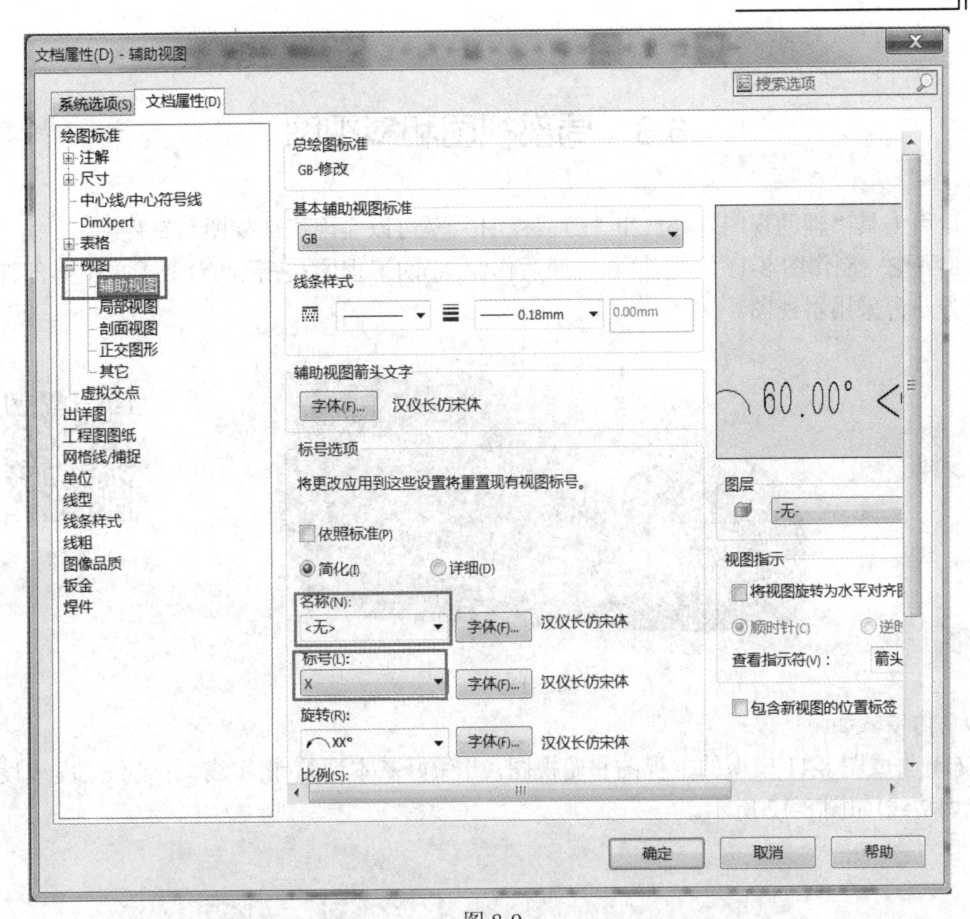

图 8-9

调整后，得到符合国家标准的视图(见图 8-10)。

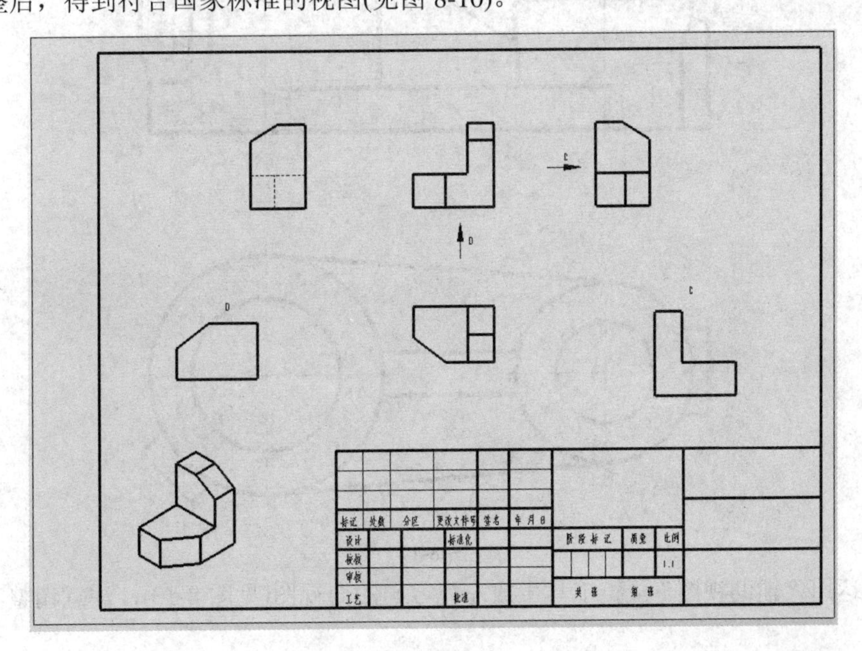

图 8-10

8.3 局部视图和斜视图

运用工具“辅助视图” 和“剪裁视图” 可以实现局部视图和斜视图。

例题 2 制作图 8-11 模型(第 6 讲课后作业(1))的工程图，左侧凸台要求采用局部视图，右前方凸台采用斜视图。

局部视图和斜视图

图 8-11

具体步骤如下：

(1) 生成图 8-11 模型的主视图和俯视图，并做好基本调整(粗实线、中心线、虚线设置，隐藏切边线)如图 8-12 所示。

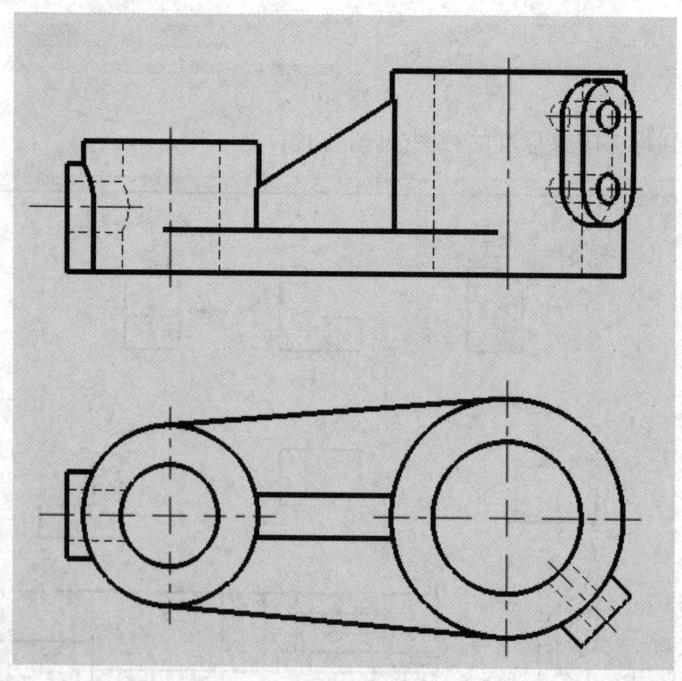

图 8-12

(2) 运用“辅助视图” 工具生成左视方向的向视图(见图 8-13)，注意调整其标注。

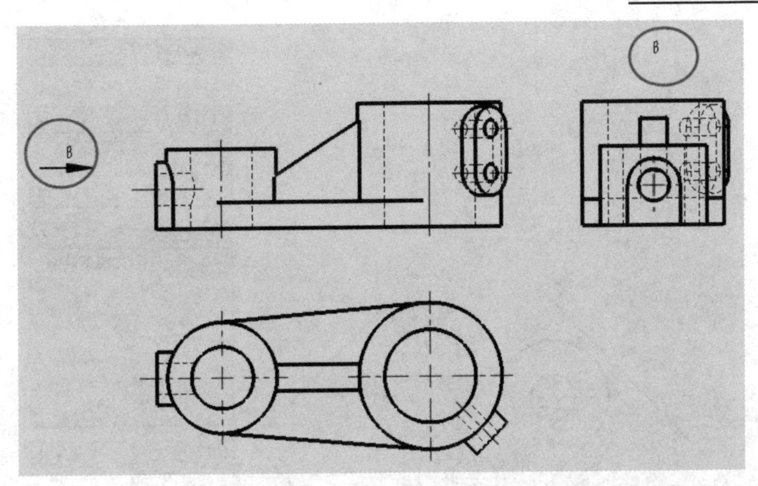

图 8-13

(3) 运用“剪裁视图”剪除多余部分。具体操作是：运用“草图”中的“样条曲线”绘制封闭曲线，将需要保留部分围在样条曲线内(见图 8-14)。单击“裁剪视图”按钮，就可将区域外的部分删除，隐藏虚线后得到局部视图(见图 8-15)。

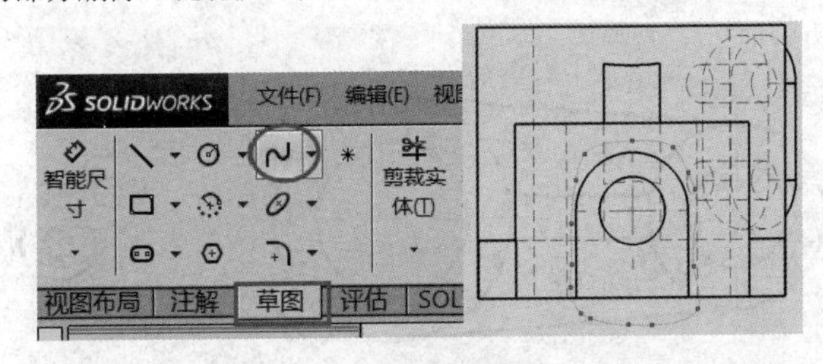

图 8-14

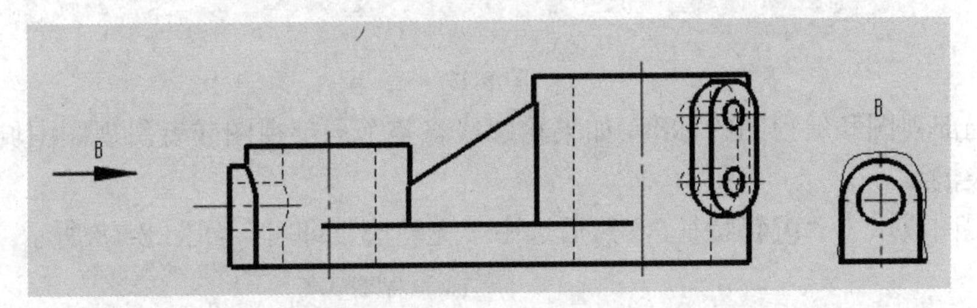

图 8-15

(4) 斜视图：单击“辅助视图”，选择与视图方向垂直的边线，即可生成所需方向视图的预览。调整视图位置，必要时可以选中视图，使用鼠标右键单击，解除视图对齐关系，将视图移动到合适的位置以使整张图纸布局更合理。

(5) 剪裁视图：将需要保留的视图部分用“样条曲线”封闭起来，单击“剪裁视图”，即可得到局部的斜视图。

(6) 修改视图名称：选中斜视图上方的名称“视图 X”，显示出注释属性管理器，选中“手工视图标号”，可以自己定义视图名称。单击局部视图中圆孔的中心线后在弹出的“中心符号线”属性管理器中调节其角度(见图 8-16)，以适应斜视图的倾角方向(见图 8-17)。

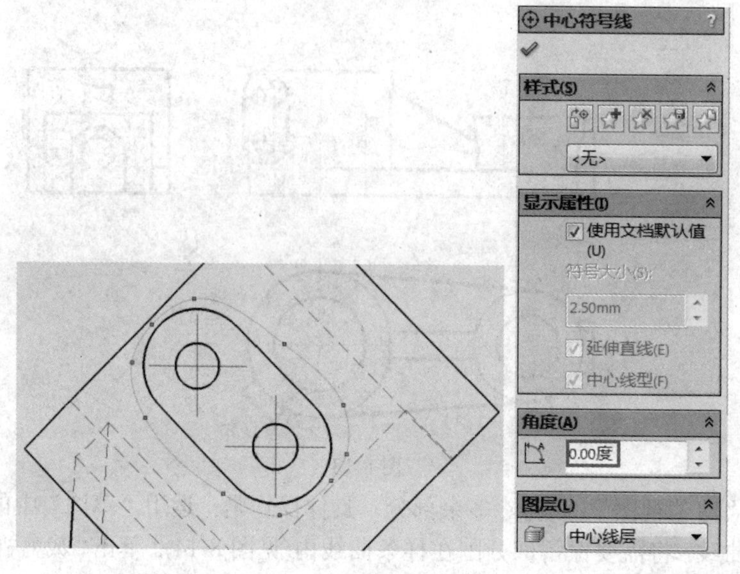

图 8-16

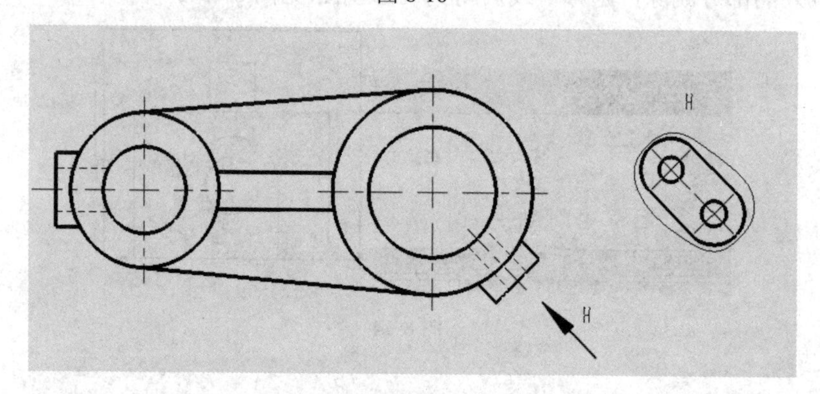

图 8-17

按照局部视图和斜视图的标准，如果轮廓线将整个局部视图或者斜视图围城一个整体，可以省略波浪线。

双击视图或单击“编辑特征”，然后选中“无轮廓”即可，如图 8-18 所示。

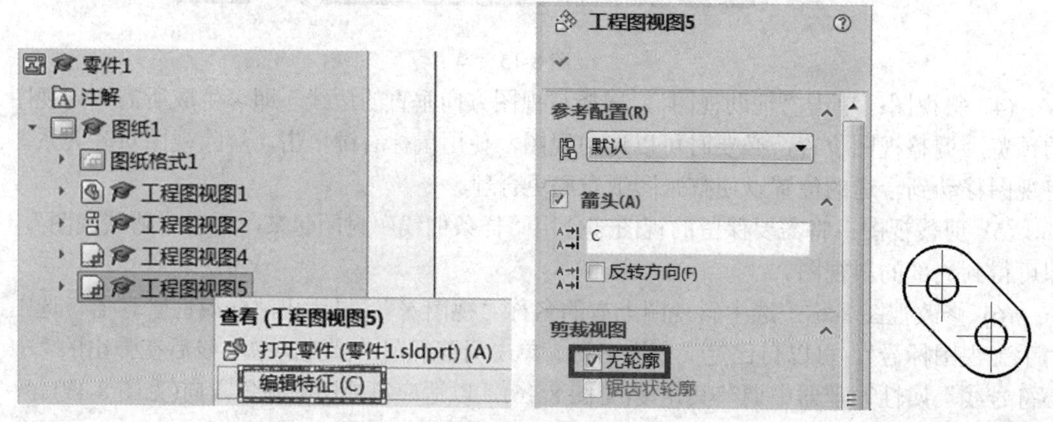

图 8-18

将鼠标放在视图上，单击右键，在弹出的工具条上，选择“缩放/平移/旋转”→“旋转视图”，在弹出的对话框中的“工程视图角度”中输入“-45”，去掉“随视图旋转中心符号线”前的“√”，单击“应用”按钮，就可以把该斜视图顺时针旋转 45°，如图 8-19 所示。鼠标左键单击视图上方的标注，在弹出的“注释”属性管理器中，选中“手工视图标号”，然后在图纸上双击视图标号，编辑修改使其符合标准规定，如图 8-20 所示。

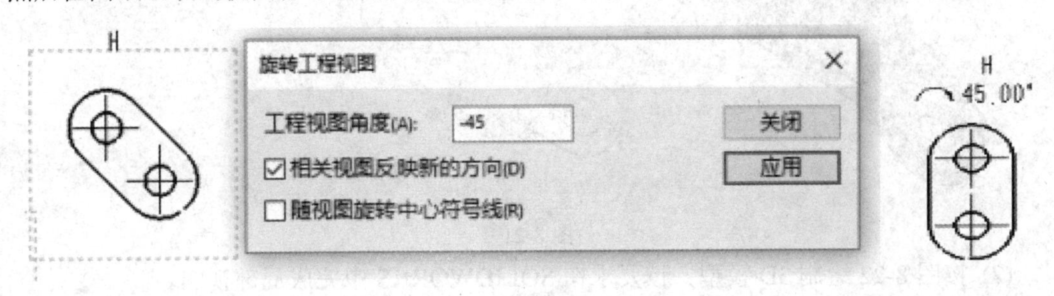

图 8-19

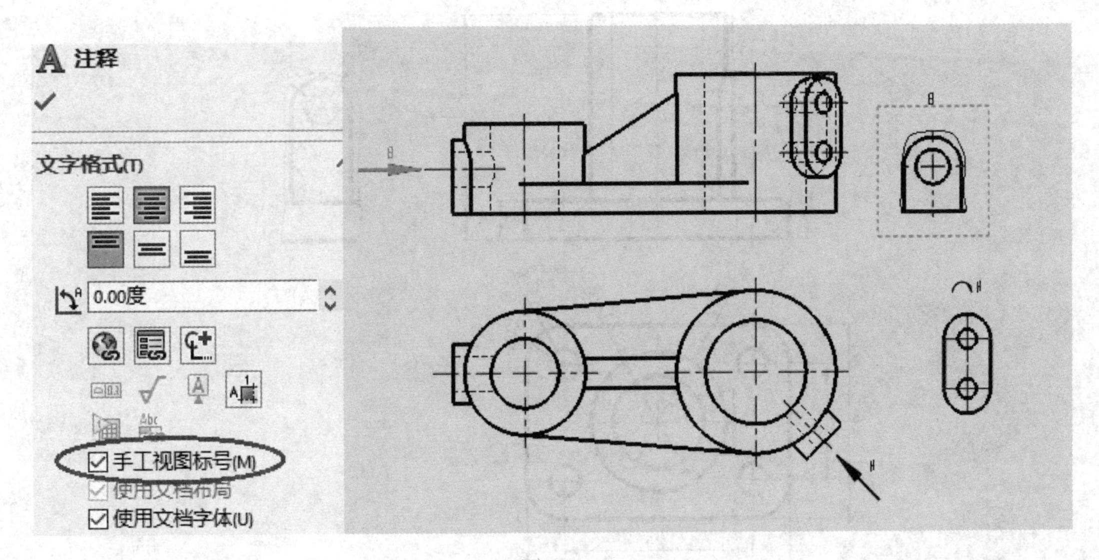

图 8-20

本讲小结

本讲主要学习了利用“视图布局”选项卡中的工具，包括如何制作基本视图、向视图、局部视图和斜视图，总体来说难度不大。

课后作业

(1) 绘制 3D 模型并按要求在 SOLIDWORKS 中完成斜视图，如图 8-21 所示。

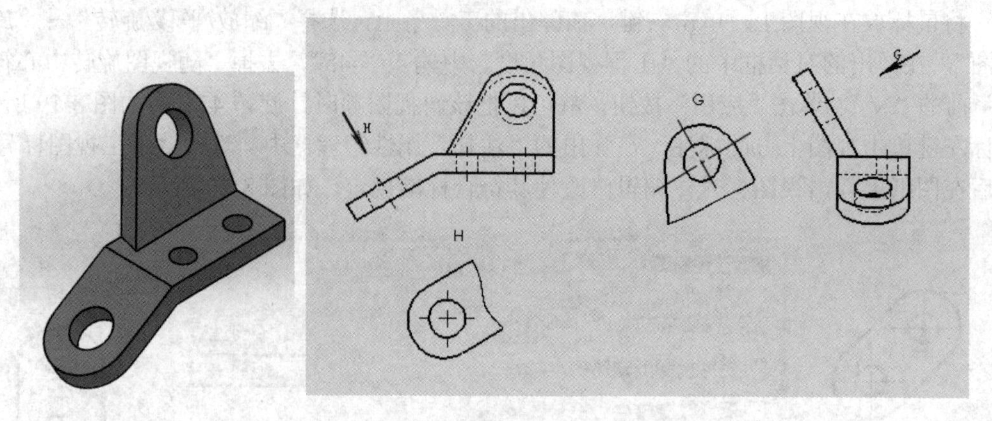

图 8-21

(2) 按图 8-22 绘制 3D 模型并按要求在 SOLIDWORKS 中完成局部视图。

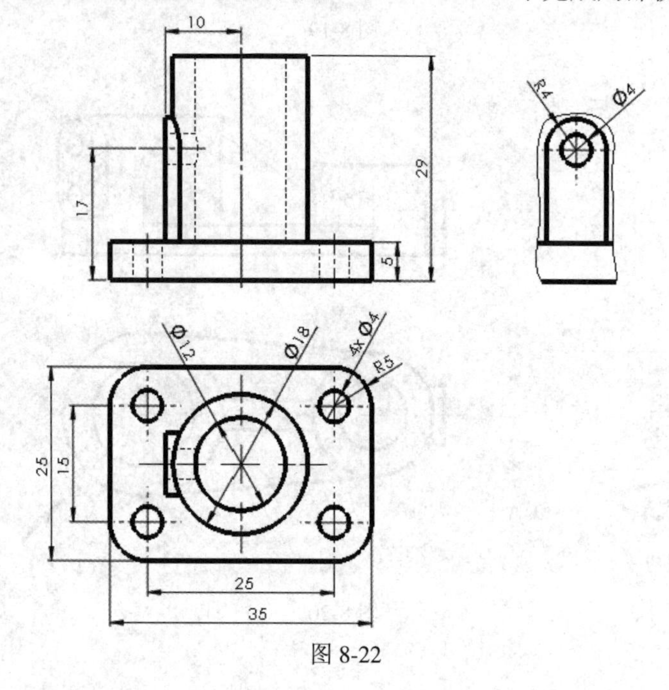

图 8-22

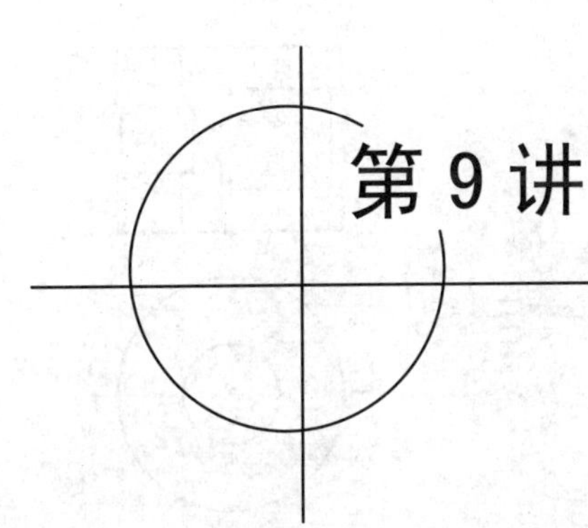

第 9 讲

图样表达方法(2)

教学目标

(1) 学会采用“剖面视图”工具绘制全剖视图、半剖视图和断面图；

(2) 采用“断开的剖视图”绘制局部剖视图；

(3) 采用“局部视图”工具绘制局部放大图；

(4) 掌握按照国家标准规定对上述视图进行标注。

9.1 全 剖 视 图

例题 1　根据图 9-1 的 3D 模型(第 3 讲课后作业(3))制作其工程图，要求主视图采用全剖视图。

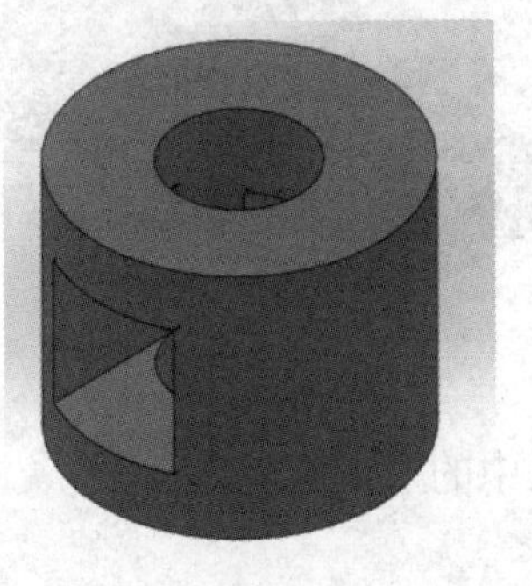

图 9-1

例题 1　全剖视图

具体步骤如下：

(1) 利用上一讲所学的“模型视图”和“投影视图”工具，先生成主视图和俯视图，然后删除主视图。

(2) 在“视图布局”选项卡中单击“剖面视图”工具，在弹出的属性管理器窗口中的“切割线”一栏，选择“水平切割线”选项。鼠标移动到绘图区，选择圆心，单击后，移动鼠标得到全剖主视图，然后进行基本调整(添加中心线，隐藏切边线，设置粗实线线型 0.5 mm)，如图 9-2 所示。

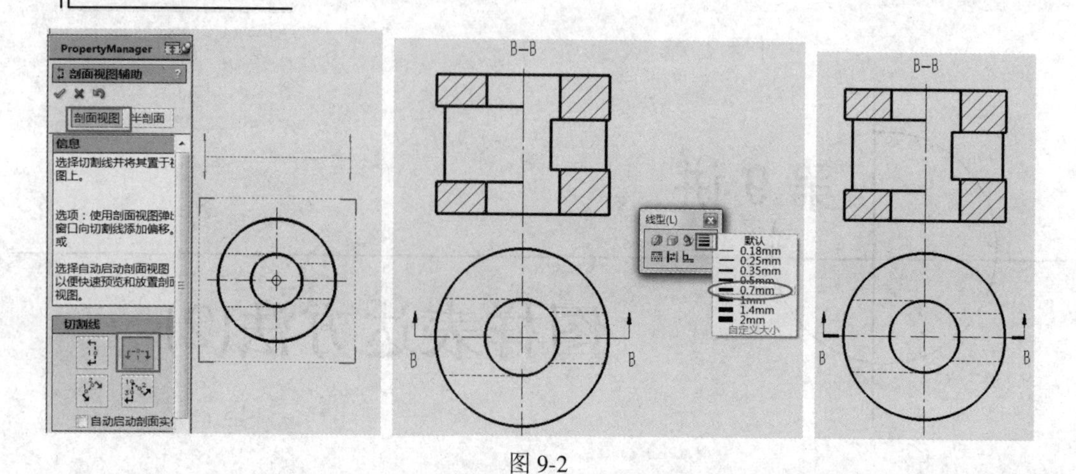

图 9-2

(3) 设置标注。采用“选项”工具按钮 可以设置箭头、剖切面和视图标号，但表示剖切面的短粗实线不符合 GB，需要采用草绘“直线”工具，经过线型设置(0.7 mm)后重新画出。

9.2 半剖视图

例题 2 根据图 9-3 的 3D 模型(第 6 讲课后作业(2))，生成其工程图，主视图采用半剖视图。

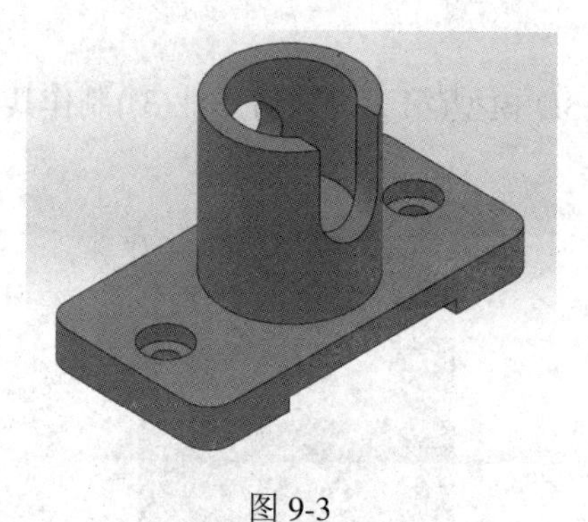

例题 2 半剖视图

图 9-3

方法 1 “剖面视图”工具中的“半剖视”。

具体步骤如下：

(1) 首先生成如图 9-4 所示的俯视图。

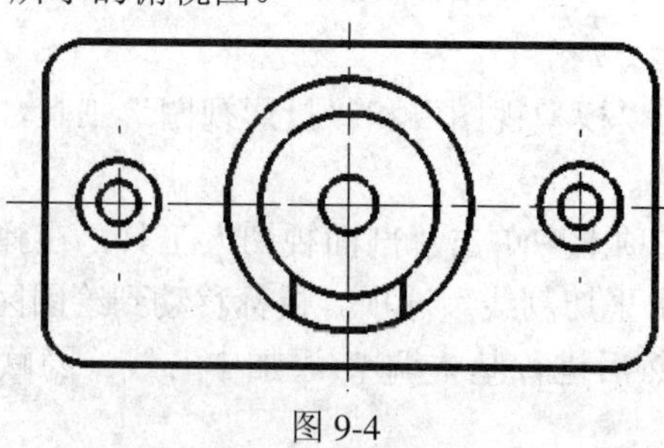

图 9-4

(2) 选择“选项”→“文档属性”→“剖面视图”→“半剖面”命令，在“半剖面”中，选择“隐藏剖面视图切割线肩”进行切割面标注设置(见图 9-5)。

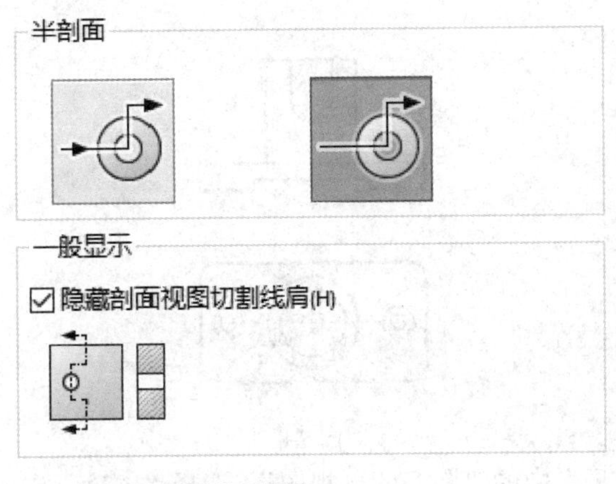

图 9-5

(3) 单击“剖面视图”工具，在弹出的属性管理器窗口中选择“半剖面”，在俯视图中设置切割线位置后，可得半剖视图。该半剖视图的标注不符合国家相关标准要求。对于可以省略标注的场合(见图 9-6)，可以将鼠标放在切割线上，用右键单击在浮动工具条上的“ 隐藏切割线 (G) ”，把视图上方的“A-A”直接删除即可；对于不能省略标注的场合(比如剖切面没有经过对称面或者中间有其他视图隔开等)，必须对切割线的标注进行调整。调整方法可选择“插入”→“注解”→“多转折引线” 多转折引线(M) 工具，在俯视图左侧添加箭头线。多转折引线是两侧带箭头，中间有转折点的一种标注符号，可以采用删除转折点，更改一侧箭头的方式得到需要的单箭头。调整后的标注如图 9-7 所示。

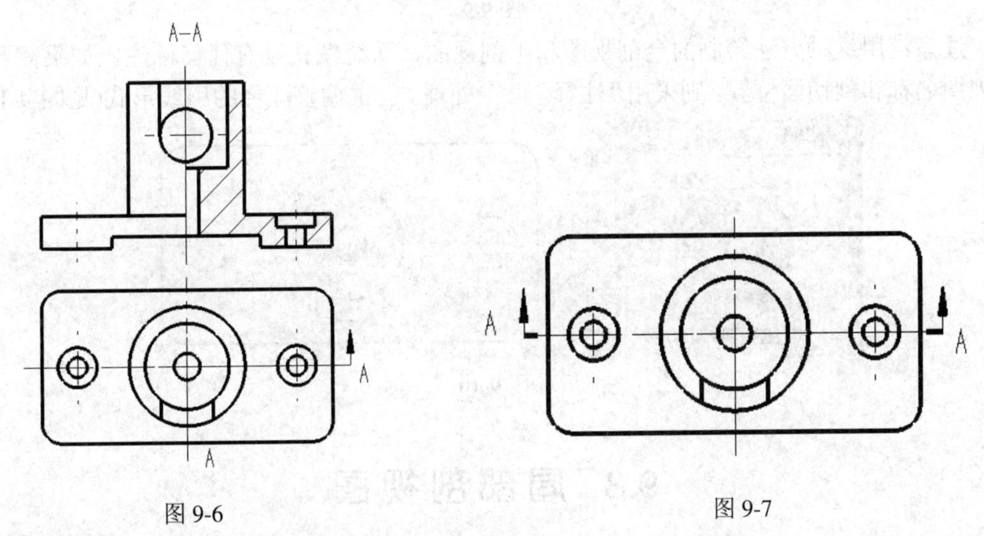

图 9-6　　图 9-7

方法 2　“断开的剖视图”工具中的“半剖视”。

具体步骤如下：

(1) 采用“模型视图”和“投影视图”工具制作主视图和俯视图，调整好线型、虚线和轴线(中心线)。

(2) 用“草图”中的“边角矩形”在将要采用半剖图的一侧绘制矩形，如图 9-8 所示。

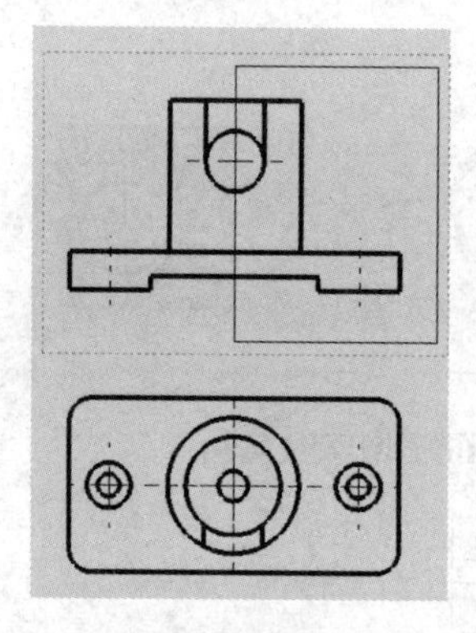

半剖视图方法 2

图 9-8

(3) 单击“视图布局”中的“断开的剖视图”，选择“深度”中俯视图的圆作为剖切的深度参考，如图 9-9 所示。

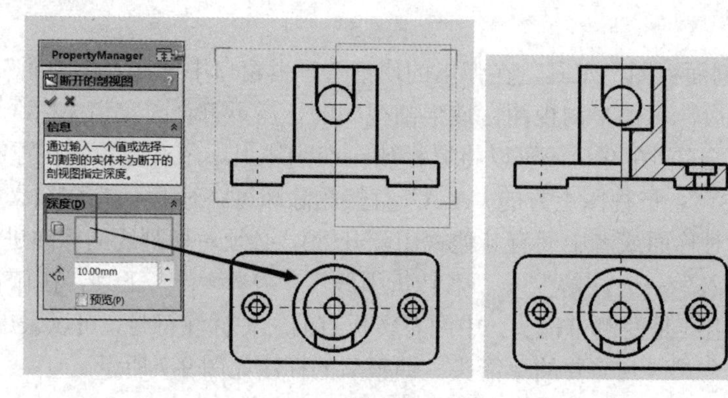

图 9-9

注意：用这种方法绘制的全剖视图和半剖视图，系统默认没有任何标注，如果需要标注视图名称和剖切面位置，则采用“注释”命令处理。尝试调整注释的引线形式(见图 9-10)。

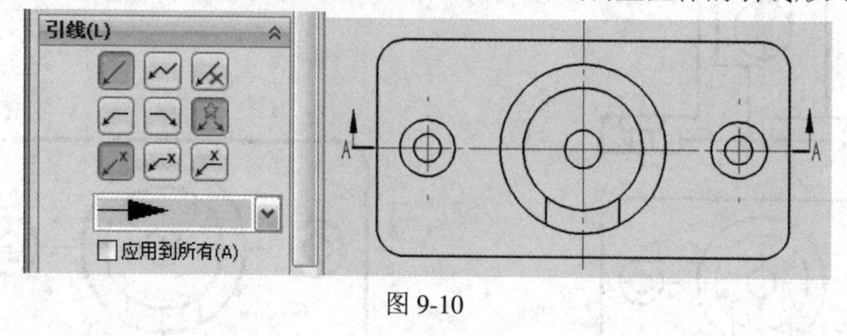

图 9-10

9.3 局部剖视图

局部剖视图可根据零件表达的需要，把视图的一部分局部区域剖开，以表达其内部结构，与未剖开区域采用细波浪线分隔开。一般而言，局部视图不需要任何标注。

例题 3　绘制图 9-11 所示模型(第 3 讲课后作业(4))的局部剖视图。

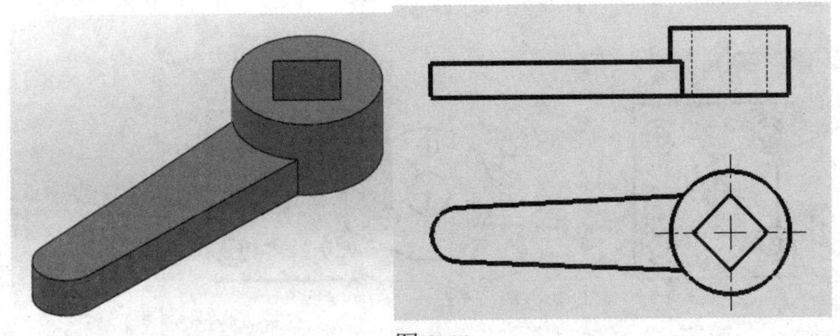

例题 3　局部剖视图

图 9-11

与上述绘制半剖视图的方法相同，唯一的区别是，半剖视图需要对视图的一半剖切，所以采用“边角矩形”工具绘制剖切区域；而局部剖视图采用“样条曲线”工具绘制不规则的剖切区域。具体步骤如下：

单击“断开的剖视图”工具按钮，系统自动弹出“样条曲线”工具，用其绘制封闭曲线(见图 9-12)，根据提示指定深度。当然也可以先绘制封闭区域并选中，再执行“断开的剖视图”命令。

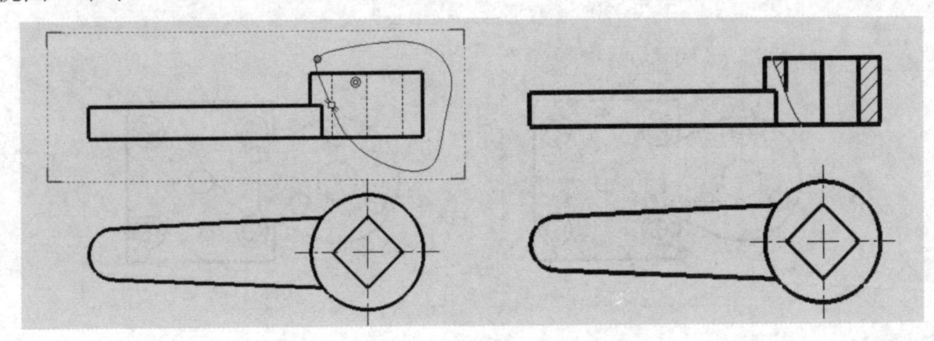

图 9-12

*9.4　相交或平行的多剖面复合剖视图

例题 4　绘制图 9-13 所示零件(第 6 讲课后作业(4))的主视图和俯视图，主视图要求采用右图中示意的剖切面进行剖切。

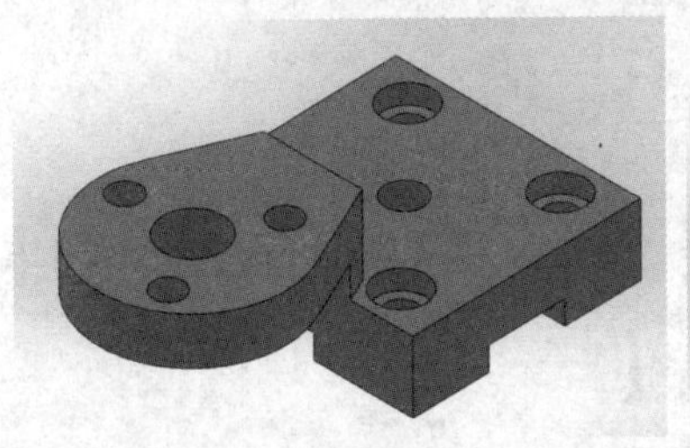

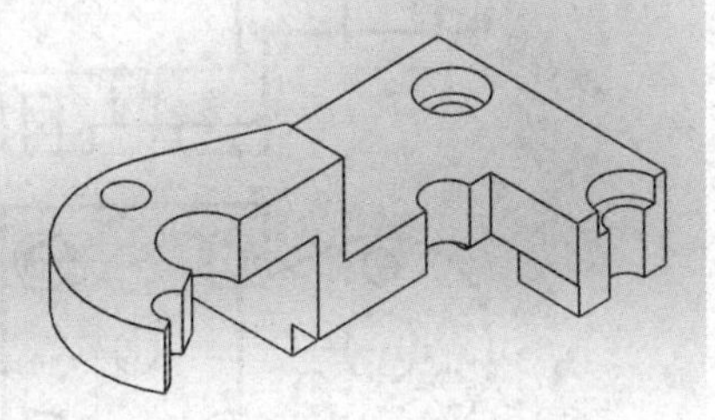

例题 4　复合剖视图

图 9-13

具体步骤如下：

(1) 采用“剖面视图”工具，和全剖视图不同的是，在“剖面视图”属性管理器的“切割线”选项中，选择 。图 9-14 展示了多转折切割线(多个平行或者相交剖切面)的绘制步骤。

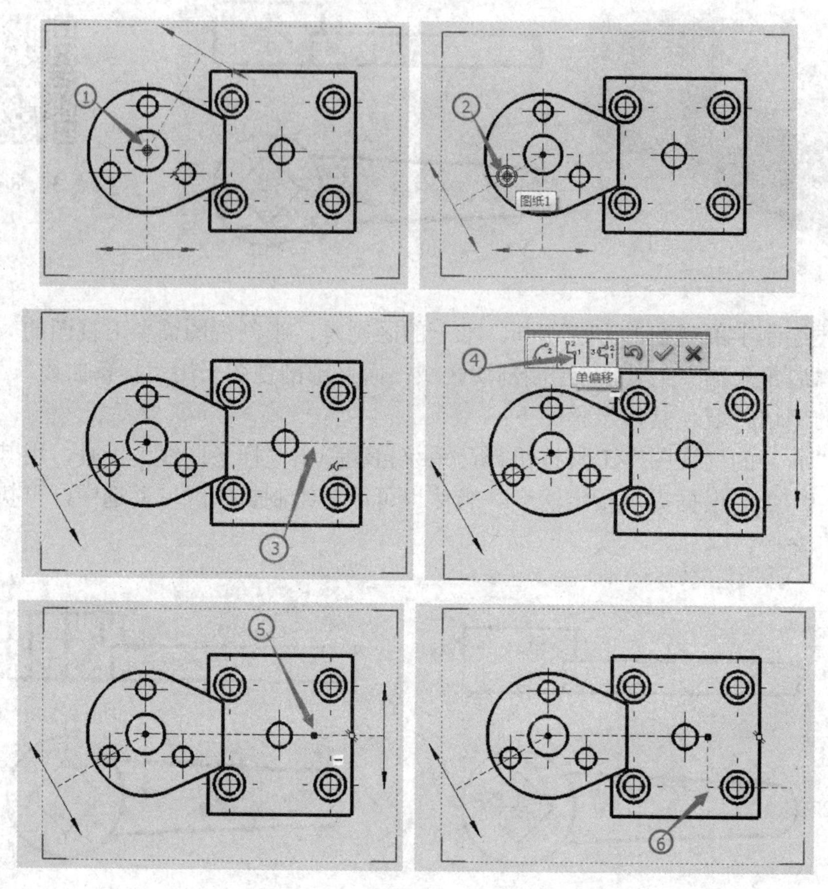

图 9-14

(2) 建立好符合要求的“切割线”后，调整投影方向，就可以生成多个剖切面的剖视图。但其默认的标注方法不符合国标要求(见图 9-15)，需要手动进行修改，运用草图中的“直线”工具在剖切平面的起、讫、转折处画上剖切符号(短粗线，是粗实线的 1.5 倍宽)，采用“注释”标注转折处切面字母名称，注释时需要设置其“无箭头形式”的引线，如图 9-16 所示。

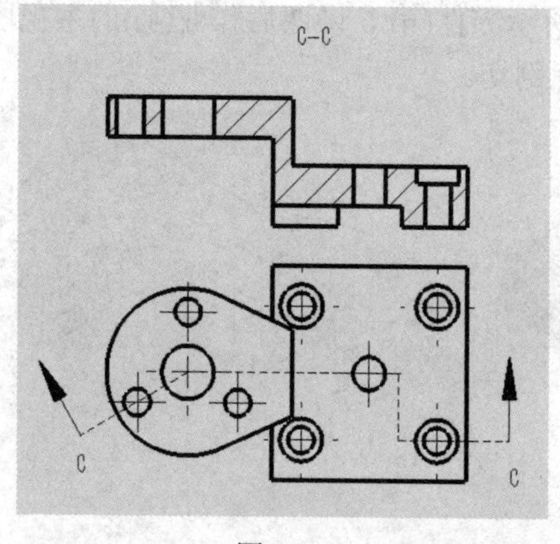

图 9-15

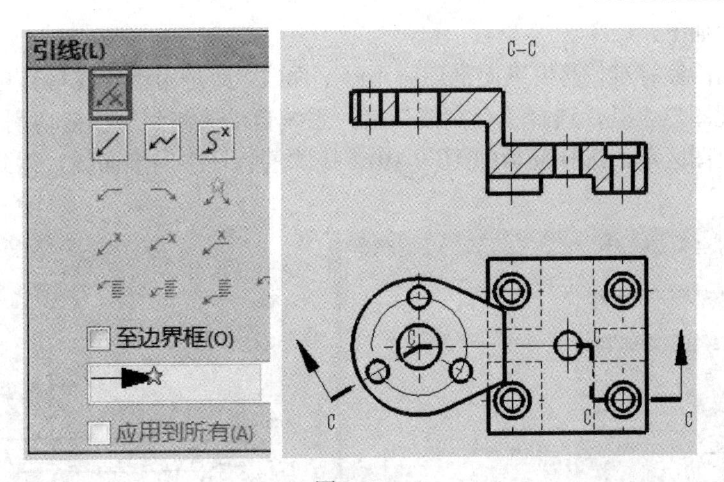

图 9-16

注意到零件左侧的 3 个圆周阵列小孔的中心线在图 9-16 中是合理的。设置方法为：在“中心符号线”属性管理器中，鼠标左键单击“手工插入选项”中的图标，设置为“圆形符号中心线”，其他设置默认不变(见图 9-17)，然后在绘图区选择均布的 3 个圆即可。

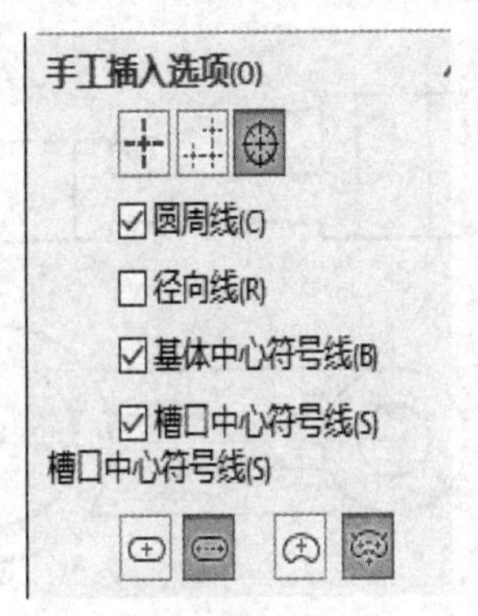

图 9-17

9.5 筋的剖切

例题 5　绘制图 9-18 所示零件(零件模型来自第 6 讲课后作业(3))全剖的主视图，并绘制左边圆柱筒和右侧半圆柱筒连接结构的断面图。

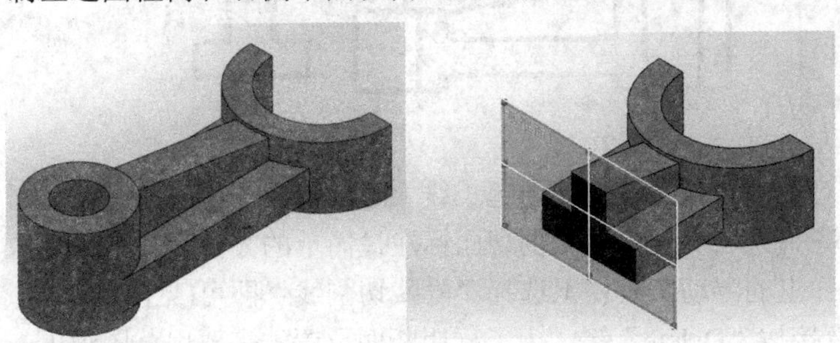

例题 5　筋的剖切

图 9-18

具体步骤如下：

按照制图国家标准，筋板纵向剖切时不画剖面线，而是用粗实线将其与邻近结构隔开。应用“剖面视图”工具，选择“切割线”后，系统自动侦测到筋板被切割，同时自动弹出对话框，在绘图区单击选择筋板(见图 9-19)，排除筋特征中的剖面线，得到如图 9-20 所示断面图。

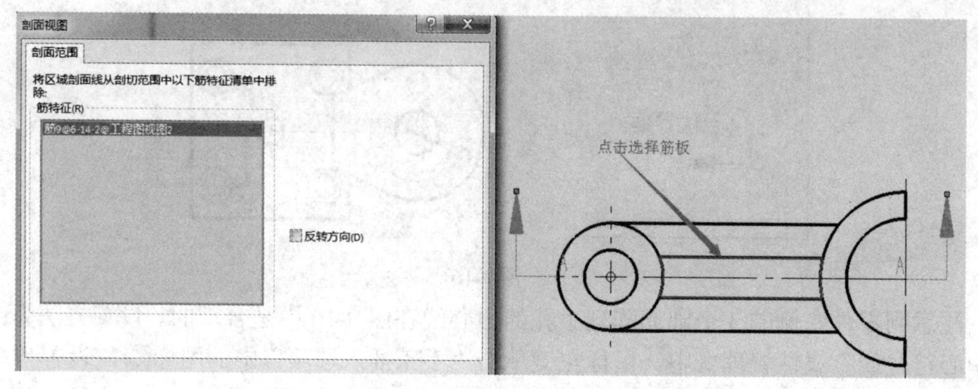

图 9-19

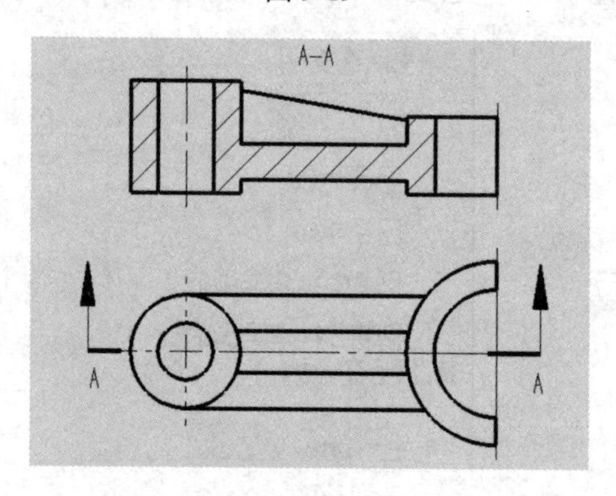

图 9-20

如果要绘制筋板的断面图，同样采用“剖面视图”工具，系统会弹出对话框，提示是否排除筋板中的剖面线。按照国家标准，横向剖切到筋板需要画剖面线。因此，直接单击“确定”按钮后得到该方向的剖视图。此时在“剖面视图”对话框中，单击选中“横截剖面”复选框(见图 9-21)，即可切换为断面图。

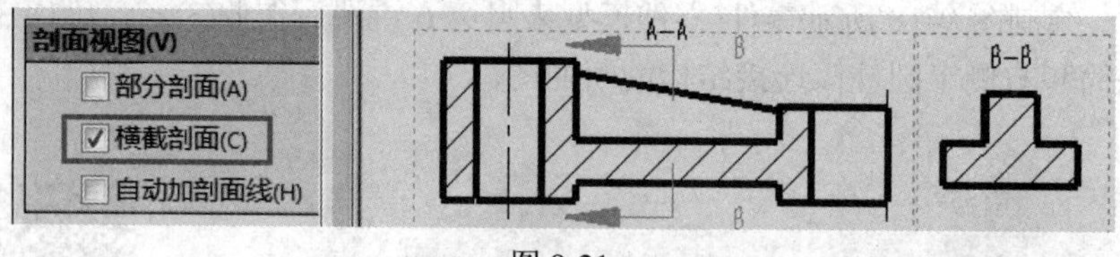

图 9-21

按照制图标准，当断面图对称，且放置在剖切面延长线上时，断面图可省略标注。断面图的移动可以采用“解除对齐关系”实现；隐藏剖切面标注最简单的方法是，把鼠标放在该剖切面上，单击右键，在弹出的浮动工具栏上选择“隐藏切割线”即可(见图 9-22)；选中端面图上的标注“B-B”直接按“Delete”键；为了标明断面位置，需要用草图画出一条点划线。最终完成省略标注的结果如图 9-23 所示。

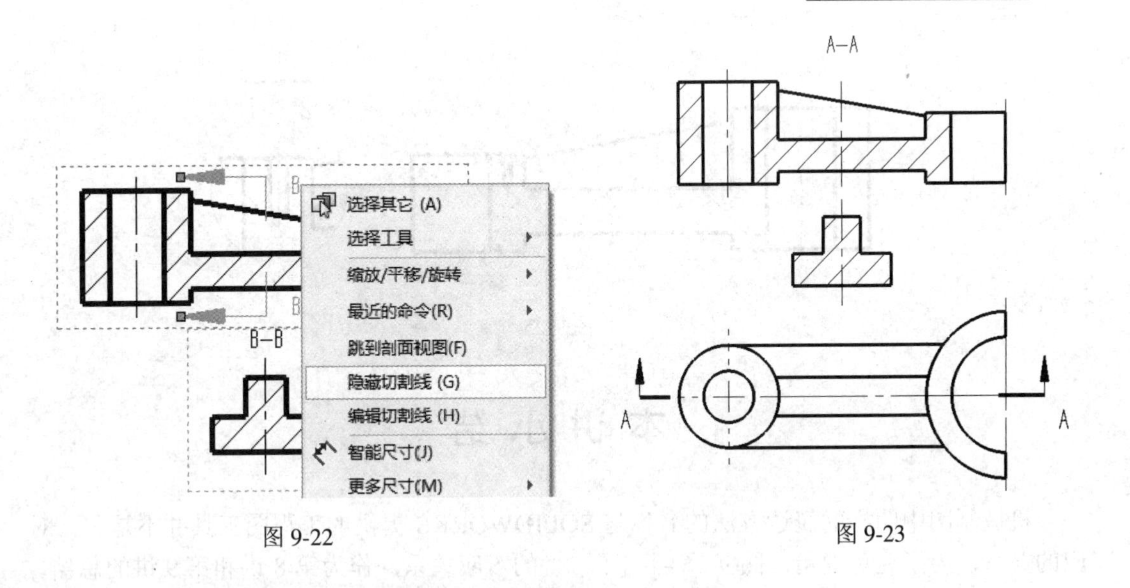

图 9-22　　　　图 9-23

9.6　局部放大图

局部放大图适用于将现有视图的某个局部单独采用比原来视图更大的比例，以表达原视图比例下无法看清楚的细节结构。比如，出于功能需要，图 9-18 的零件右侧半圆柱上表面增加了一个 $\phi 1$ 深度为 3 的孔，该孔相对于其他结构尺寸较小，在图纸上其轮廓粘连成一团，此时可以采用局部放大图的表达方法(见图 9-24)。单击“局部视图”按钮 ，按照提示在需要放大的视图区域绘制一个圆形(系统自动执行画圆的操作)，则视图被圈画的圆形区域内的部分内容就可以生成一个局部放大图。在属性管理器中，调整“局部视图图标”为“带引线”，设置合适的比例即可完成符合国家标准的局部放大图(见图 9-25)，视图中圆形区域可以通过拖拽圆心和圆周来调节圆形区域的位置和大小，使放大区域更精准。

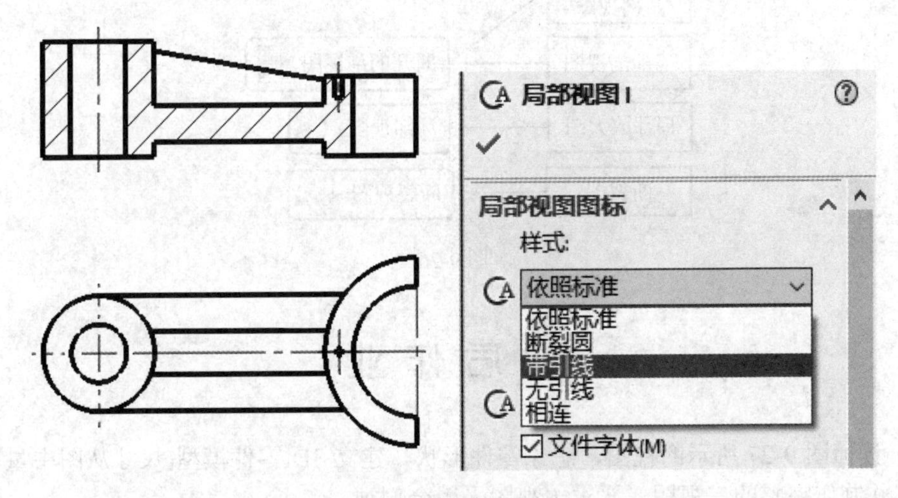

图 9-24

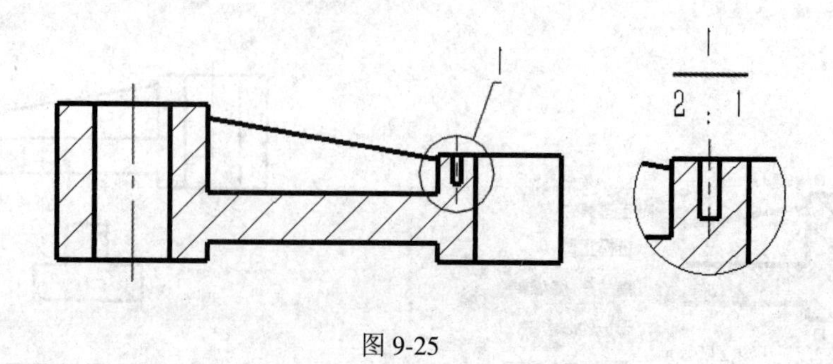

图 9-25

本讲小结

机械制图中图样的表达方法的名称与 SOLIDWORKS 提供的工程图工具并不是一一对应的关系，为了避免混淆，图 9-26 给出了二者的对应关系，作为第 8 讲和第 9 讲的总结。

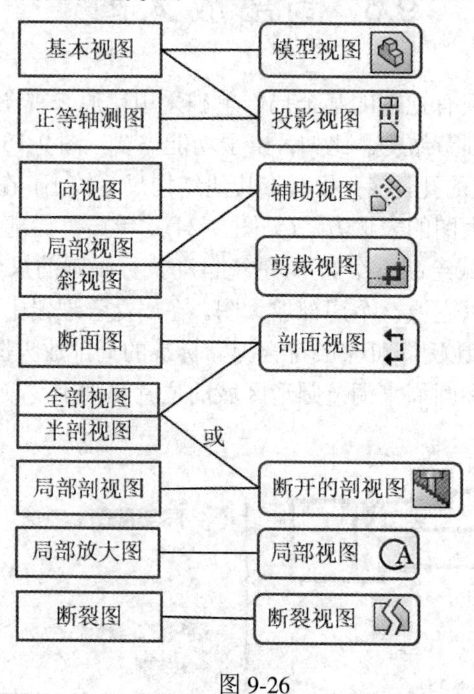

图 9-26

课后作业

(1) 读懂图 9-27 所示的视图，想象零件形状，建立 3D 零件模型(尺寸从图中量取，取整数)，并制作完整的三视图，要求主视图采用全剖视。

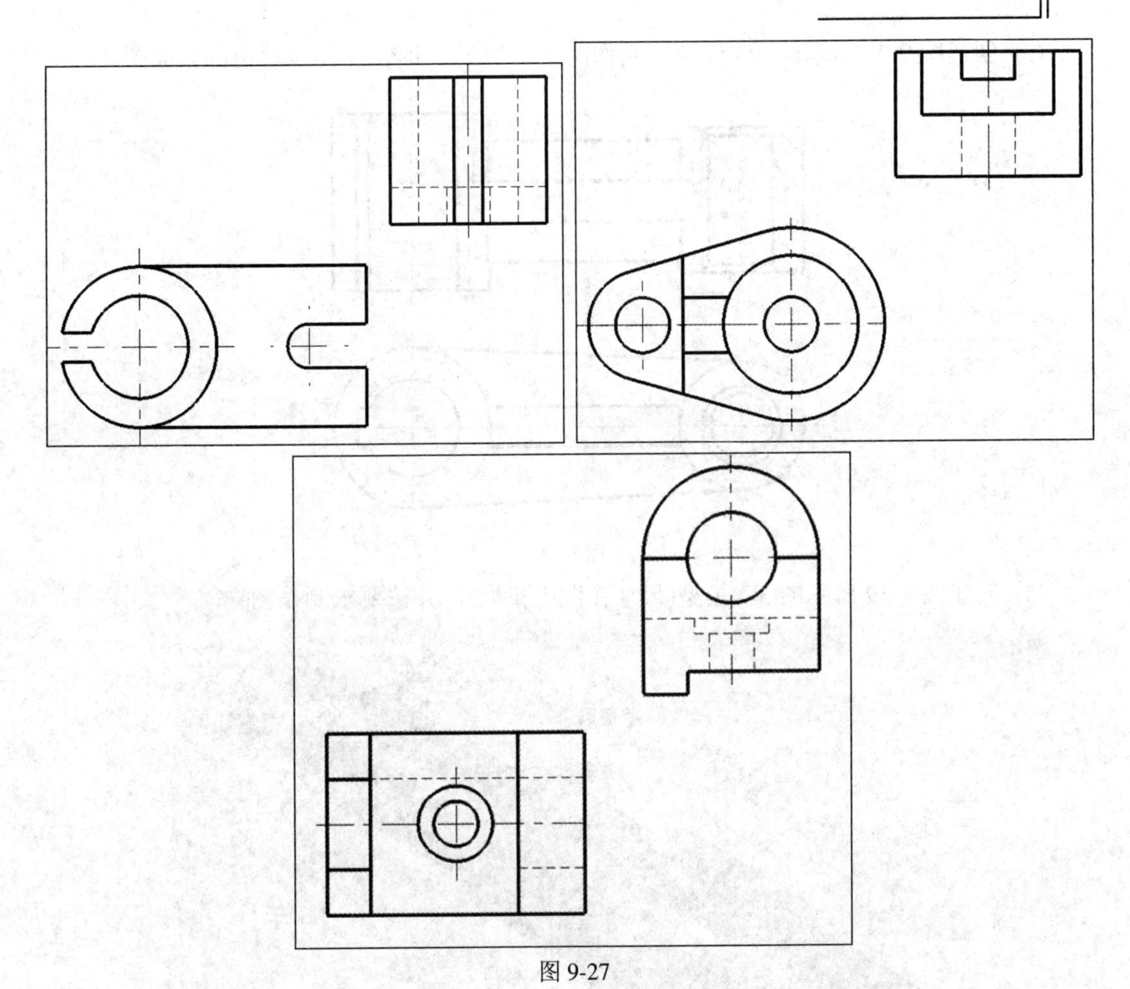

图 9-27

(2) 绘制图 9-28 所示的 3D 模型(尺寸从图中量取，取整数)，制作其工程图，要求主视图采用全剖视图，左视图采用半剖视图。

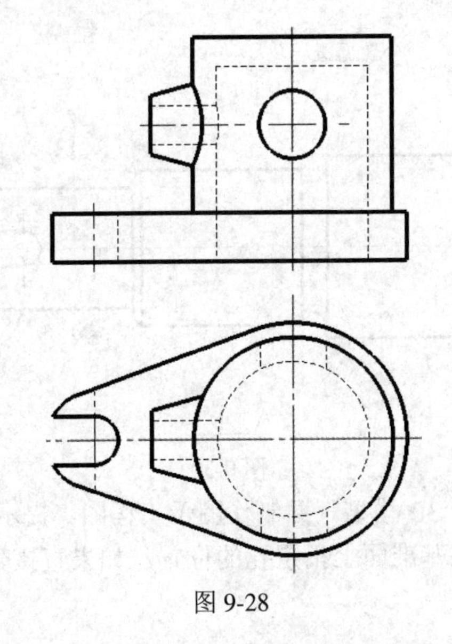

图 9-28

(3) 创建图 9-29 所示的 3D 模型，制作图示工程图，并给出 A-A 移出的断面图。

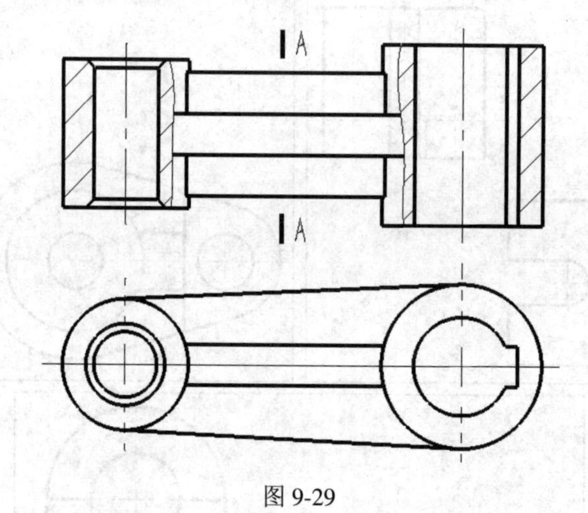

图 9-29

(4) 创建图 9-39 所示的 3D 模型(尺寸在图中量取)，并按要求制作图样。

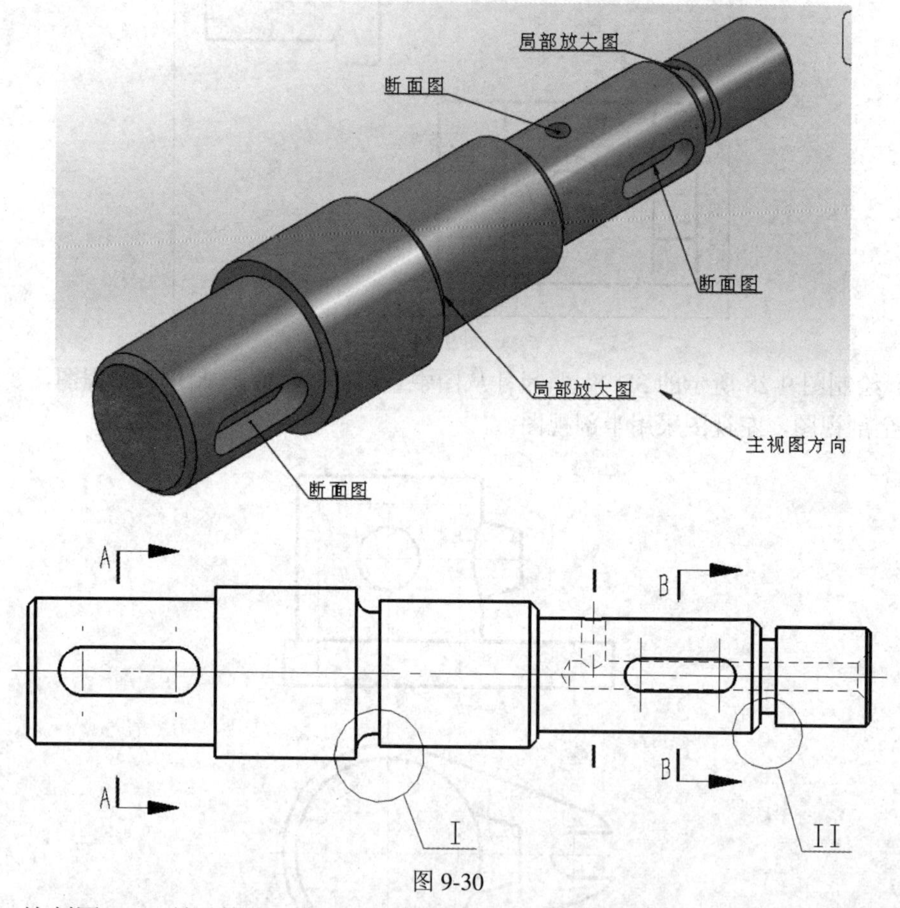

图 9-30

(5) 绘制图 9-31 所示的 3D 模型，并制作图示工程图。提示：3D 建模时，需要预先建立基准面(见图 9-32)，在该基准面上指定孔的位置。如果直接建立异型孔，则孔的位置需要进入 3D 草图编辑模式。

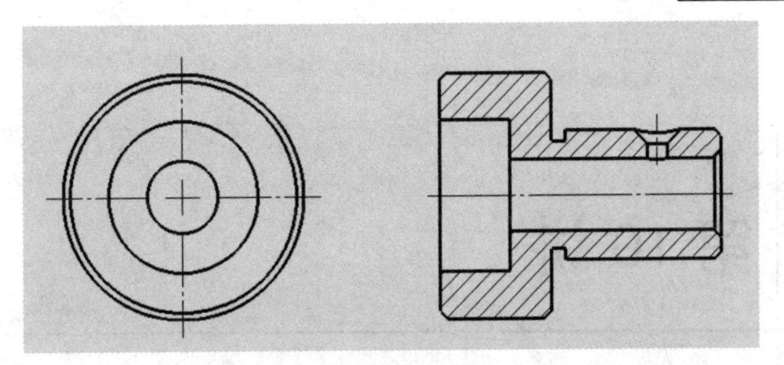

图 9-31

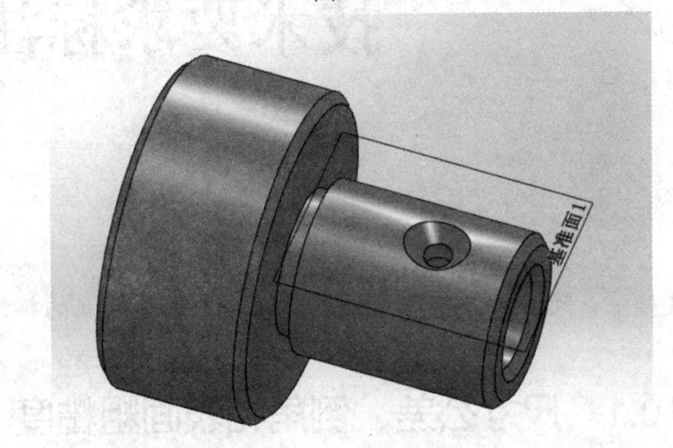

图 9-32

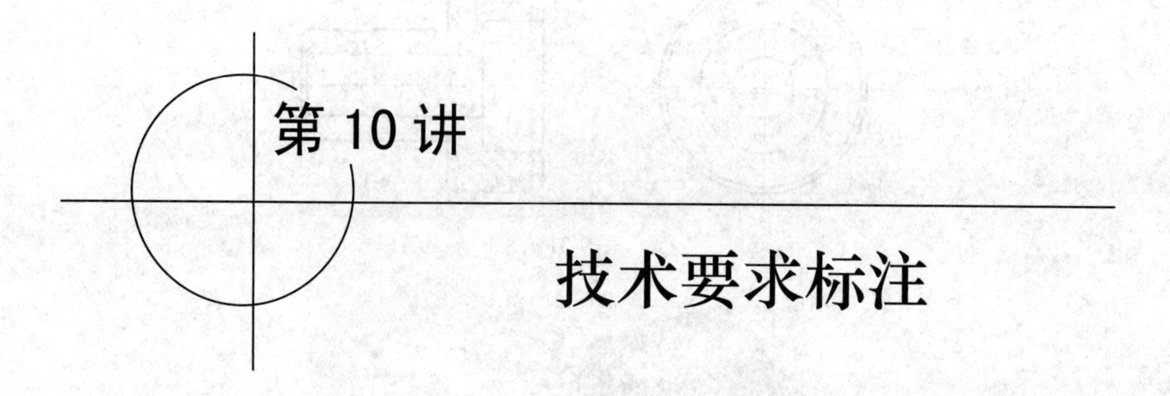

第 10 讲 技术要求标注

教学目标

掌握表面粗糙度标注、尺寸公差、几何公差标注以及倒角、孔的标注方法。

10.1 尺寸公差、倒角和表面粗糙度

在“第 9 讲课后作业第(5)题”的工程图基础上，继续下列的步骤：

(1) 生成尺寸，并调整位置。

(2) 标注尺寸公差。对于需要标注公差的尺寸，单击选中该尺寸，弹出尺寸属性管理器窗口，如图 10-1 所示设置相关选项，就可以按照“公差带代号和极限尺寸套合”的方式显示。

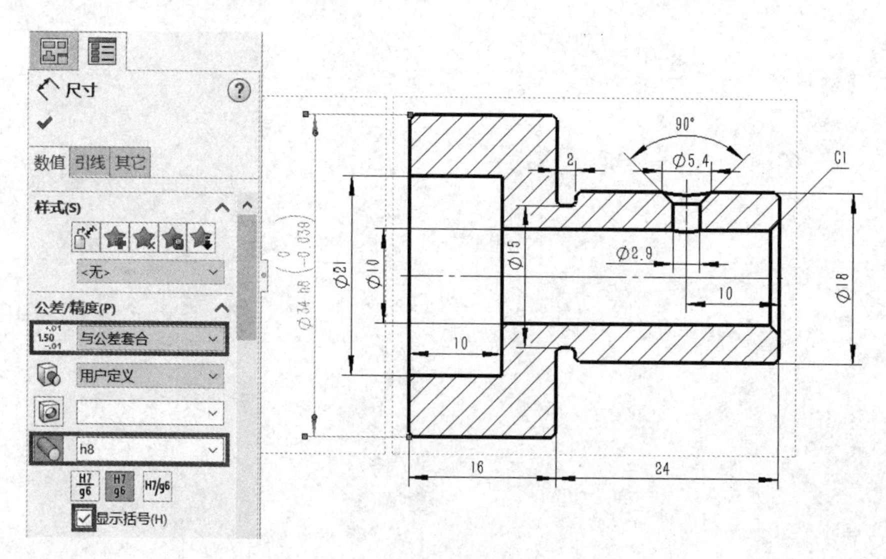

图 10-1

(3) 标注倒角。采用“智能尺寸”工具 倒角尺寸 标注倒角。

(4) 标注粗糙度。在“注解”中找到“表面粗糙度”符号按钮 (见图 10-2)，单击后根据需要进行必要的设置(如图 10-3 中画框处)，然后将鼠标拖至绘图区进行标注，可对粗糙度相同的多个表面依次标注。

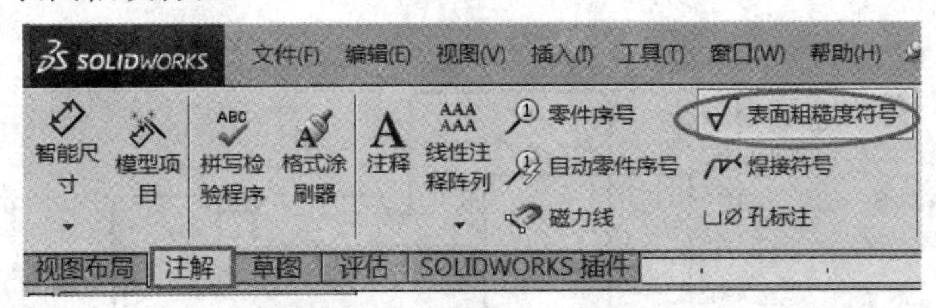

图 10-2

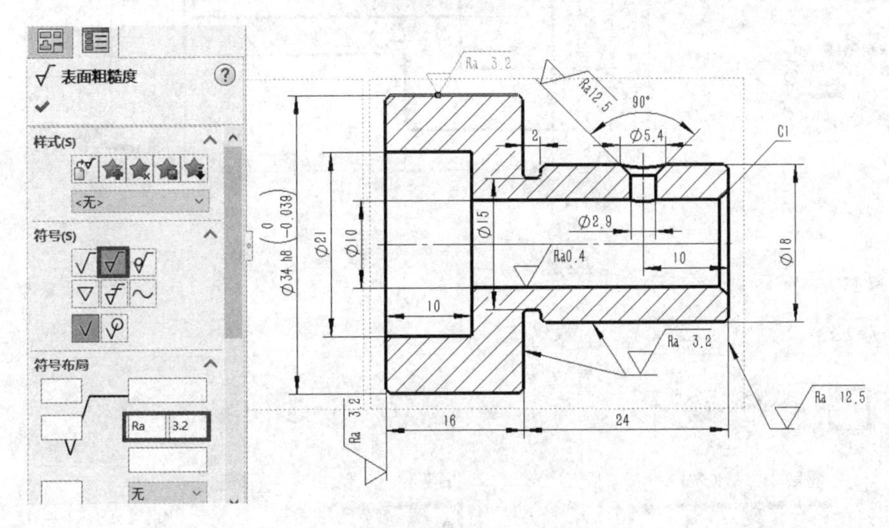

图 10-3

多数情况下，表面粗糙度符号会根据所选位置自动调节角度，不需要另外单独设置。但对于视图下侧的线条，粗糙度符号会旋转 180°，此时改用指引线标注更适合(见图 10-4)。

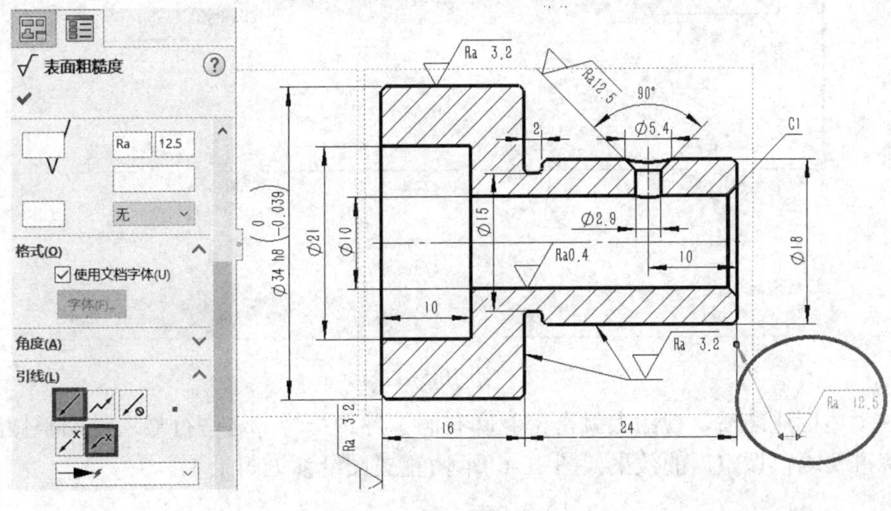

图 10-4

(5) 标注几何公差。单击“注解”中的命令按钮 形位公差 和 基准特征，可以为工程图标注几何公差。如图 10-5 给出了标注直径ϕ18 的圆柱轴线相对于直径ϕ34 圆柱端面的垂直度公差为ϕ0.04 时，上述两个工具的设置情况。

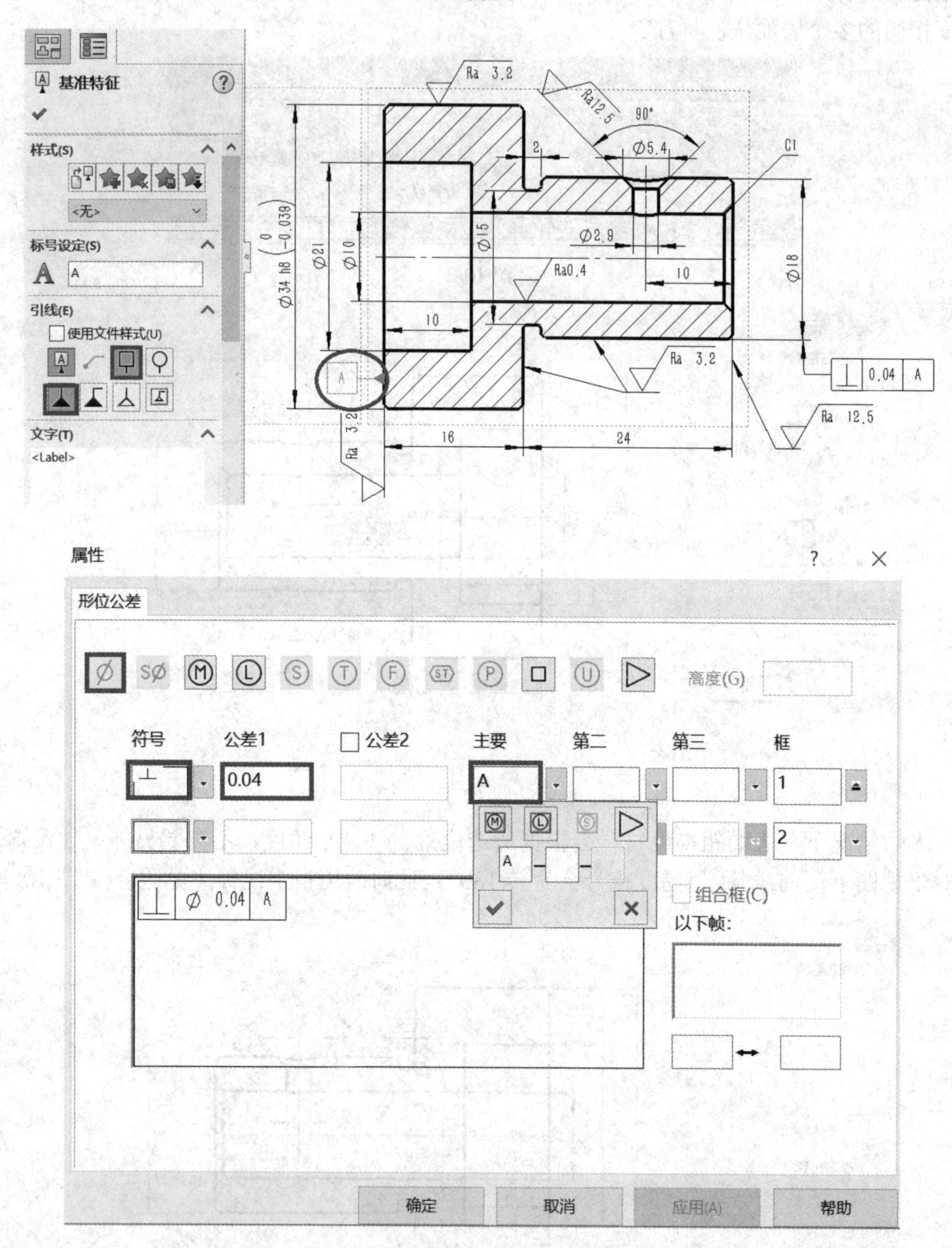

图 10-5

经过上述标注之后，视图上就密密麻麻布满了各种符号，这些符号通过调整做到清晰且符合标准要求，调整后的效果如图 10-6 所示(正式图纸参见附录 1)。

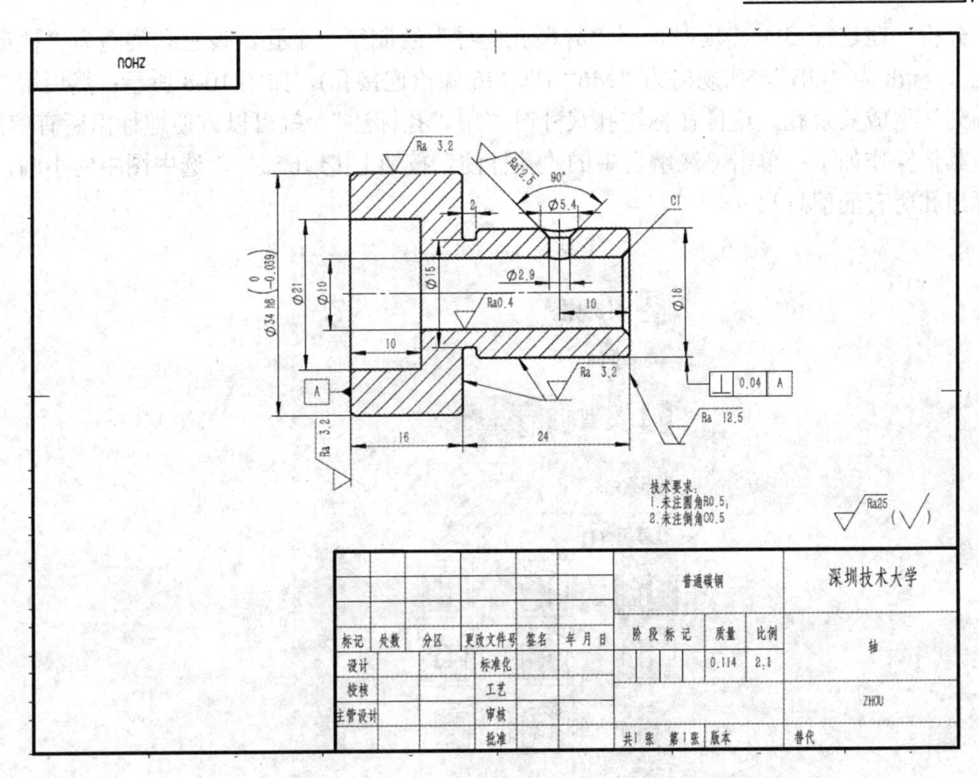

图 10-6

10.2 孔的标注

孔作为零件中的常见结构，用于螺纹紧固件连接、销孔定位等场合。我们在 5.2 节学习了孔的创建方法，在 11.2 节还将学习“异型孔向导”等更多设置，包括螺纹孔创建。本节主要介绍常见孔的尺寸标注方法。

例题 读懂图 10-7 所示的零件结构(ϕ6.6 为 M6 螺栓连接用孔)，建立 3D 模型，并按照图 10-7 中的表达方法和标注制作工程图。

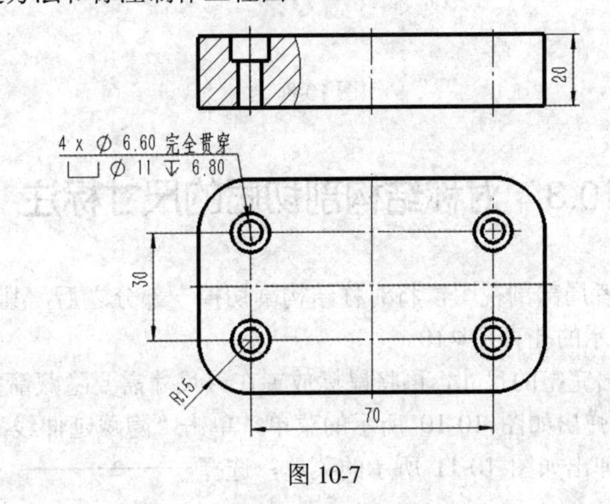

图 10-7

分析：在进行 3D 建模时，用“异型孔向导”绘制第一个孔，设置孔类型为“柱形沉头孔”，标准为“GB”，孔规格为“M6”(即 M6 螺栓连接孔)，如图 10-8 所示；然后用“线性阵列”生成其余孔，这样在标注孔尺寸时，用“孔标注”，就可以方便地标出所有信息。

具体操作如下：单击“注解”中的“孔标注”按钮 孔标注，选中图中的小圆，即可标出孔所有的信息尺寸。

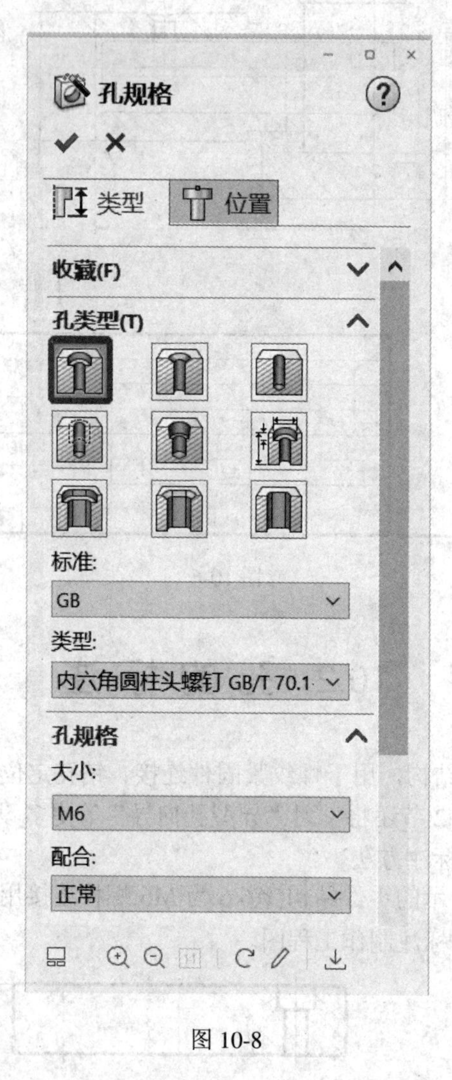

图 10-8

10.3 对称结构剖切后的尺寸标注

对于半剖视图或者局部剖视图，将对称结构剖切掉一部分之后，其直径尺寸只在单侧有箭头，如图 10-9 所示的孔直径$\phi 10$。

实现方法：先标出完整的尺寸，再将鼠标放置在该尺寸需要隐藏箭头侧的尺寸界限(延伸线)上，右击鼠标，弹出如图 10-10 所示的菜单，单击“隐藏延伸线”，最后选中要隐藏的箭头，右击鼠标，弹出如图 10-11 所示的菜单，选择 ———— ，换成不带箭头的尺寸线。

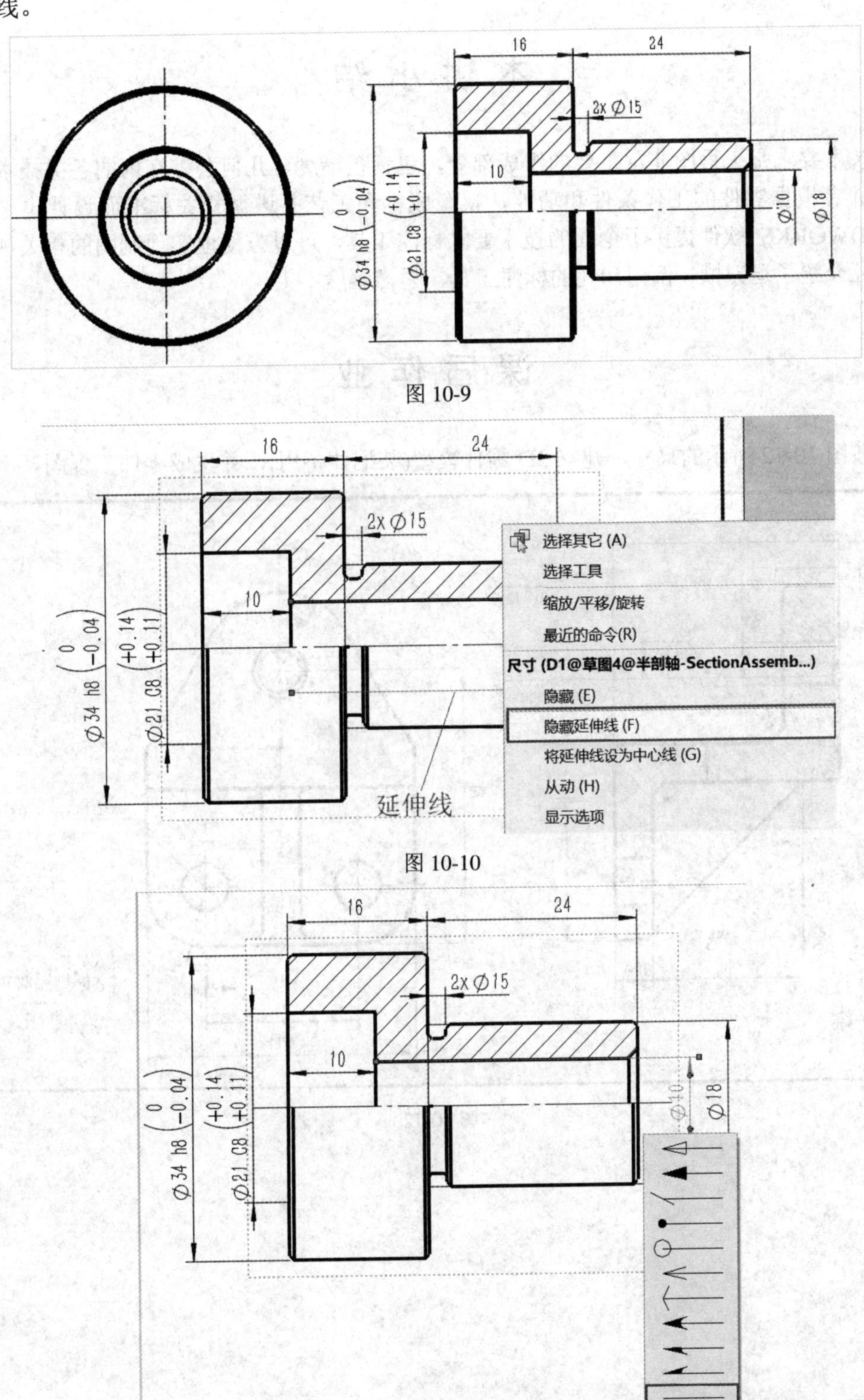

图 10-9

图 10-10

图 10-11

本讲小结

技术要求是工程图非常重要的组成部分，包括粗糙度、几何公差在内的各类技术数据是设计者根据零件的工作条件和功能，权衡成本和工艺并遵循相关标准而设计出来的。SOLIDWORKS 软件提供了全面的技术要求标注工具，可以方便地实现制图的相关规定。本讲还介绍了退刀槽、倒角和孔的标注工具，学习难度不大。

课后作业

按图 10-12 所示的尺寸，建立 3D 零件模型(装配体备用)，并生成零件工程图。

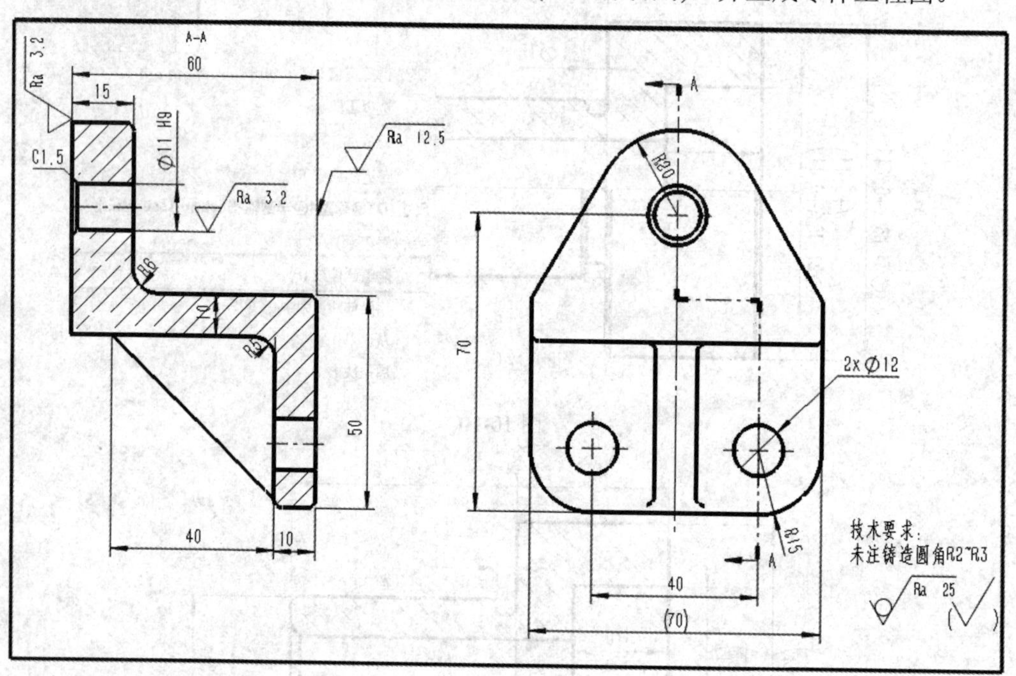

图 10-12

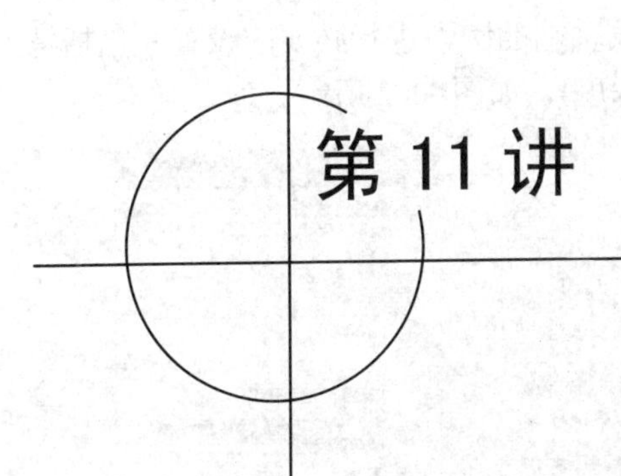

第 11 讲　螺纹及其连接

教学目标

(1) 学习“装饰螺纹线”工具的相关操作，体验螺纹公称直径及螺距标准化参数选取；
(2) 初步了解装配建模环境，尝试简单装配操作；
(3) 掌握螺纹及螺纹连接在工程图中的规范画法。

使用 SOLIDWORKS 画螺纹有两种方法：一是“装饰螺纹线”，在大型装配体中为了制图的方便以及运行的流畅，一般选择这种方法，其好处是可以得到几乎符合标准规定的螺纹连接工程图；二是通过用“扫描切除”命令来扫描螺旋线得到真实螺纹，该方法在追求建模的真实性时选用。本讲学习“装饰螺纹线”的常见操作，重点讲述如何实现螺纹及螺纹连接工程图的规定画法。

11.1　外螺纹及其工程图

11.1.1　零件中的装饰螺纹线

在 SOLIDWORKS 下新建零件，按照图 11-1 所示的尺寸绘制圆柱体零件及倒角。

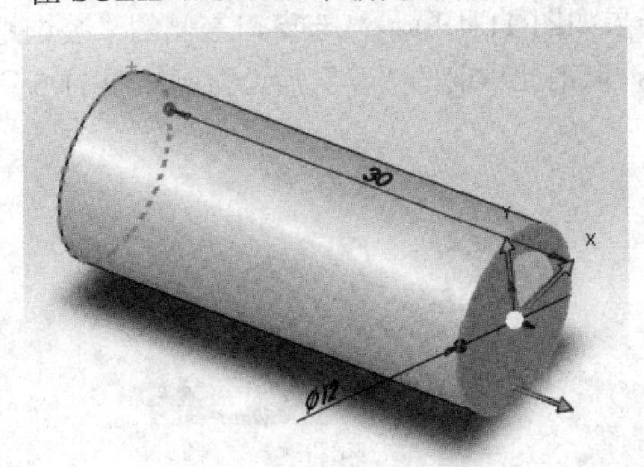

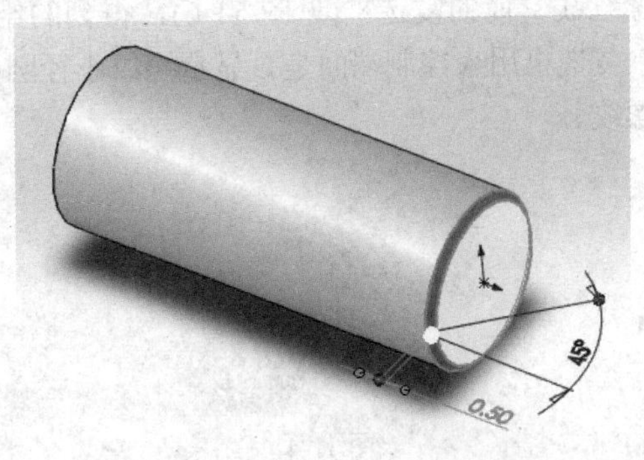

图 11-1

选择“插入”→“注解”→“装饰螺纹线”命令，打开“装饰螺纹线”属性管理器。

在“装饰螺纹线”属性管理器中，选择生成螺纹轴端的圆，进行必要的设置，包括螺纹大径(边线或公称直径)、螺纹长度(基准面、给定深度)，如图 11-2 所示。

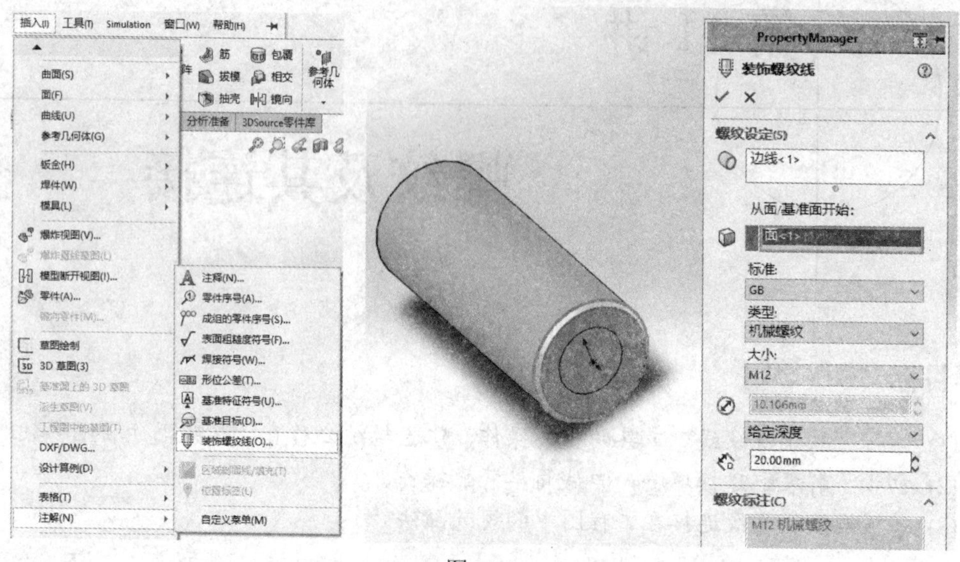

图 11-2

11.1.2 显示设置

完成上述操作后，屏幕不显示装饰螺纹，如图 11-3 所示，解决方案分为两步：

图 11-3

(1) 在设计树中，鼠标右击“注解”，选择“细节...”，在弹出的窗口中选中“上色的装饰螺纹线”前的复选框(见图 11-6)，得到的结果如图 11-4 所示；该窗口左侧的“装饰螺纹线”复选框用来控制端面是否显示螺纹小径圆，取消此项前的“√”后，得到如图 11-5 所示的螺纹。

图 11-4

图 11-5

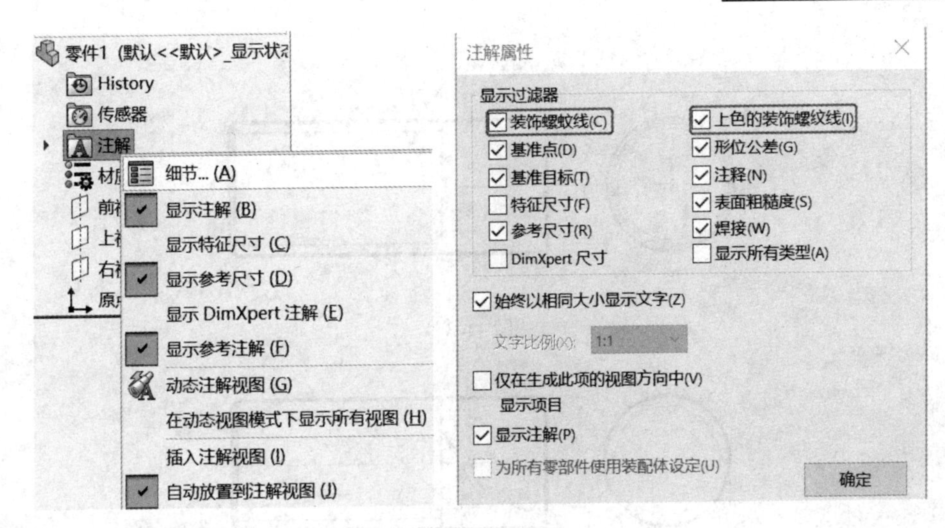

图 11-6

(2) 选择“视图”→“隐藏/显示”→“所有注解”(图 11-7)命令，如果有必要，请按“Ctrl+B”键刷新一下。

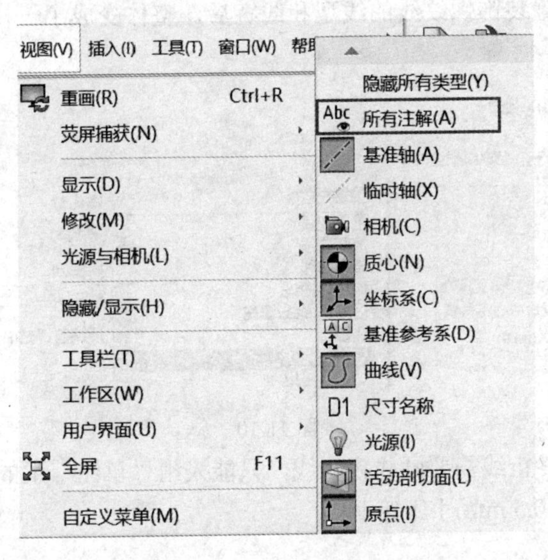

图 11-7

11.1.3　工程图

外装饰螺纹线在工程图中(见图 11-8)，除了螺纹终止线不是粗实线，其他部分都符合规定画法，但要将倒角圆隐藏掉(左键单击选中该圆，在弹出的工具条上选择)，如图 11-9 所示。

有时为了出图的需要，当在“选项”中把可见轮廓线设置为更粗时，发现螺纹终止线并没有自动随着其他可见轮廓线一起加粗，这是因为在 SOLIDWORKS 工程图中，“装饰螺纹线”(包括小径线、小径圆以及螺纹终止线)是被作为一个整体而存在的。尽管可以在“选项”中单独对“装饰螺纹线”的线型和粗细进行整体设置，但不能分别设置各自的线型。

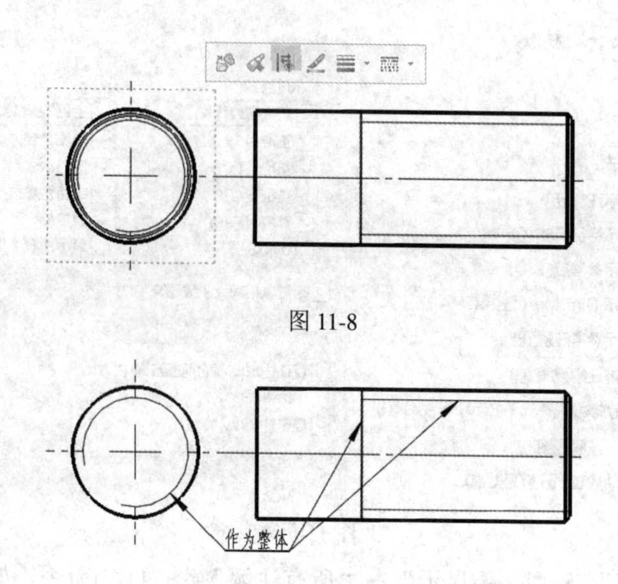

图 11-8

图 11-9

在“选项”中设置装饰螺纹线的线型和线宽后，整体变成了一样的线型，如图 11-10 所示。

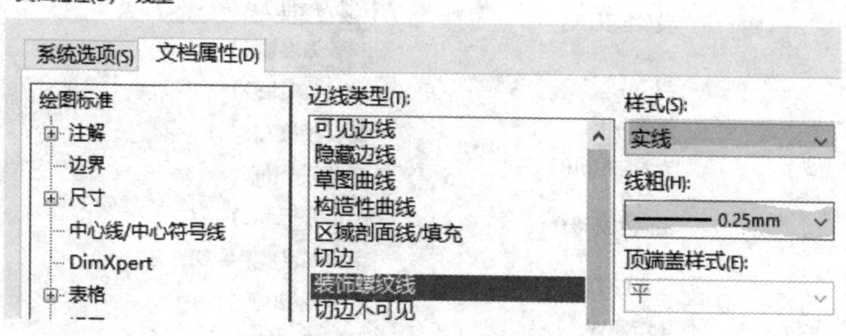

图 11-10

按照规定，螺纹终止线需要画成粗实线，只能采用“草图”中的“直线”工具，设置线型为粗实线(一般为 0.5 mm)手工绘制。

11.2 内螺纹及其工程图

11.2.1 三维建模

具体步骤如下：

(1) 先绘制直径ϕ24，长度 35 的圆柱。单击 异型孔向导 ，在弹出的属性管理器中：选择直螺纹孔  、孔公称直径为 M12、孔深为 30、螺纹深度为 24(见图 11-11)。

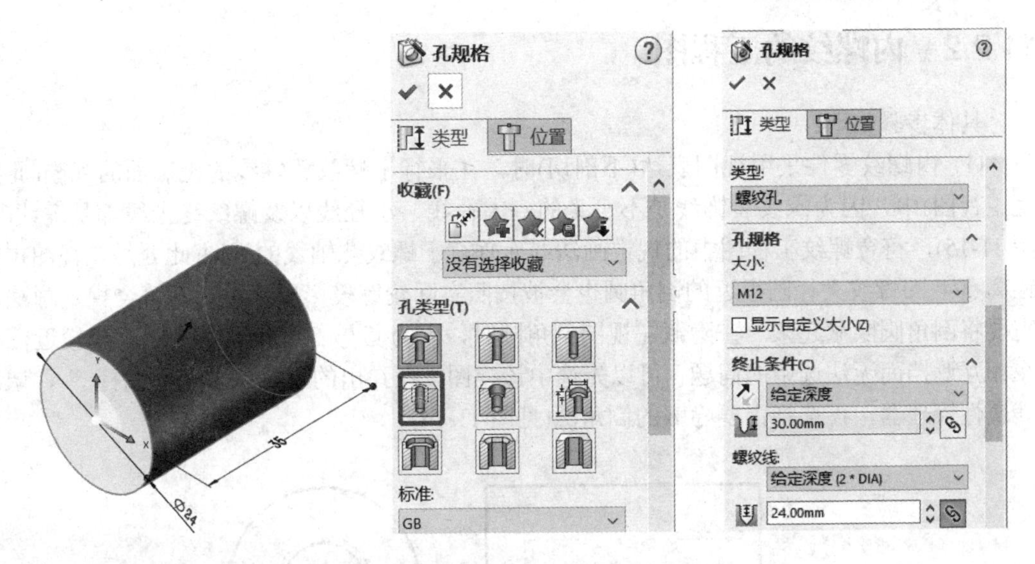

图 11-11

(2) 选择“位置”选项，在圆柱端面中心处定位后，绘制该螺纹孔。单击倒角工具为内螺纹建立 $1 \times 45°$ 倒角(见图 11-12)。

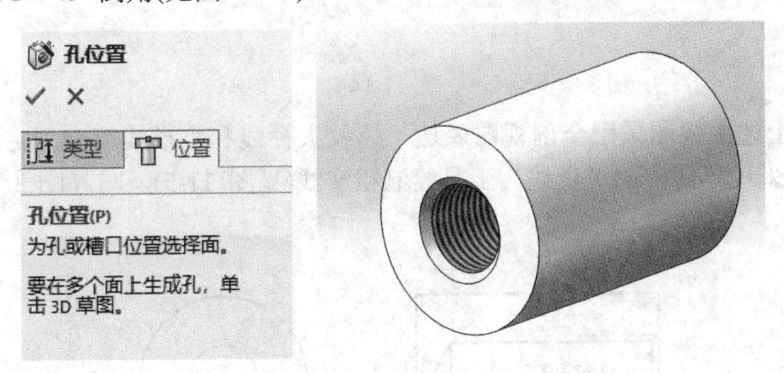

图 11-12

(3) 如果采用剖面视图剖开三维实体，则预览中显示的深度是正确的(见图 11-13)。

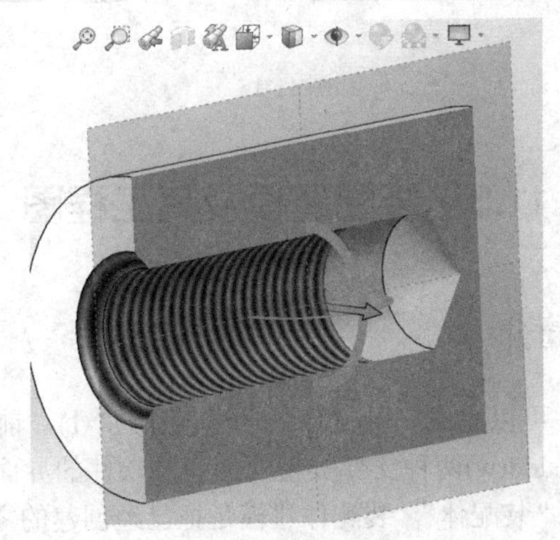

图 11-13

11.2.2 内螺纹的工程图

具体步骤如下：

(1) 内螺纹零件采用视图表达(不剖切)时，在平行于螺纹孔轴线的投影面的视图(此处是主视图)中，因为螺纹装饰线是不可见的，大径线、小径线以及螺纹终止线都是虚线(见图 11-15)，符合螺纹工程图中的规定画法；而垂直于螺纹孔轴线的视图(此处是左视图)中，距离 3/4 圈螺纹大径圆很近的倒角圆也会被按照实际轮廓投影出来，这不符合规定画法，需要将倒角圆隐藏起来。在隐藏左视图倒角圆时，因为其与 3/4 细实线的圆距离较近，存在相互遮挡而无法选中的问题，可以先选中该视图，在弹出的工具条上选择图标 ，调出其属性管理器，再选择需要隐藏的倒角圆(见图 11-14)。

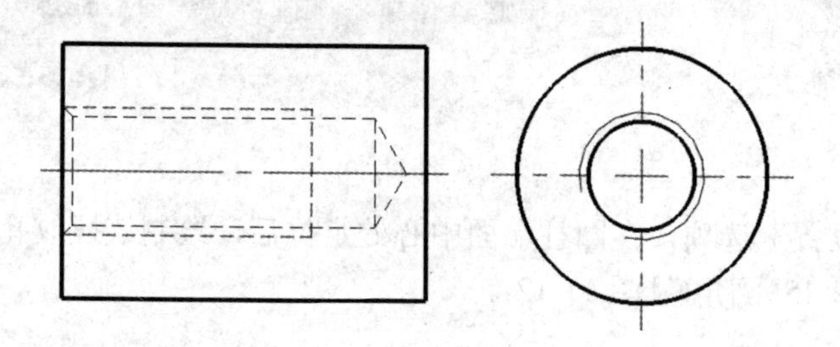

图 11-14

(2) 如果上述主视图采用全剖视图表达，螺纹大径线和小径线符合规定画法，只是螺纹终止线需要采用草图中的“直线”工具绘制粗实线(见图 11-5)，与 11.1.3 节中的处理方法相同。

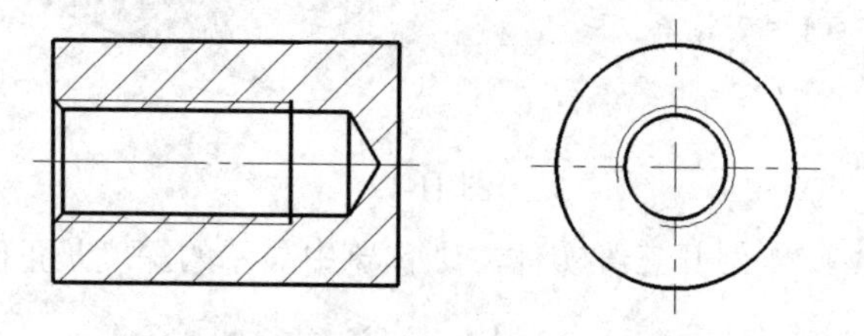

图 11-15

11.3 装配建模及其工程图

11.3.1 装配环境简介

SOLIDWORKS 软件可以完成三种文件的创建(见图 1-1)，前面已经学习了“零件”(*.sldprt)和“工程图”(*.slddrw)两种文件类型的创建及软件的界面环境和相应工具，现在开始学习 SOLIDWORKS“装配体”。装配体建模是把已经创建的零件模型按照其位置关系通过建立“配合”装配在一起：第一个插入的零件模型相对于装配空间的坐标系是“固定”

不动的，相当于一台机器的“机架”，后续逐渐插入其他零件，分别与第一个零件建立“配合”关系。所有操作如同之前的零件特征建模一样，被记录在“设计树”中。这种设计装配体的方法被称为“自底而上”的建模方法。有时候为了方便，直接在“装配体”建模环境下，充分利用已经装配的零件轮廓，创建新零件，这种思路也被称为“自顶而下”的建模方法，将在第 12 讲学习。

需要强调的是，由于装配体引用了外部“零件”文件数据，因此在设计装配体时，需要将装配体用到的零件(及其工程图)提前放到一个单独的文件夹下，将这些文件同时移动和拷贝。否则，在打开装配体文件时，会出现“无法引用外部零件数据”的错误。

11.3.2　螺纹连接三维模型装配

具体步骤如下：

(1) 单击“装配体”，根据提示单击“浏览”按钮(见图 11-16)，插入内螺纹零件。此时内螺纹零件出现在屏幕“绘图区”，如果在绘图区单击鼠标左键，零件就以当前的姿态被“随机”安放在绘图区，此处不建议这样操作。正确的做法是：采用“前导视图”工具栏，将“浮动”的零件切换到“等轴测”视角，观察当前的零件姿态是否和后续要创建的装配体一致，如果是，则直接单击“确认” ✓，此时零件坐标系和装配体坐标系重合；如果不是，则单击鼠标右键重新调整当前的零件姿态(见图 11-17)，直到和创建的装配体一致，再单击“确认”按钮。

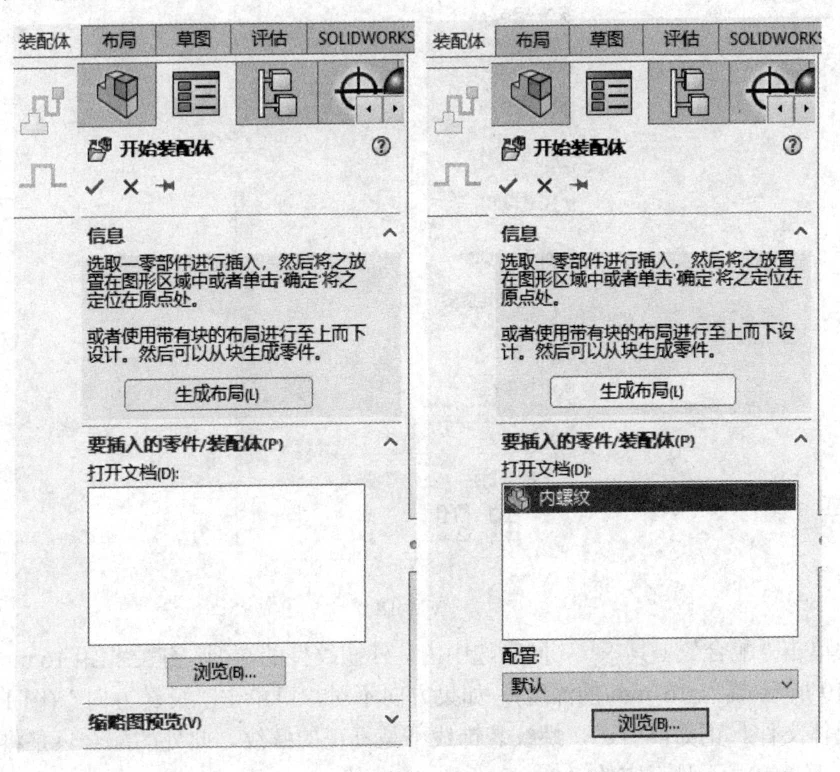

图 11-16

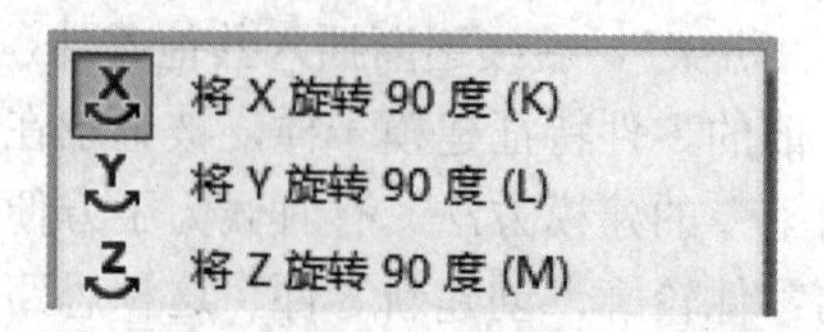

图 11-17

(2) 单击“插入零部件”工具，插入外螺纹件，将外螺纹件暂且放在屏幕绘图区。

(3) 单击“配合”工具将外螺纹件装配上去。

建立两个圆柱“同轴心”配合，使其在轴线方向上处于共线位置，如果螺纹端位于另外一侧，可以设置“配合对齐”将其调整过来，如图 11-18 所示，根据绘图区的预览情况，单击“确认”。

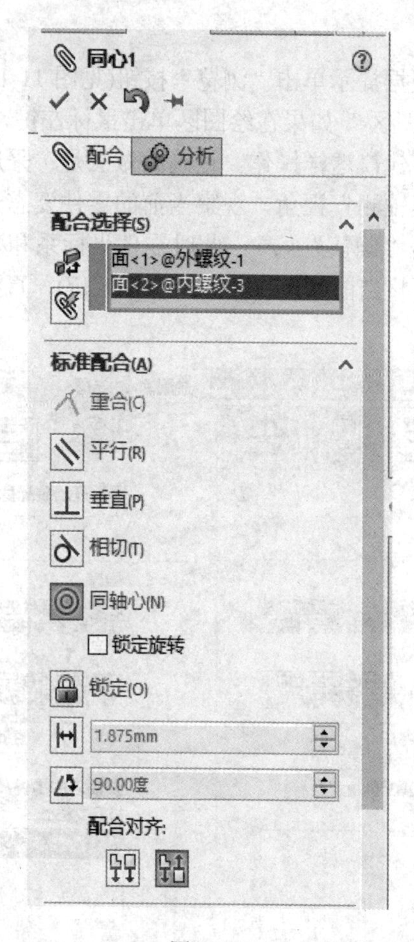

图 11-18

再次单击“配合”工具，同时选中内、外螺纹件的端面，建立相距 16 mm 的配合，如图 11-19 所示(旋入 16 mm 的深度)，如果方向不对，可单击“反转方向”(图 11-20)，保存该装配体文件。正如前所述，螺纹装饰线不是真正的螺纹，此处的配合只是将外螺纹件直接插入 16 mm，不是真实的“旋合”。

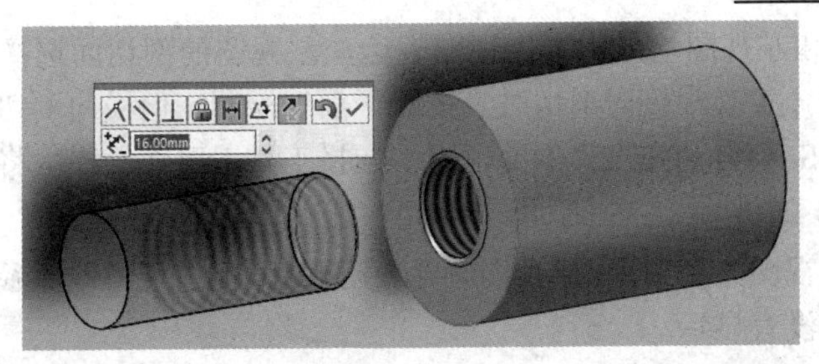

图 11-19

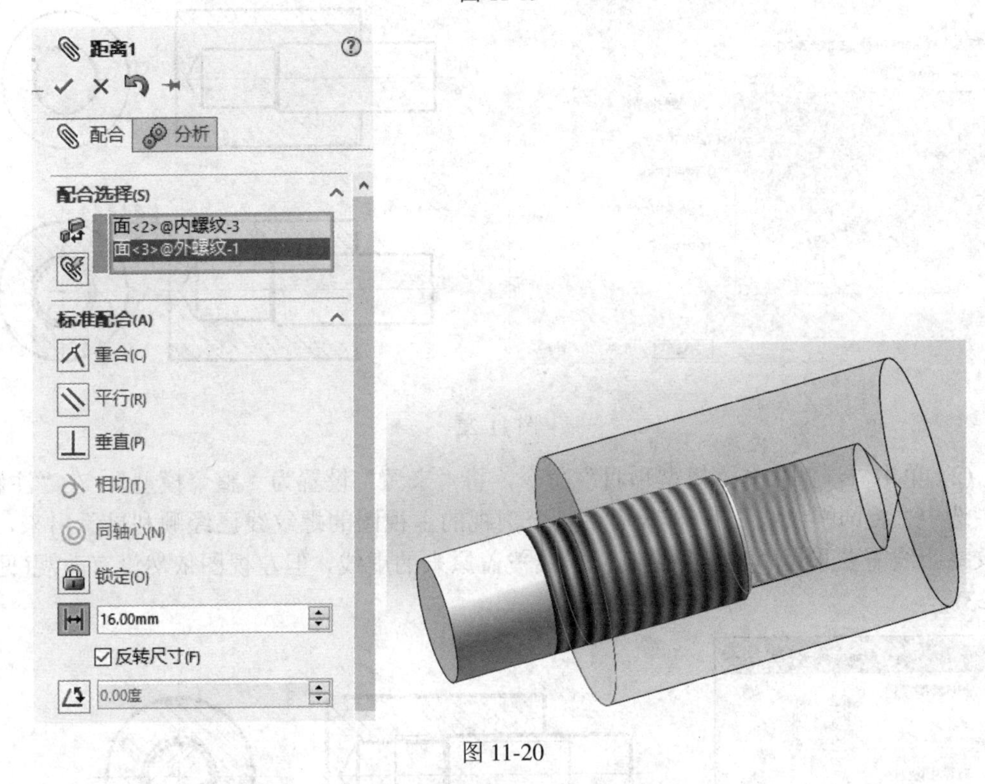

图 11-20

11.3.3　装配工程图

具体步骤如下：

(1) 新建工程图，未剖切情况下的视图情况如图 11-21 所示。螺纹的很多细节结构并没有正确显示出来。

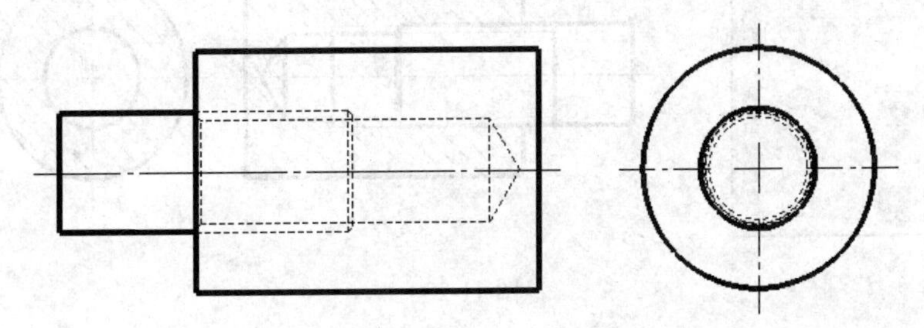

图 11-21

(2) 将主视图和左视图均采用全剖视图表达，左视图的剖切面选择在螺纹旋合段的某个位置。按照规定，实心轴纵向剖切时“按照不剖”绘制，但横向剖切需要正常绘制剖面线。SOLIDWORKS 会自动弹出“剖面范围”选择工具，可在绘图区将不需要画剖面线的零件选中，如图 11-22 所示。

将主视图和左视图分别剖视，原视图删除或隐藏处理。发现螺纹大径线(圆)、小径线(圆)以及螺纹终止线均没有显示。

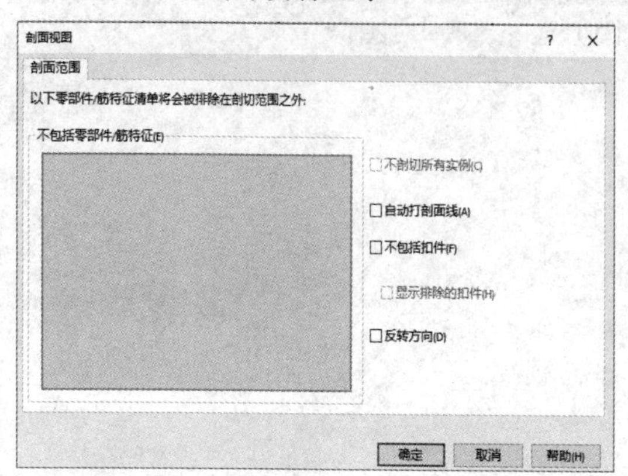

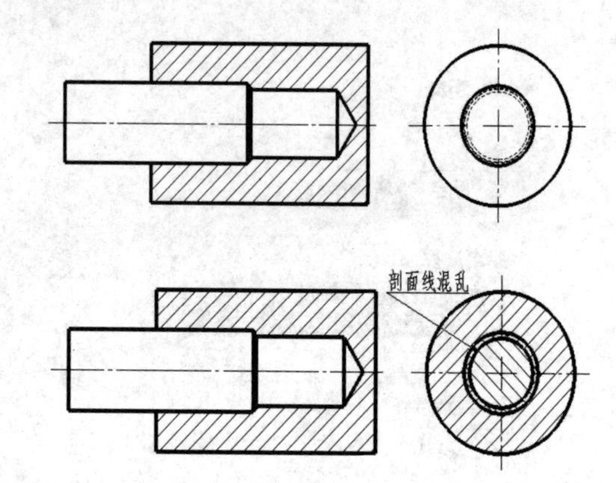

图 11-22

(2) 单击“注解”→“模型项目”命令，将“来源”设置为“整个模型”，在“注解”一栏选中“装饰螺纹线”。这样设置后，全剖视的主视图的螺纹线已经顺利显示出来，但螺纹终止线需要采用“直线”绘制粗实线覆盖原来的虚线，但左视图依然没有改观(见图 11-23)。

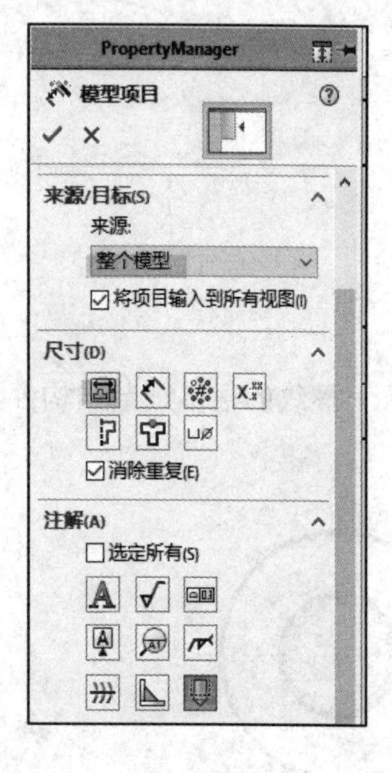

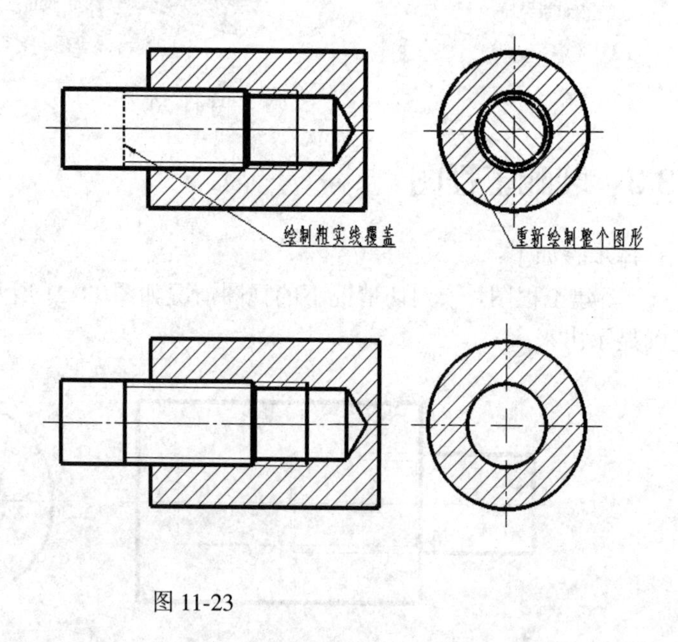

图 11-23

(3) 重新采用“剖面视图”工具绘制全剖的左视图，注意“外螺纹零件”暂时不画剖面线。采用“模型项目”显示出小径圆后，再采用“手工绘制剖面线”工具在大径圆内画上剖面线(见图 11-24)。

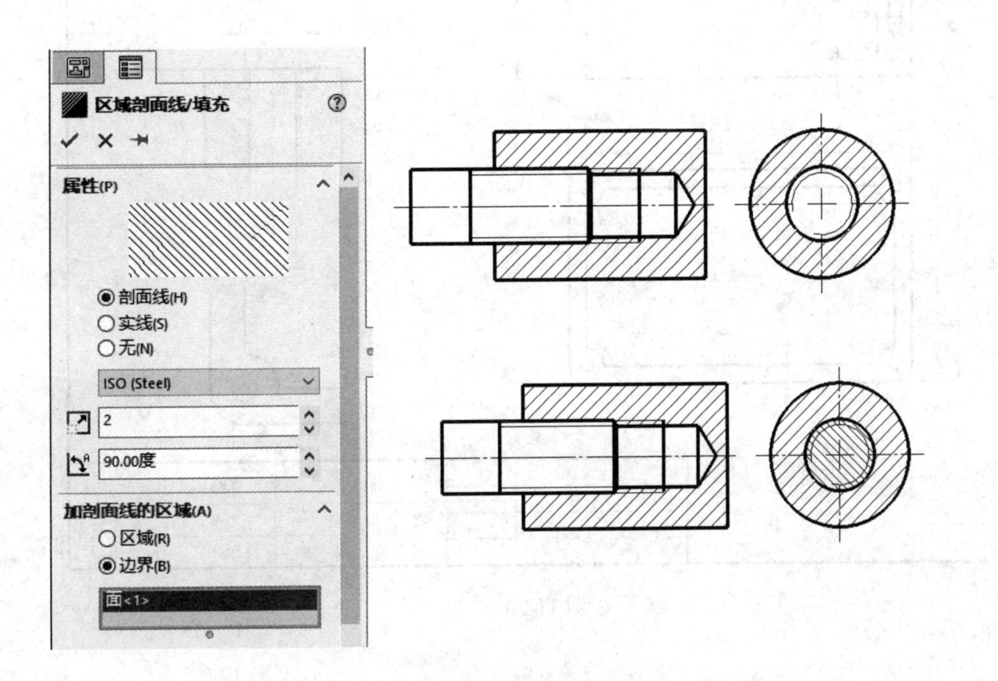

图 11-24

本讲小结

螺纹连接在机械零件中是一种常用的结构，在传统尺规制图中有严格的规定画法。本讲主要介绍了利用“装饰螺纹线”创建零件的外螺纹；利用“异型孔向导”创建螺纹孔；外螺纹、内螺纹以及螺纹连接工程图画法。

本讲第一次尝试创建“装配体”，创建装配体的过程就是把创建好的零件，或者可以在 Toolbox 库中设置并调用的零件，按照各零件的工作位置装配(建立起各种“配合”)在一起。装配体文件数据依赖于它所插入的零件数据，所以一般要将装配体文件和各组成零件文件存在同一个文件夹，否则，装配体不能被顺利打开。

课后作业

读懂图 11-25 所示的盒体结构，创建其三维模型，并绘制工程图，注意内螺纹绘图要符合国家标准。

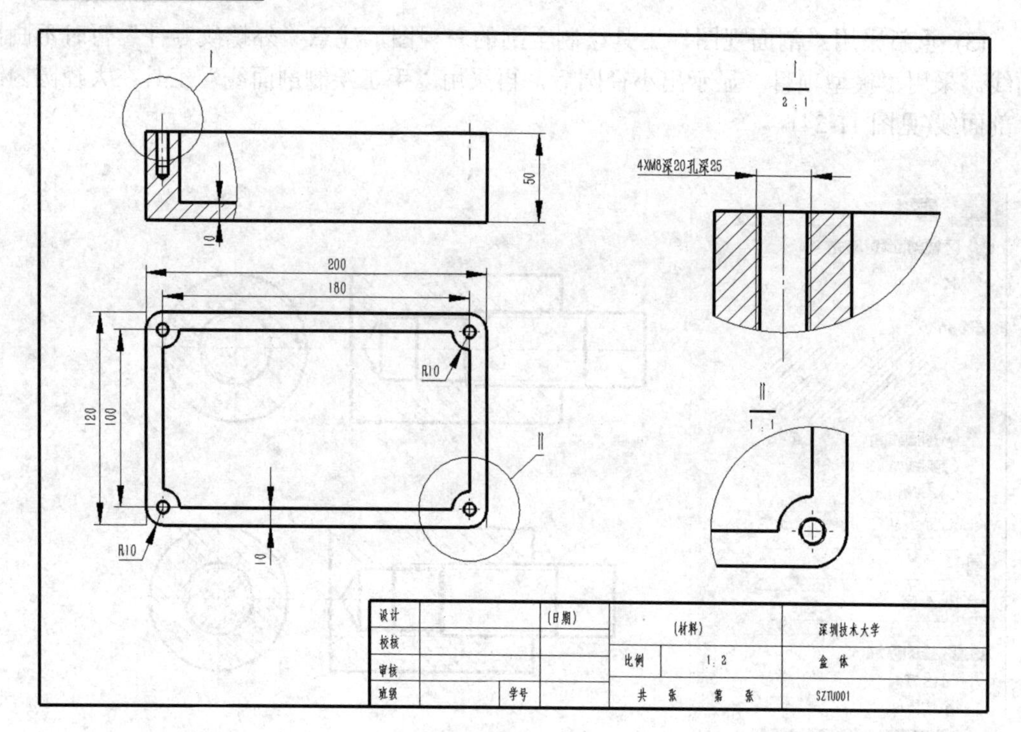
I
2:1
4XM8深20孔深25
50
10
200
180
R10
120
100
II
1:1
R10
10
设计
(日期)
(材料)
深圳技术大学
校核
比例
1:2
盒体
审核
班级
学号
共 张 第 张
SZTU001

图 11-26

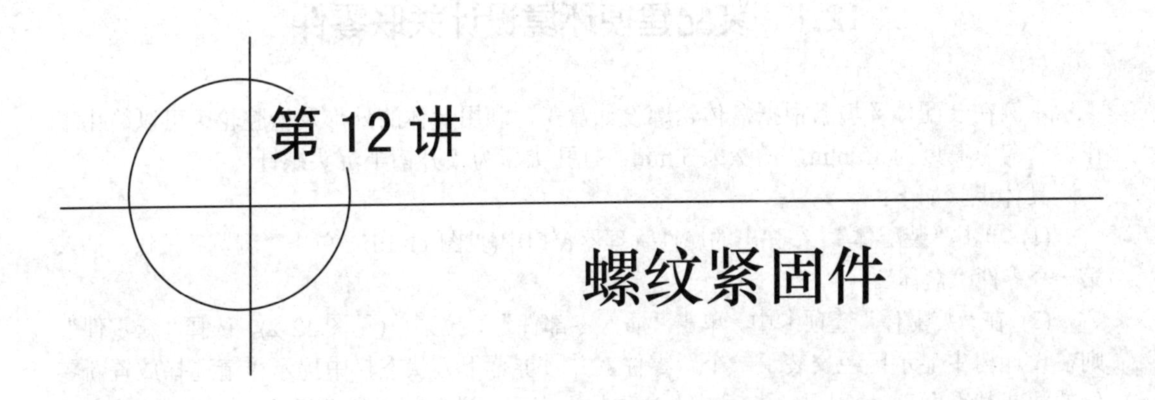

第 12 讲　螺纹紧固件

教学目标

(1) 学习在装配环境下的零件设计方法；
(2) 掌握装配体“配置”的使用及工程图视图调用。
(3) 掌握 Toolbox 中标准件的调用及编辑；
(4) 掌握螺纹紧固件在装配工程图中的画法。

在上一讲的课后作业中，布置了“盒体”3D 模型创建(见图 12-1)。本讲在此基础上，拟创建“盒子”装配体：在“装配体”模式下，借助于盒体的内外轮廓，创建新零件“盒盖”3D 模型，并学习使用“Toolbox”库，调用并插入标准件螺钉。最后完成该装配体工程图的创建。在本讲的学习中读者可以探讨螺纹紧固件在装配图中如何实现最接近“尺规作图”的规定画法。

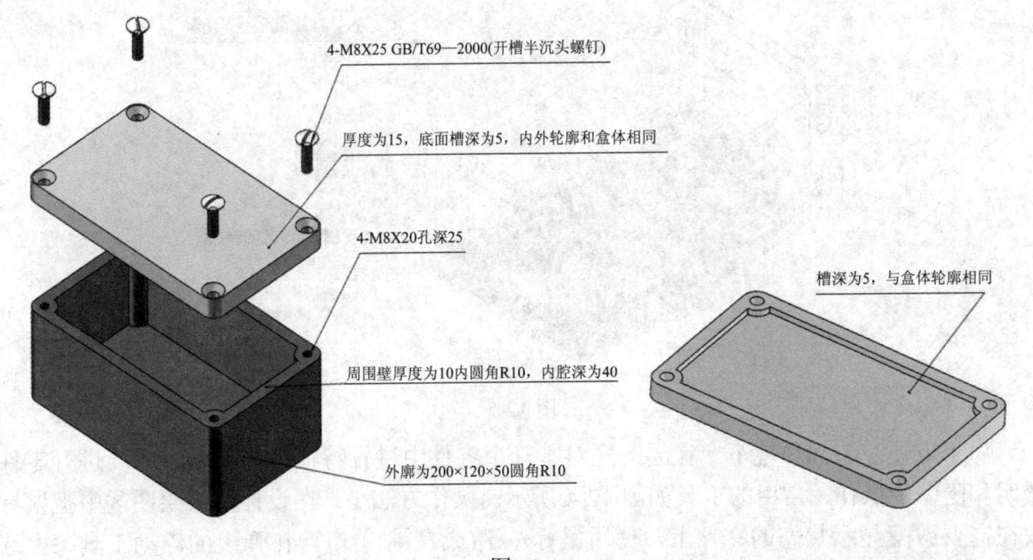

图 12-1

12.1 装配建模环境设计关联零件

本例在装配体环境下根据盒体轮廓设计盒盖，利用盒体的外形及槽腔轮廓可以简化工作。盒盖总高度为 15 mm，槽深为 5 mm，打孔类型为“开槽半沉头螺钉”。

具体步骤如下：

(1) 单击“装配体”，在弹出的属性管理器窗口中(见图 11-16)，单击“浏览”按钮，插入第一个零件“盒体”。

(2) 在“装配体”选项卡中，单击“插入零部件”下拉菜单(见图 12-2)，选择“新零件”，则在设计树中显示已经安装了一个新零件，并且屏幕下方状态栏中提示“请选择放置新零件的面或基准面”。使用鼠标左键单击盒体的上表面，进入新零件编辑状态，显示“建立草图”的界面，同时盒体半透明显示。运用“转换实体引用”将盒体的外轮廓转化为草图线条，如图 12-3 所示，并拉伸 15 mm。

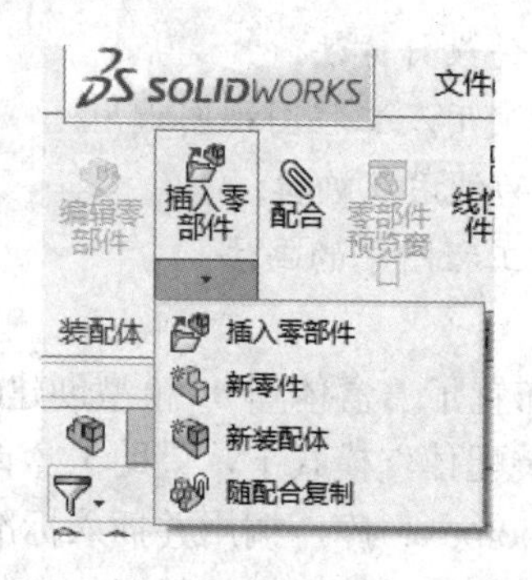

图 12-2

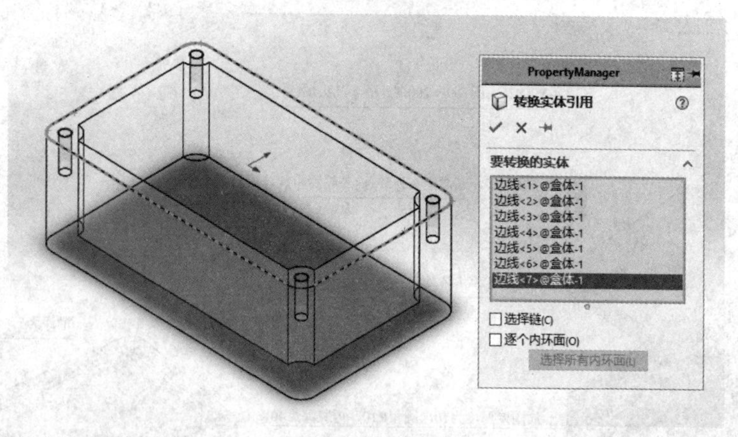

图 12-3

为了方便在装配环境下，在绘图区对某一个零件中进行特征选择，常常需要进行零件透明和隐藏的操作，常用的工具如图 12-4 所示。操作方法是：在设计树或绘图区中把鼠标放在需要改变显示状态的零件上，使用鼠标左键(或右键)单击，在弹出的浮动工具条上选择“隐藏”或者“透明”按钮即可(见图 12-4)；或者用鼠标左键单击选中零件后，在菜单栏中选择相应操作的快捷工具对所选零件进行显示状态的操作。

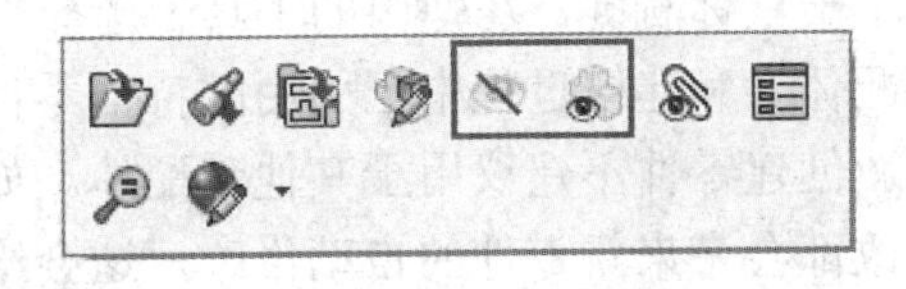

图 12-4

(3) 绘制盒盖凹槽。在绘制盒盖凹槽时，需要先将盒体隐藏，选择盒盖的下表面作为草绘平面，然后将盒盖进行“透明”操作，选择盒体上表面的内封闭边线，采用“转换实体引用”生成草图，拉伸切除 5 mm(见图 12-5)。

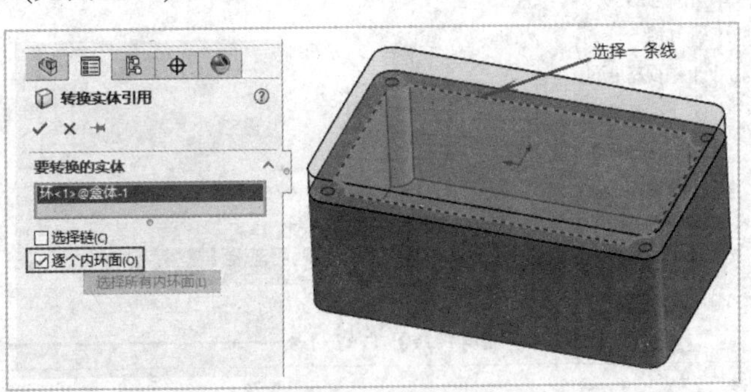

图 12-5

(4) 运用“异型孔向导”命令按照图 12-6 的设置在盒盖上创建开槽半沉头通孔。孔的位置可以利用与圆弧同心进行定位。单击“编辑零部件”按钮，即可退出零件编辑。

图 12-6

盒盖的保存方法有两种：一是保存为装配体内部的“虚拟零件”；二是保存为外部零件。建议采用后者。图 12-7 所示为新插入零件在设计树中的显示状态。可以在设计树中选中零件，单击鼠标右键，在弹出的工具中选择“保存零件(在外部文件中)”。新建零件都是通过“装配体”和建模过程中已引用的特征零件建立“关联”零件，该关联引用了零件数据，因此新创建零件不建议用于其他装配体。如果这种关联是正常的，则其他零件被引用特征的修改都会带来新零件的自动修改，这会给新产品的设计带来很大方便。为了保证这种正常关联和引用，建议保存方法为：在插入“新零件”之前先保存装配体为合适的文件名(后续不再修改)，插入“新零件”之后将新零件保存为外部文件。

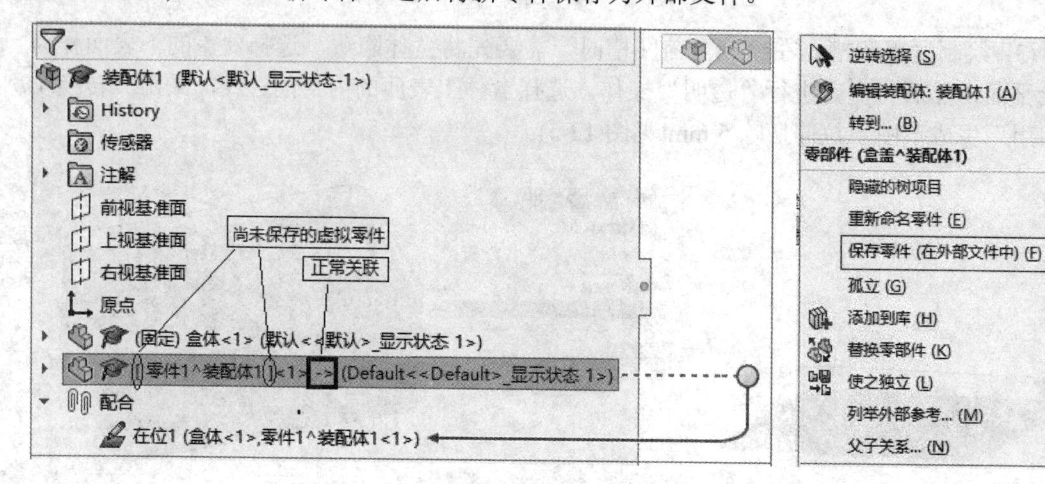

图 12-7

装配体有两种设计建模思路，分别是：

(1) 自下而上的设计法。先创建零件，然后将其插入装配体并根据设计要求配合零件，可以让设计者专注于单个零件的设计工作，比如上例中盒体的创建。

(2) 自上而下的设计法。从装配体开始设计工作，可以使用一个零件的几何体来帮助定义另一个零件，或生成组装零件后再添加加工特征，比如盒盖的创建。在实际设计工作中，经常将两种设计方法结合使用。

12.2 利用 Toolbox 工具生成螺钉

通过屏幕右侧“任务窗格”的第二个按钮“设计库”，如图 12-8 所示，可以调用 Toolbox。Toolbox 数据库中包括各种标准下的螺纹紧固件、键和销、齿轮、轴承等大量的文件数据，Toolbox 一般随着 SOLIDWORKS 软件的安装，存储在本地硬盘下。单击选项⚙，在弹出的窗口中可以查看“异型孔向导/Toolbox”安装文件夹。通常我们将“Toolbox”标准件或者已编辑了其结构的常用件(比如齿轮)单独存为一个外部文件，和装配体用到的其他非标准件保存在一个文件夹下，为了保证装配体正常打开，通常情况下，我们将“系统选项”中的“将此文件夹设为 Toolbox 零部件的默认搜索位置”复选框前的✔去掉，如图 12-9 所示。

选择库中型号合适的螺钉，拖拽到装配孔附近，系统会自动捕捉到装配关系，在弹出的“属性”管理器中配置参数，如图 12-10 所示，“螺纹线显示”有三个选项：“简化”不显示螺纹；“装饰”显示装饰螺纹线；而“图解”是真正地建立螺纹结构实体。为了便于装配体工程图中螺纹表达符合国家标准，此处选择“装饰”选项。

图 12-8

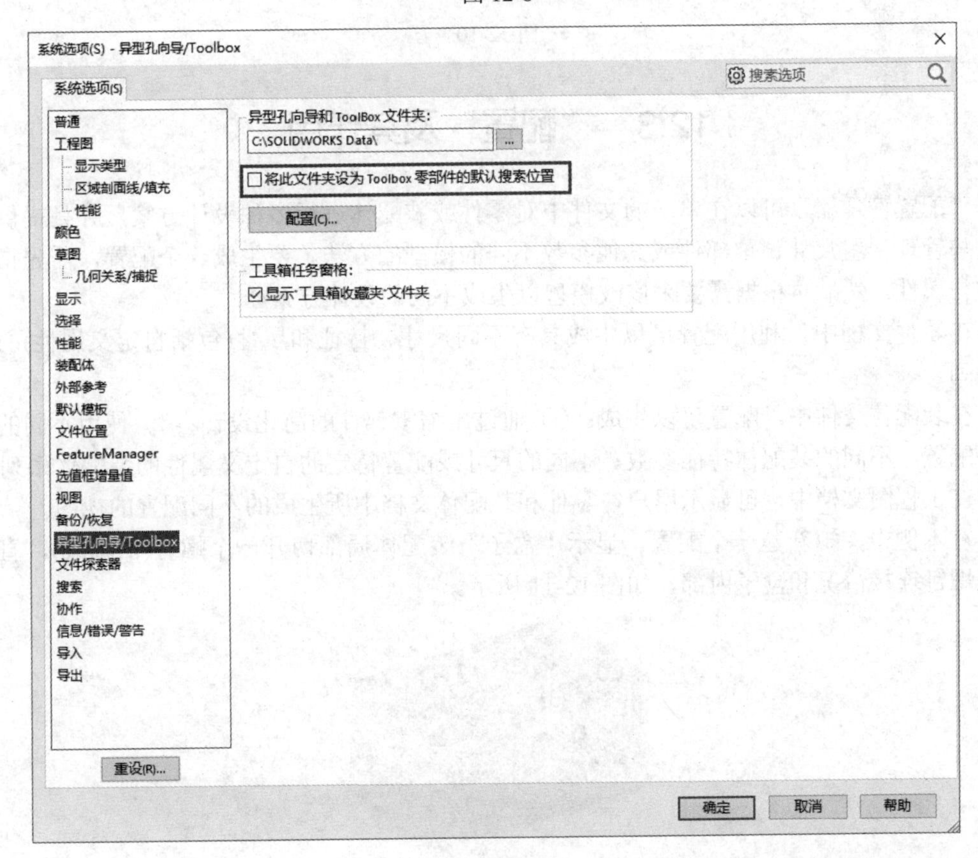

图 12-9

确定后完成其余三处螺钉的装配。

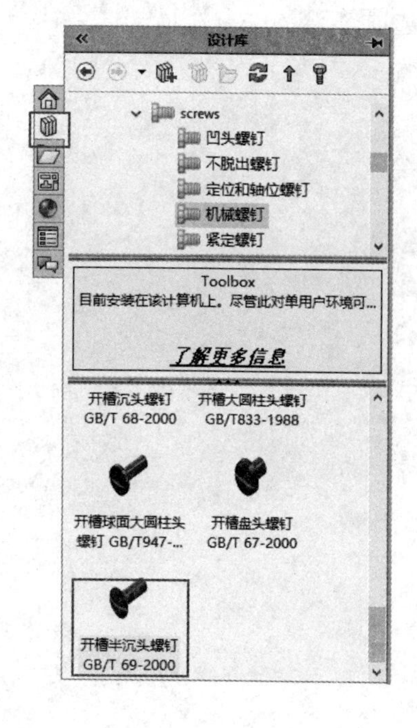

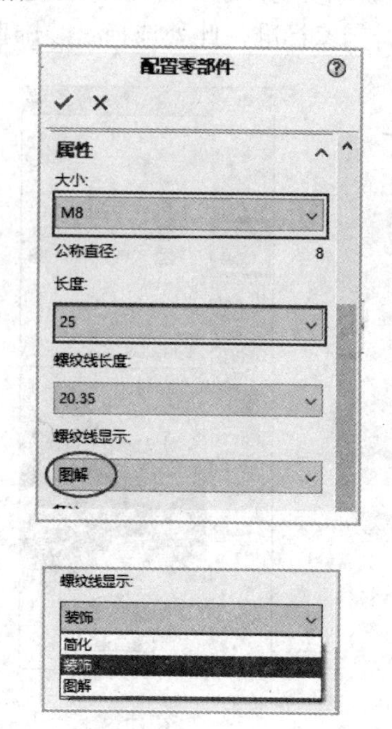

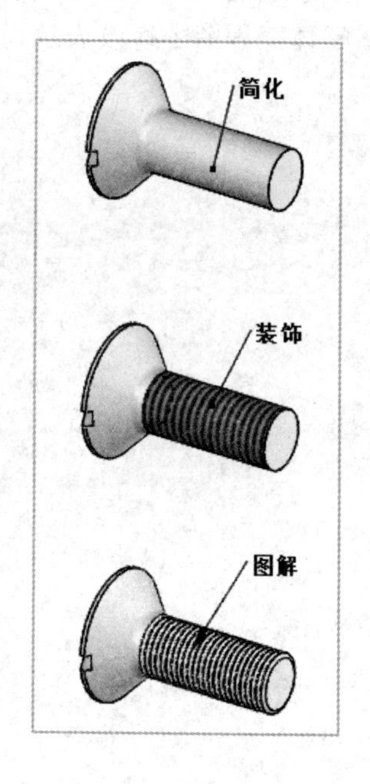

图 12-10

12.3 “配置”及其作用

“配置管理器”可以在单一的文件中对零件或装配体进行多种设计方案，并且提供了开发与管理一组尺寸、零部件或其他参数不同的模型的方法。要生成一个配置，需先指定名称与属性，然后再根据需要来修改模型以生成不同的设计方案。

在零件文档中，利用配置可以生成具有不同尺寸、特征和属性(包括自定义属性)的零件系列。

在装配体文件中，配置可以生成：① 通过压缩零部件的简化设计；② 使用不同的零部件配置、不同的装配体特征参数、不同的尺寸或配置特定的自定义属性的装配体系列。

在工程图文档中，可显示用户在零件和装配体文档中所生成的不同配置的视图。

在本例中，拟新建一个配置，显示“盒子”装配体局部切开一个螺钉(沿轴线)，直观看到螺钉连接情况和盒子内部，如图 12-11 所示。

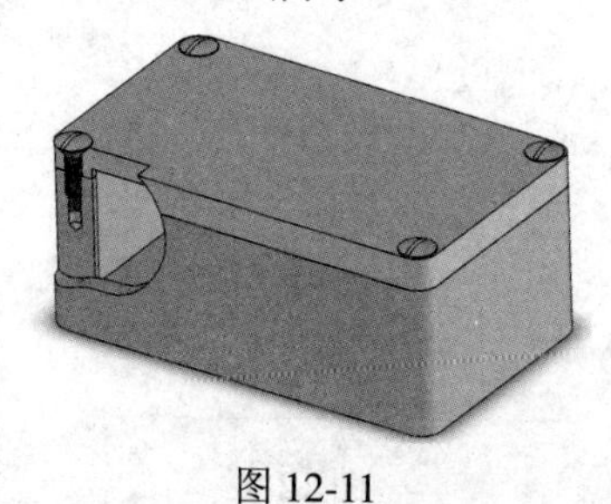

图 12-11

具体步骤如下：

(1) 在完成盒子装配体建模后，选择“配置管理器”选项卡，在空白处单击鼠标右键，在弹出的菜单中选择“添加配置...”，将“配置名称”命名为“螺钉局部剖”，完成后单击“确定”按钮，如图 12-12 所示。

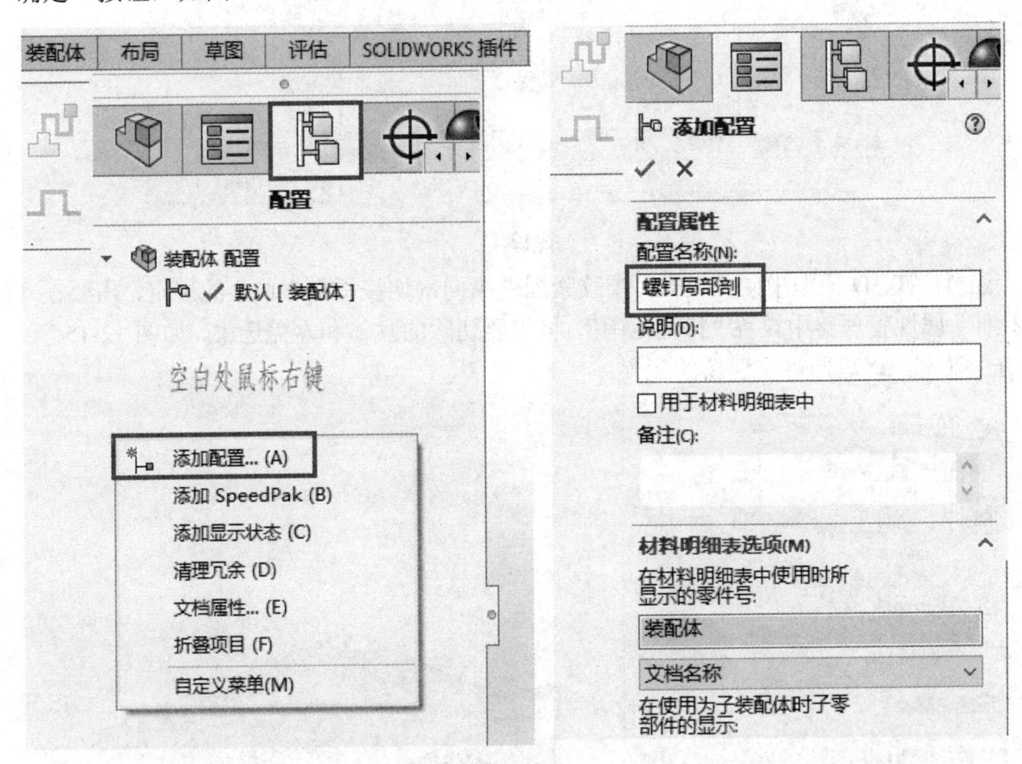

图 12-12

(2) 利用“草图”中的“样条曲线”工具 ，选择盒体前侧平面作为草绘平面，绘制局部剖的区域，如图 12-13 所示。

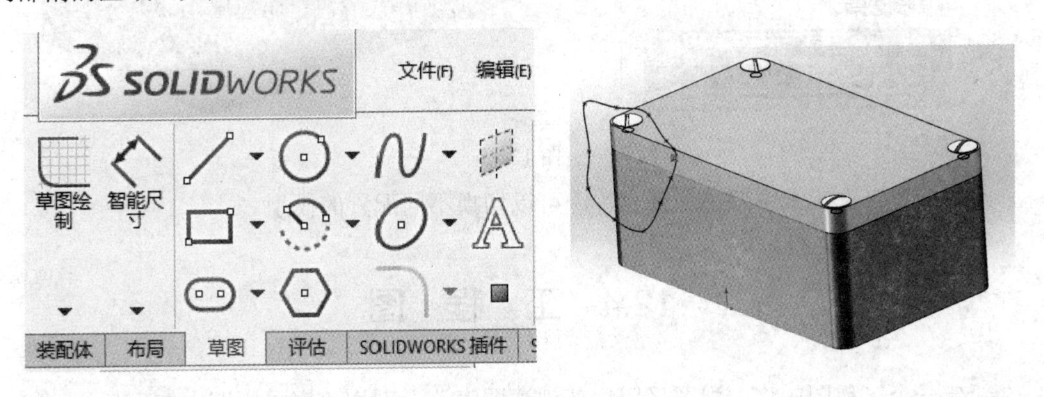

图 12-13

(3) 利用“装配体特征”下拉菜单中的“拉伸切除”工具(见图 12-14)，将此区域切除到螺钉轴线(给定深度为 10 mm)。

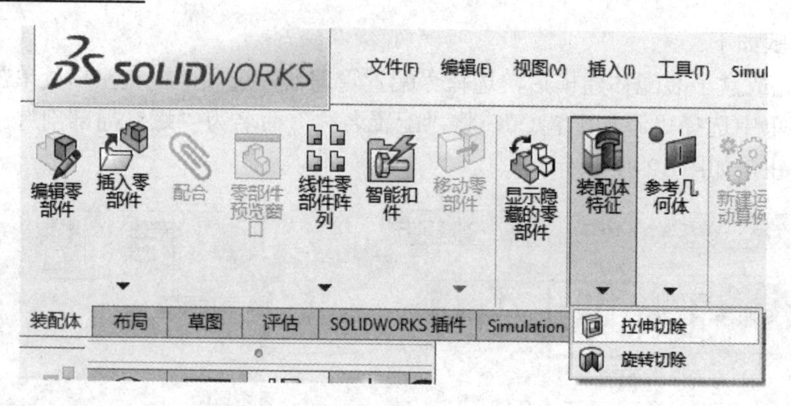

图 12-14

注意：在 3D 模型中同样遵循“螺纹紧固件纵向剖切按不剖来画”的规定，需要在“切除拉伸”属性管理器中设置“特征范围”，将需要切除的盒体和盒盖选中，如图 12-15 所示，单击“确定”✔后即可实现新的配置。

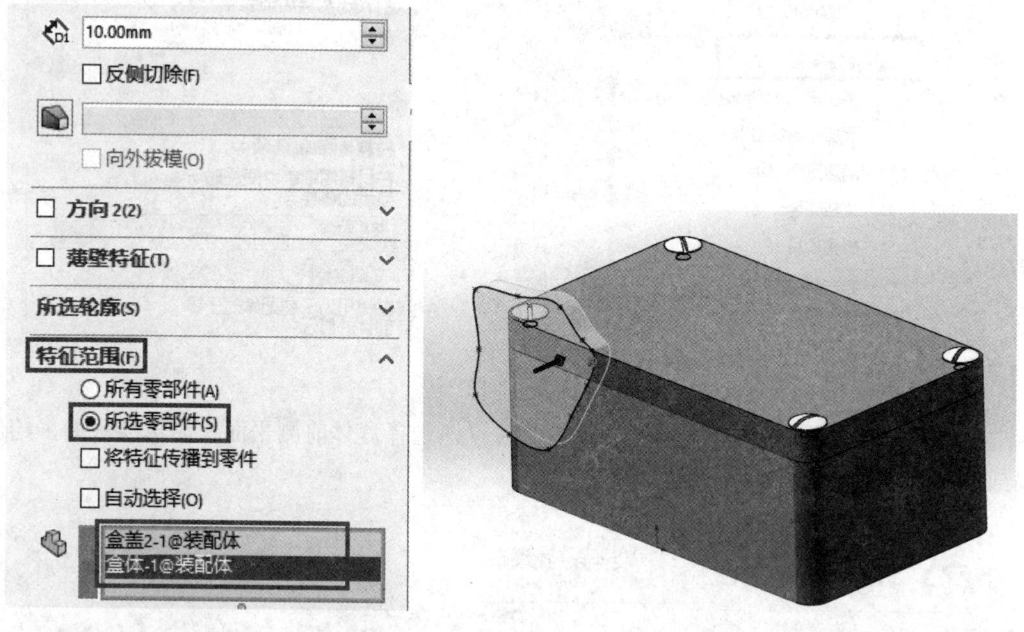

图 12-15

在“配置”选项卡中双击配置名称，可以切换不同配置的模型。

12.4 工 程 图

新建一个工程图，将主视图采用局部剖视图表达，剖切深度采用图中左下角的螺钉头投影圆确定，隐藏各视图的虚线。采用前面学过的“模型项目”→“注解”→“装饰螺纹线”的设置方法，将螺纹显示出来(见图 12-16)。

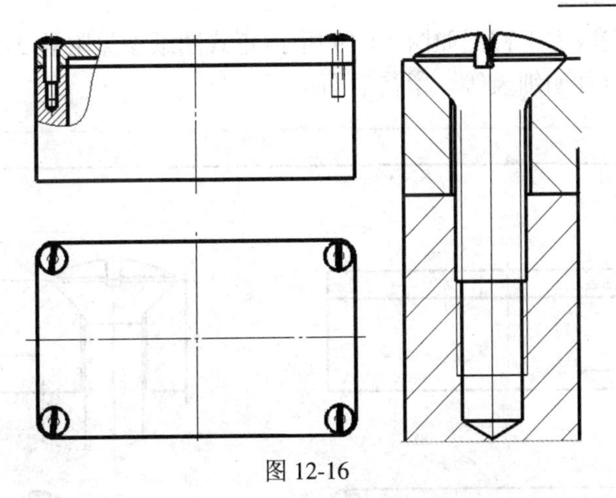

图 12-16

出现的问题及处理方式：

(1) 螺钉头上的直槽方向按装配的实际位置投影(这一点和国家标准规定不同，但并不影响读图)，在装配模型下，手动拖拽转动螺钉，使其槽线方向尽量规整，以便在装配工程图中显示规范。

(2) 在剖视图中，除了螺纹终止线外，其他表达都符合国家标准，可以采用“草图”中的直线手动绘制。

(3) 未剖切的螺钉连接以及俯视图多出部分线条的处理方法是：选中该视图，在属性管理器中，将螺纹装饰线设置为“高品质”显示(见图 12-17)，可以将这些多余线条消除。

在装配体的工程图中，其视图可以将部分零件的隐藏线显示(见图 12-18)。比如，在该例中，我们可以将俯视图中盒盖下表面凹槽的轮廓线(和盒体空腔部分相同)显示，这样可以更多地表达盒子内部形状的特征。具体操作：选择俯视图，在弹出的属性管理器中单击“更多属性”，在弹出的窗口中选择“显示隐藏的边线”，在绘图区中选取“盒盖”。盒盖被挡住的边线(虚线)就全部显示出来了。

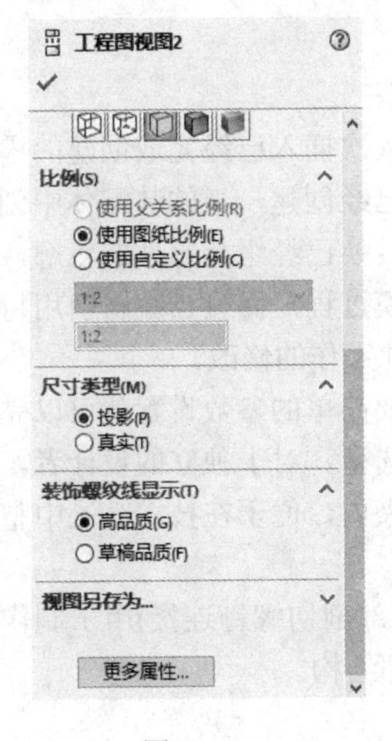

图 12-17

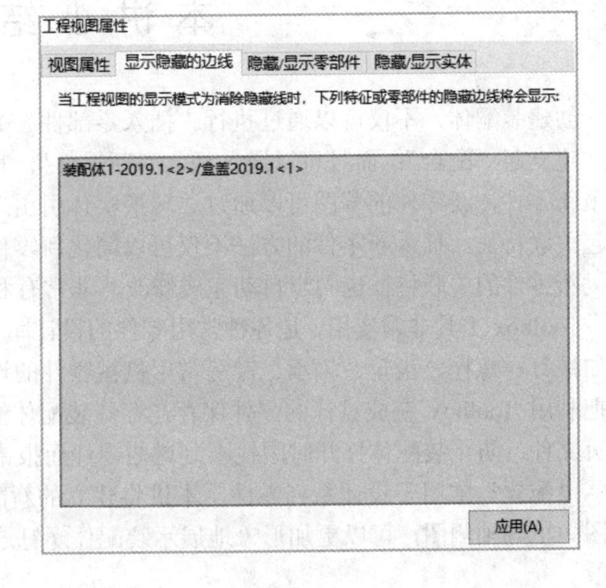

图 12-18

经过调整后，完成的工程图如图 12-19 所示(正式图纸参见附录 2)。该工程图中的内容仍然不完整，比如零件明细表等，留待后面讲解。

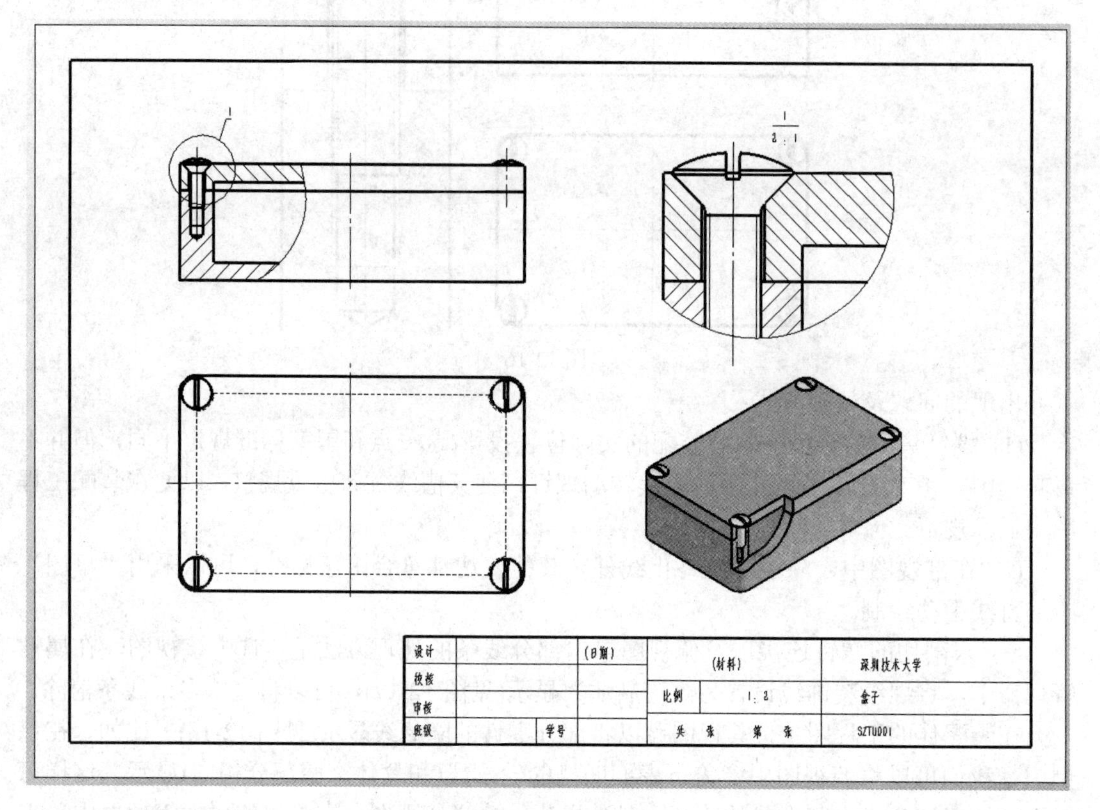

图 12-19

本讲小结

创建装配体，不仅可以通过执行“插入零部件”命令，依次插入已经完成创建的零部件并建立起“配合”；而且可以通过插入“新零件”，直接在已经创建一半的装配体中创建一个新零件，新零件的草图可以通过“转换实体引用”命令转换已经组装零件的轮廓，建立起关联特征。插入新零件的方法不仅可以简化新零件的建模过程，而且当编辑引用特征时，新零件的关联特征也同步自动完成修改，非常有利于设计工作的修改。

Toolbox 工具非常实用，是各种常用零件的设计库，只需要简单的参数设置就可以完成诸如螺钉、螺栓、齿轮、轴承、键等常用机械零件的设计和选型。对于独立的设计者，建议把利用 Toolbox 完成设计的零件保存在存储装配体的文件夹内，便于在技术交流中整体拷贝文件，防止装配体打开时因找不到这些零件而报错。

“配置”常用于设计系列零件，本讲将建立的新配置(局部剖切螺钉连接)用于制作工程图中正等轴测图，可以更加形象地展示装配体螺钉连接内部结构。

课 后 作 业

通过软件操作，验证并回答如下问题：

(1) 采用螺钉把两个零件连接在一起，为何靠近螺钉头侧的零件是光孔而不能设计成螺纹孔？采用异型孔向导制作这个光孔时，如何确定其直径？

(2) 在装配环境下设计新零件，保持它与其他已经装配零件的关联性非常重要，如何通过设计树判断关联的有效性？在保持关联特征有效性这个问题上，请通过软件进行操作测试并给出相应总结。

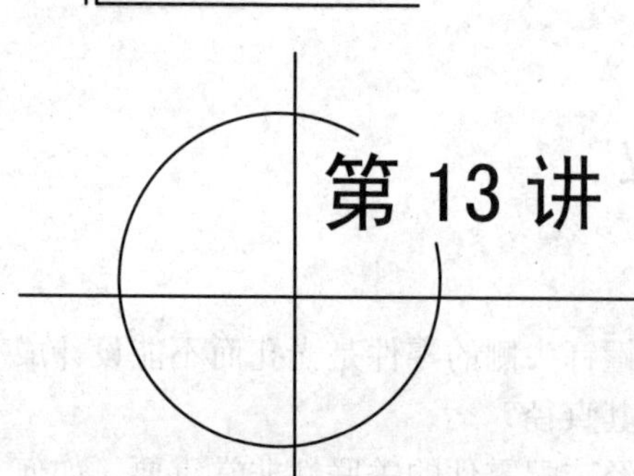

第 13 讲 齿轮、键及其装配

教学目标

(1) 掌握 Toolbox 中齿轮零件的调用及编辑;
(2) 学习齿轮装配的创建方法;
(3) 了解 SOLIDWORKS 中齿轮啮合工程图与国家标准规定画法的差异。

齿轮机构作为机械上最常用的机构之一，往往通过键连接装配在轴上。本讲通过一对直齿圆柱齿轮啮合的例子，学习使用 SOLIDWORKS 软件进行齿轮装配体建模及其工程图创建。

预习齿轮基本参数知识点及齿轮工程图规定画法、平键选取及画法、轴上键槽和轮毂键槽的标注方法。创建如图 13-1 所示的轴的三维模型。在建模时注意键槽的创建方法，按图示方法选择草图基准面和拉伸切除设置。

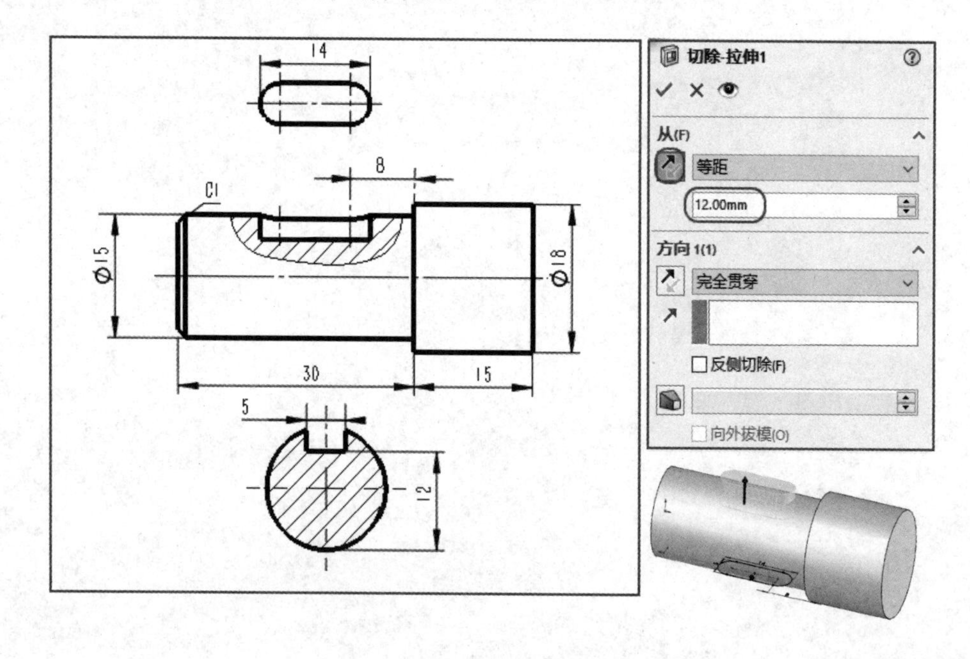

图 13-1

13.1　齿轮的创建及编辑

已知齿轮模数 $m=2$，小齿轮齿数 $z_1 = 20$，大齿轮齿数 $z_2 = 31$，大齿轮为孔板式结构，小齿轮为实心式结构，轴孔直径均为 $\phi 15$，键槽按轴径查表选取，创建齿轮。下面以结构稍微复杂的大齿轮为例。

首先对 SOLIDWORKS 软件进行简单设置。齿轮除了轮齿部分的形状取决于模数、压力角和齿数，安装轴孔、键槽以及轮辐部分的结构需要根据实际情况进行设计，因此在应用 Toolbox 生成齿轮时，除了配置其主要参数(模数、齿数、宽度、轴孔及键槽)，还要对其他结构(比如腹板、倒角等)进行建模，并且将编辑过的齿轮保存为一个新零件，以便顺利打开相关的装配体模型。这就需要取消“将此文件夹设为 Toolbox 零部件默认搜索位置”，如图 13-2 所示，需要去掉前面复选框中的“ √ ”。

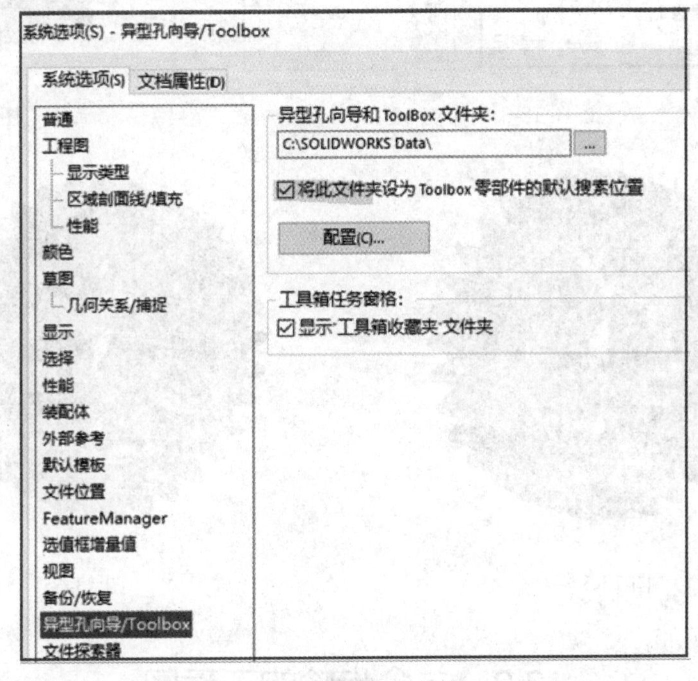

图 13-2

具体步骤如下：

(1) 生成并配置零部件。打开软件后，在 Toolbox 中找到需要的齿轮种类，单击鼠标右键，在弹出的菜单中选择“生成零件...”。在“配置零部件”管理器中设置模数、齿数、面宽、标称轴直径(见图 13-3)等，其中，压力角为标准压力角 20°，毂样式选择“类型 A”，键槽选择“方形(1)”，经检查，生成得到的键槽尺寸符合 GB/T1095—2003，如图 13-4 所示。

(2) 将齿轮另存为文件名“大齿轮”，保存在自定义的文件夹中，然后进行孔板结构的设计，如图 13-5 所示(尺寸见附录 3 齿轮零件图)。

(3) 在齿轮端面上，为其绘制一个草图，草图上只有一条中心线(沿轴心向下)作为标志线(见图 13-6)，对准“齿厚的中心”，便于装配时对准小齿轮的齿槽中心，防止装配干涉产生。

注意：小齿轮端面上的标志线要竖直向上，对准齿槽的中心。

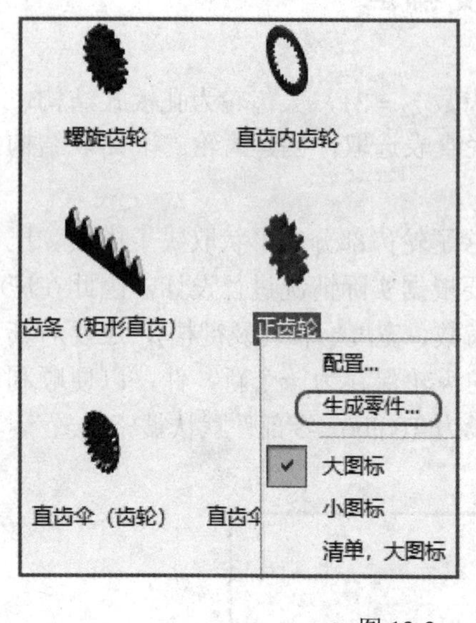

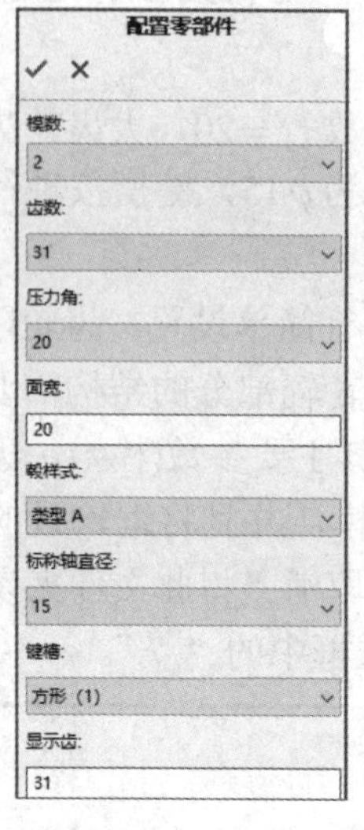

图 13-3

图 13-4

图 13-5

图 13-6

13.2 单个齿轮的工程图

单个齿轮的工程图一般用非圆视图和端(圆形)视图来表示，本节只讨论软件实现非圆视图剖视的方法。按照国家标准，尺规绘图中不必绘制实际轮齿轮廓形状，在圆形视图中，齿顶圆用粗实线，齿根圆用细实线或者省略不画；在剖视图中，齿顶线和齿根线都用粗实线且轮齿部分不画剖面线。

实际上，在 SOLIDWORKS 中实现上述国家标准画法并不容易，因为 SOLIDWORKS 工程图是由实际的 3D 模型直接投影的，不能实现国家标准中简化的规定画法。考虑到人们的读图习惯，在 SOLIDWORKS 中，单个齿轮的工程图可采用灵活的处理方式：

(1) 首先生成圆形视图。

(2) 对于单数齿齿轮，采用旋转剖视的方法绘制非圆视图，注意剖切面要垂直通过两侧齿槽、腹板孔、键槽，保证在剖视图中能够反映实际形状。

(3) 采用草图“直线”工具补全分度圆($d = mz$)和分度线，可以采用“智能尺寸”确定其准确位置，采用注解“中心线”补齐其他轴线等。

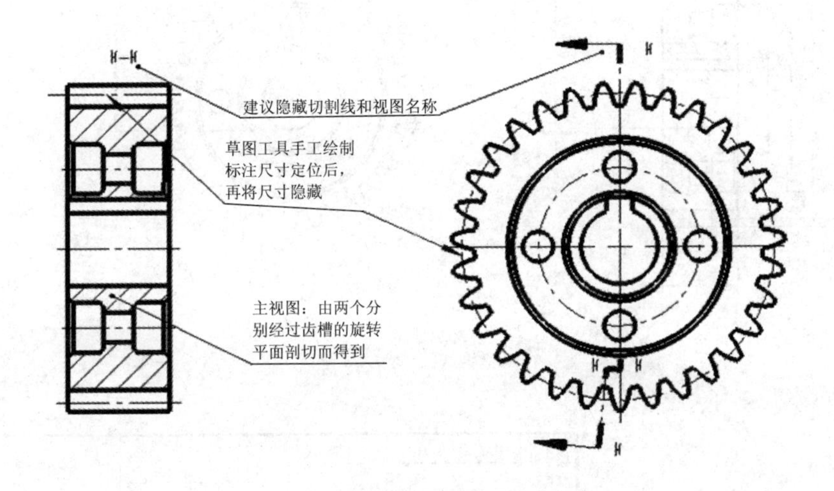

图 13-7

选择“注解”选项卡的“表格”工具下拉菜单中的“总表”，插入表格，设置表格的行数、列数、边框以及内部线形粗细，输入齿轮参数名称及数值，必要时可以使用鼠标左键拖拽合并单元格，或者选中整行删除(见图 13-8。希腊字母(比如压力角 α)可以在其他文本程序中(比如 Word)输入后粘贴进来。

总表
孔表
材料明细表
修订表
焊接表
折弯系数表
冲孔表

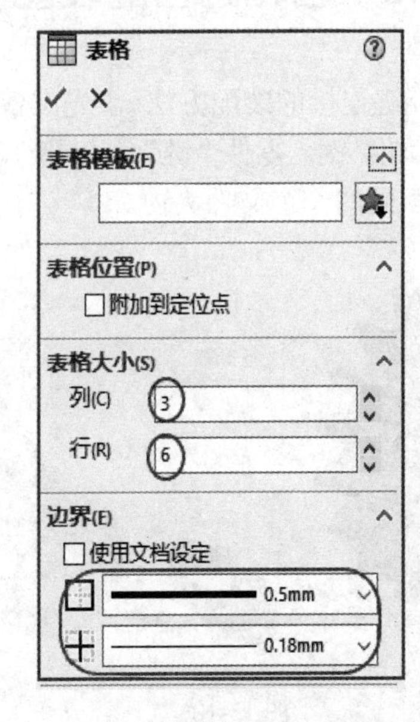

模数	m	2
齿数	z	31
压力角	α	20
变位系数	x	0
精度等级	8-7-7HK	
配对齿轮	z	20

图 13-8

最后完成的工程图如图 13-9 所示(正式图纸见附录 3)。

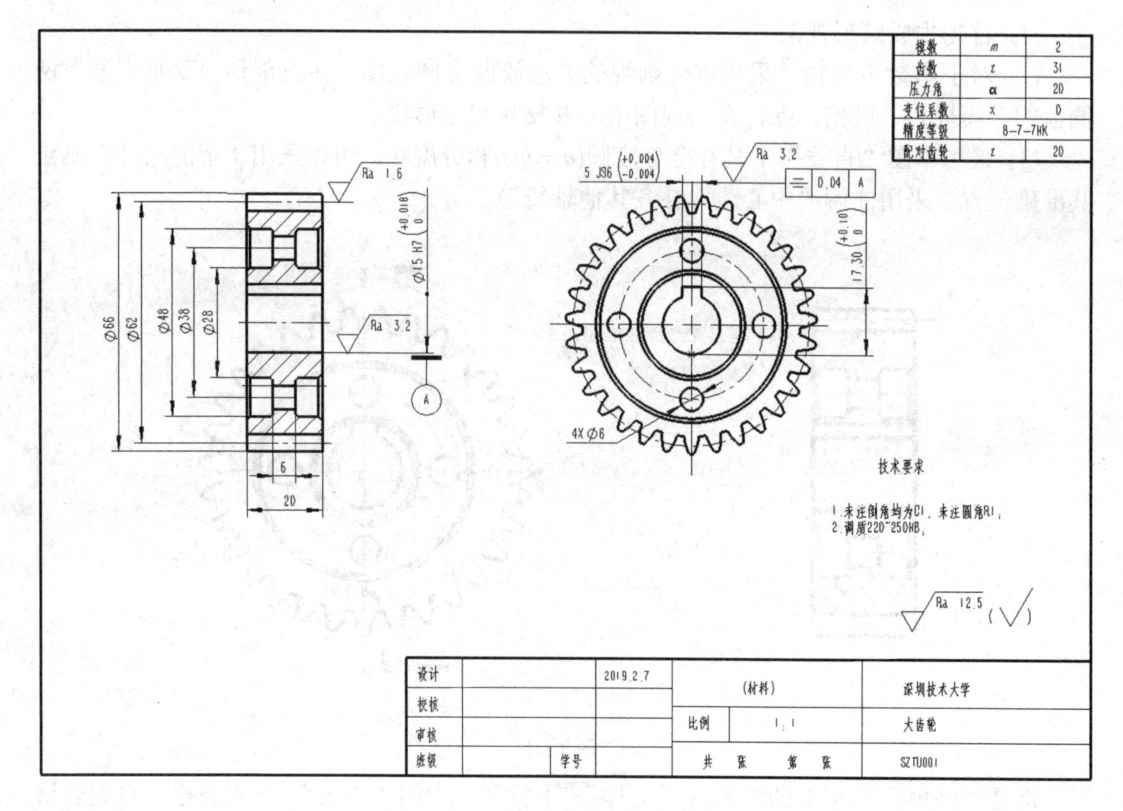

图 13-9

13.3 齿轮啮合的装配

本节介绍一对齿轮啮合、轴及键连接的装配方法。事先准备好各零件的 3D 模型文件(见图 13-10，包括轴、大齿轮和小齿轮、键。零件“键”可以用 Toolbox 生成，为了便于管理，建议另存到与上述 3D 模型文件相同的一个文件夹内。

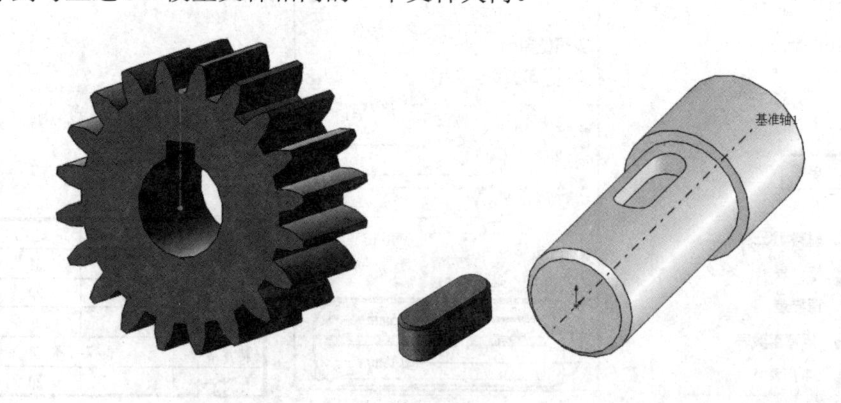

图 13-10

安装在轴上的齿轮及键往往随着轴一起转动，传递动力，这类轴同时承受转矩和弯矩称为转轴。使用 SOLIDWORKS 软件建立装配模型时，第一个插入的零件系统默认为机架，是固定不动的。在本例中，因为没有其他的零件作为机架，所有的零件都需要绕轴线转动，为了使两根传动轴及齿轮都能达到转动的效果，首先要设计一个虚拟的参考零件，作为机架第一个插入装配体，同时可以定位后续安装的传动轴。具体步骤如下：

(1) 新建一个包含两个基准轴(竖直距离等于中心距，$a = \dfrac{mz_1 + mz_2}{2} = 51$)以及与其垂直的基准面(用于轴向定位两传动轴)的零件，保存为“中心距”，如图 13-11 所示。

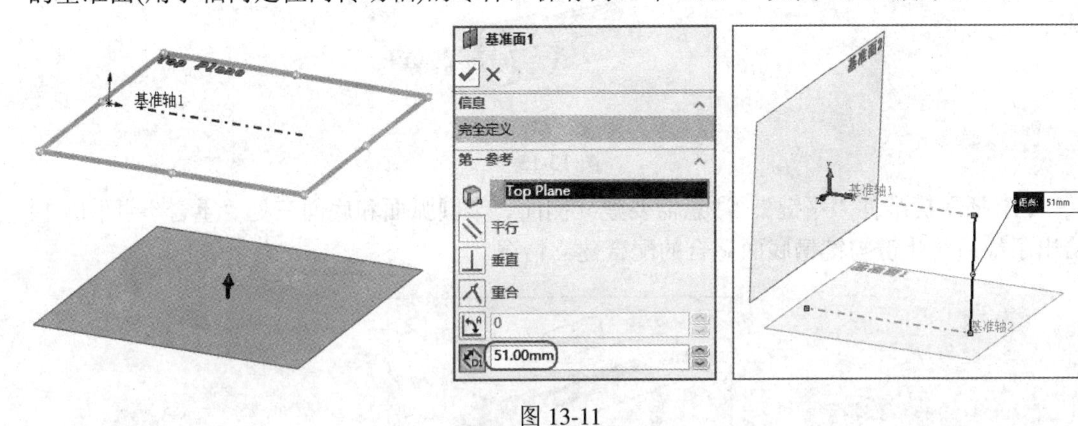

图 13-11

(2) 新建装配体文件，将其插入刚刚创建的“中心距”零件，设置如图 13-12 所示，显示基准面、基准轴。

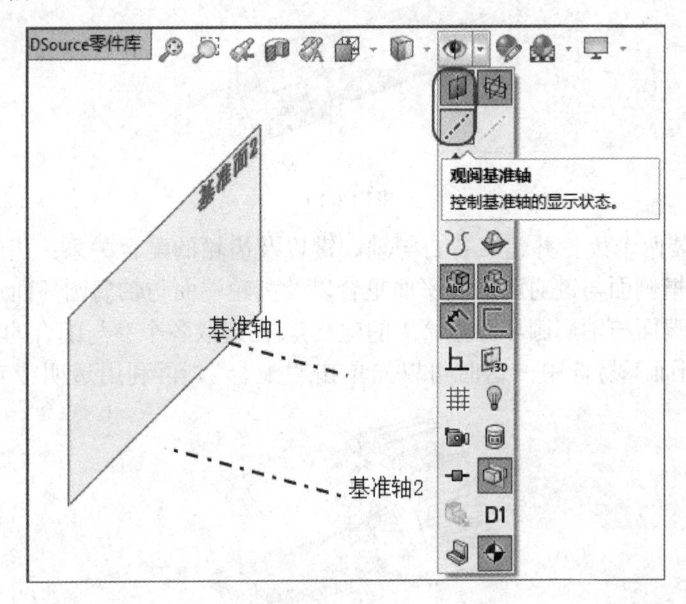

图 13-12

(3) 插入轴，建立轴线和基准轴 1 重合，按住 Ctrl 键，拖拽轴至基准轴 2，复制一个轴，使其轴线和基准轴 2 重合。分别建立两个轴端面和基准面 2 重合的配合(见图 13-13)。确认无误后，可以隐藏基准轴和基准面。

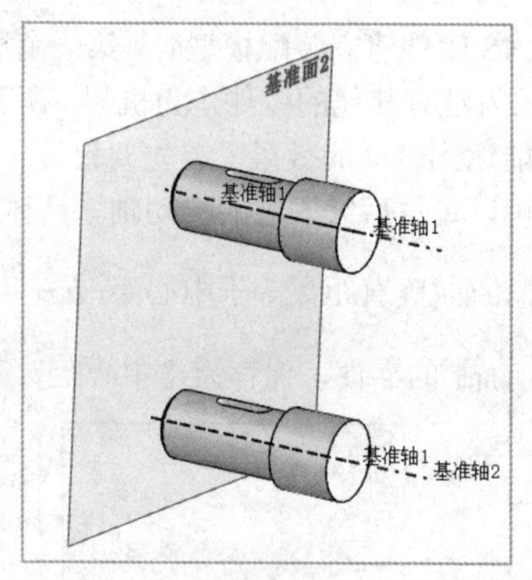

图 13-13

(4) 插入标准件“平键”。注意需要建立侧面、半圆弧面和底面三处“重合”，图 13-14 给出了最后一步键与键槽底面重合的配合建立情况。

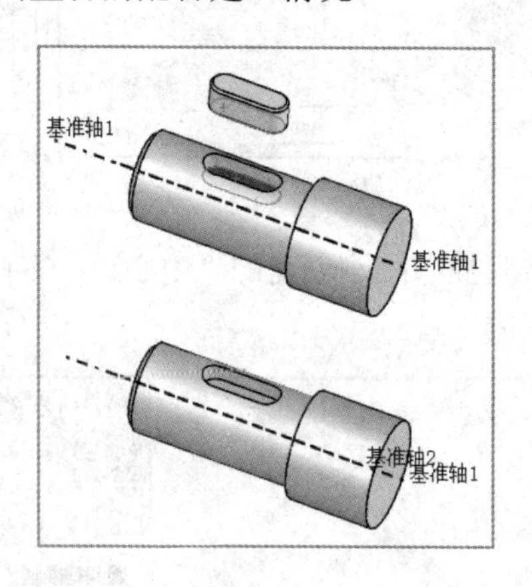

图 13-14

(5) 依次安装两个齿轮并建立各自与轴、键以及齿轮的配合关系：齿轮轴孔与轴圆柱面同轴，轴孔键槽侧面与键对应的侧平面重合以及齿轮端面与轴肩圆环面重合(图 13-15 为最后一步“齿轮端面与轴肩圆环面重合”的建立)。在选取各个参与配合的特征面时，有时因为实体的遮挡而不易选中，这时可以先单击“配合”，再利用透明或者隐藏等工具将

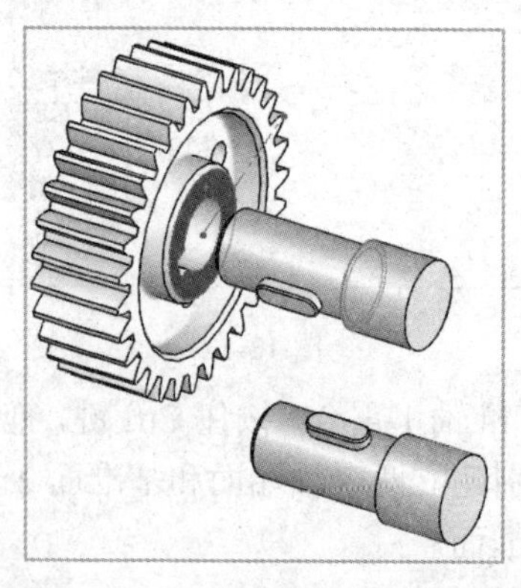

图 13-15

某些零件隐藏起来。优化建立配合的顺序也可以避免难以选取配合面的情况出现，比如在装配大齿轮时，按照“轴孔侧平面与键测平面重合→轴孔与轴圆柱面同轴→齿轮端面与轴肩圆环面重合”的顺序就比较容易操作了。

(6) 将两个齿轮标志线“重合”，以使两个齿轮啮合处不发生重叠干涉，如图 13-16 所示。因为标志线为附着在齿轮端面上的草图，建立起标志线重合后，两个齿轮不能发生转动，相当于固定了。

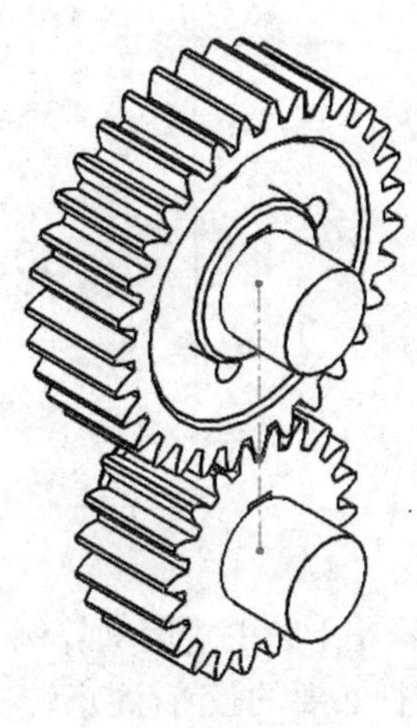

图 13-16

(7) 在“配合”属性管理器中选择“机械配合”→“齿轮”，如图 13-17 所示，选择两个齿轮的齿顶圆弧(或者齿根圆弧)，输入传动比(各自齿数)。压缩上述建立的标志线“重合”后(见图 13-18)，用鼠标左键拖动齿轮转动，确认两个齿轮是否建立起正确的传动配合。

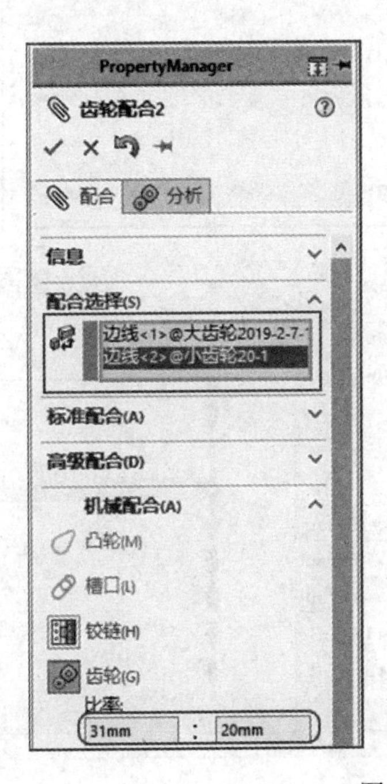

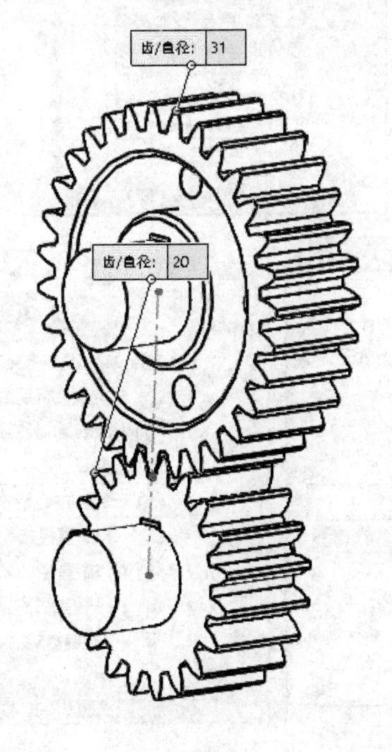

图 13-17

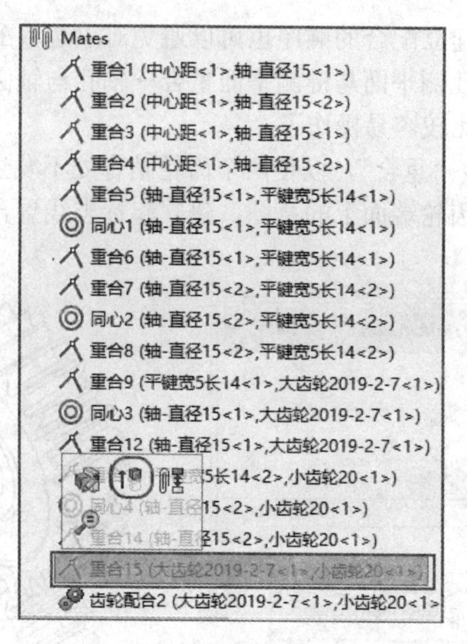

图 13-18

(8) 单击屏幕左下角的“运动算例”，在弹出的窗口中选择“旋转马达”为小齿轮添加马达，然后进行必要的设置(注意转速不要设置太大，此处为 5 r/min)，就可以生成一段自动旋转的动画(见图 13-19)。

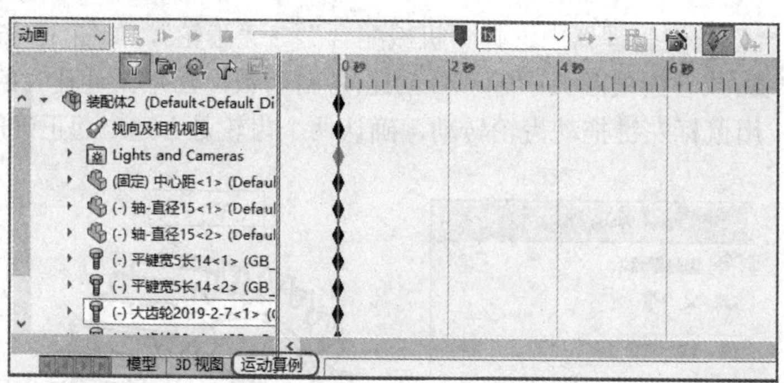

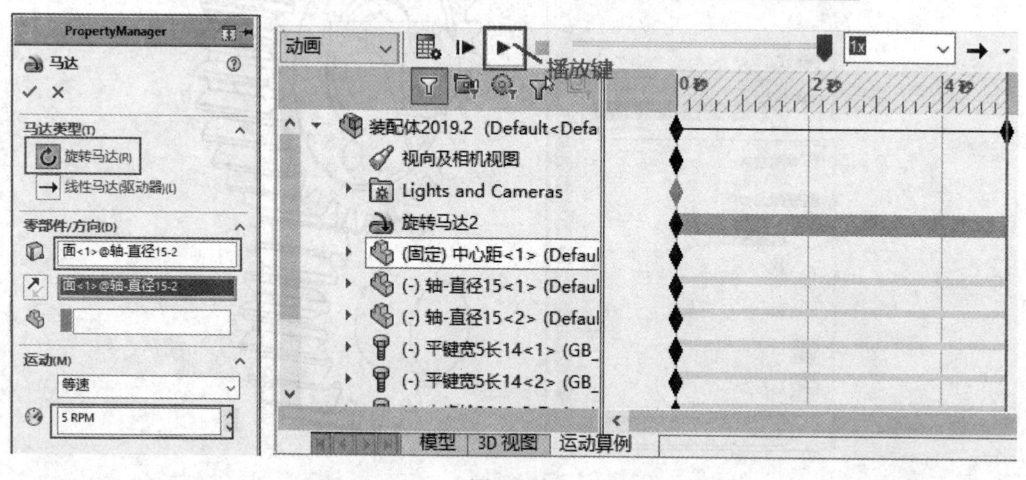

图 13-19

13.4　齿轮啮合工程图

在创建工程图之前，先将 3D 模型中两个齿轮的回转位置恢复至标志线重合状态。这时只要将“齿轮配合”进行压缩，而将之前的基准线重合解压缩即可。

创建全剖视主视图时，按照国家标准规定，实心轴、平键纵向剖切不画剖面线，在弹出的“剖面范围”中分别选中这些零件，注意还要取消“不包括扣件”选项，如图 13-20 所示。

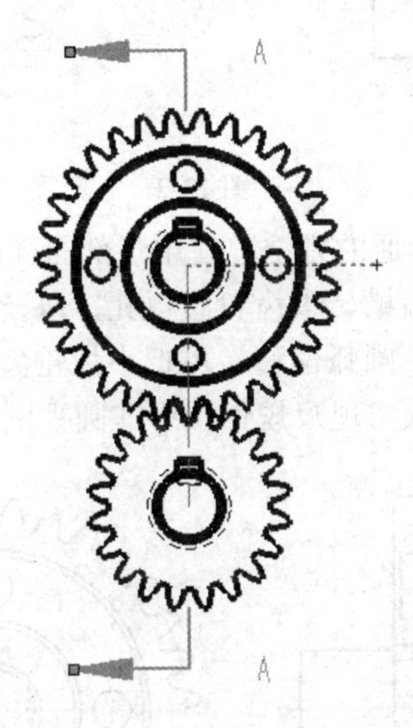

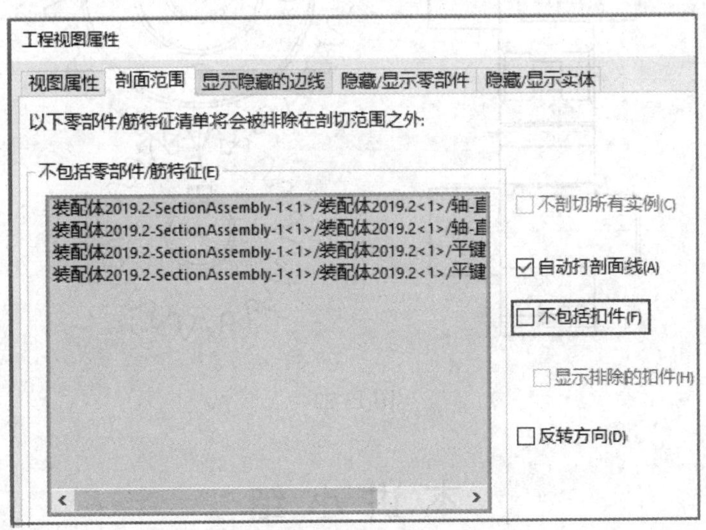

图 13-20

按照前述绘制单个齿轮工程图的方法，将分度线、分度圆采用“草图”工具添加在视图上，检查剖面线是否符合要求。最后得到的视图如图 13-21 所示，可以发现轮齿啮合部位不符合规定画法。

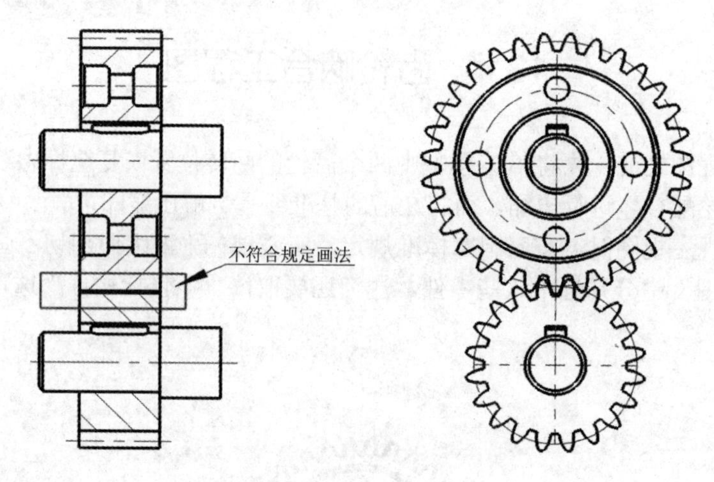

图 13-21

如图 13-22 所示可以采用变通的方法：使用“剖面视图”工具中的切割线绘制通过小齿轮中心孔和键槽、小齿轮齿槽、大齿轮腹板孔，以及大齿轮中心孔和键槽的多个剖切面，在此操作中，两次弹出的“圆弧偏移”可把小齿轮齿槽的剖切面形状“旋转”至竖直面，最终得到的剖视图可以大致实现尺规作图中非圆视图的规定画法(参见附录 4)。

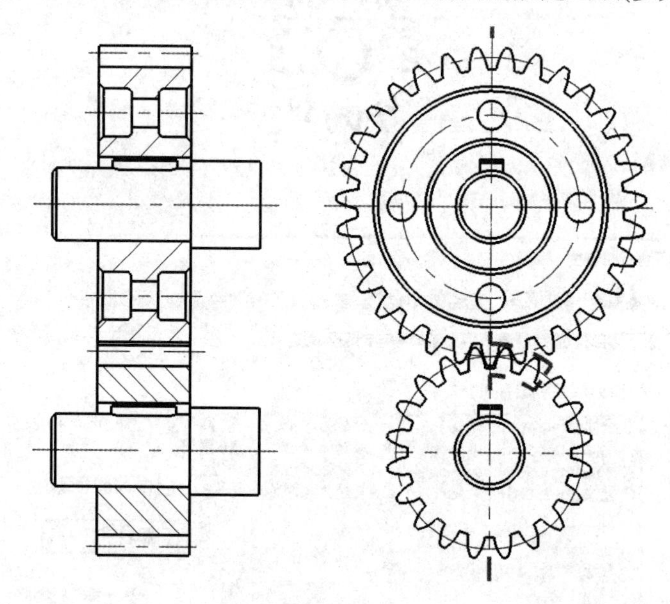

图 13-22

本讲小结

齿轮作为机械中常用的传动零件，常常采用键连接(标准件)安装在轴上。确定轮齿形状和尺寸的参数(模数、齿数和压力角)已经标准化，在传统制图中没有必要按照实际投影，并且精确画出齿廓形状也很困难，所以有明确的规定画法加以简化。

Toolbox 工具可以很方便地生成齿轮，只需要对键槽、齿宽进行简单设置就可以得到一个实心结构的齿轮，如果是轮辐式结构或者腹板式结构，尚需进一步编辑。制作齿轮或者齿轮啮合的工程图时，由于软件的“照实投影”原则，不能直接实现传统制图中的规定画法，但一般也不会影响读图。

制作齿轮啮合的装配模型，本讲介绍了一个技巧解决轮齿啮合部分干涉问题，那就是预先建立一个冗余装配把齿槽和齿厚对准，在建立齿轮啮合的关系后，再压缩掉之前那个冗余装配。

课后作业

(1) 键是标准件吗？如何确定键连接中键槽和键的尺寸？ Toolbox 中提供的数据库是否符合国家相关标准？

(2) 尝试采用 Toolbox 创建其他类型的齿轮及其工程图(至少两种)。

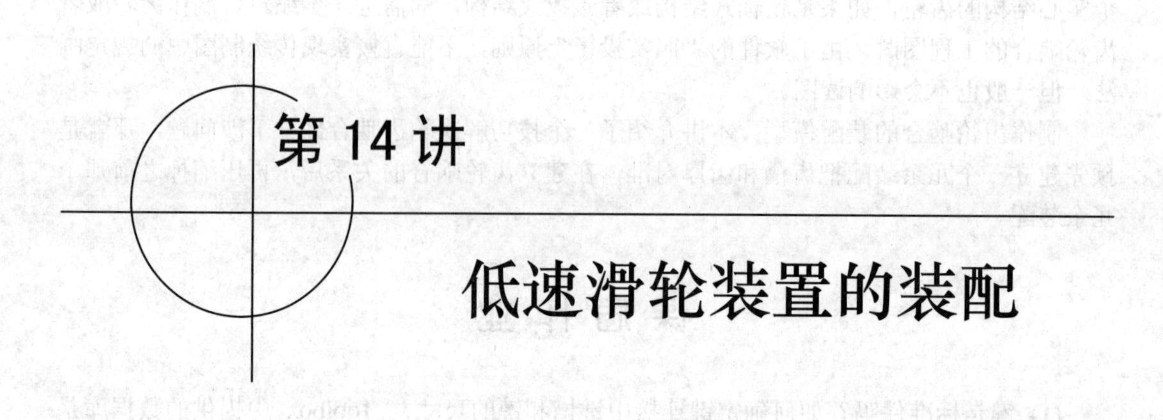

第 14 讲

低速滑轮装置的装配

教学目标

(1) 掌握多零件装配体建模的一般步骤;

(2) 掌握装配工程图中全剖视图的设置和视图中的虚线的处理。

(3) 掌握明细栏的制作及各行单元格与对应的“零件”3D 模型中“文件属性”内容的自动链接，以及视图上零件序号的标注。

低速滑轮装置(图 14-1 剖切了 1/4 以观察内部结构)由托架(见第 10 讲课后作业)、心轴、衬套、滑轮以及标准件垫圈和螺母组成。试完成该装配体中各非标准零件的 3D 模型准备，尺寸及结构详见工程图 14-2。

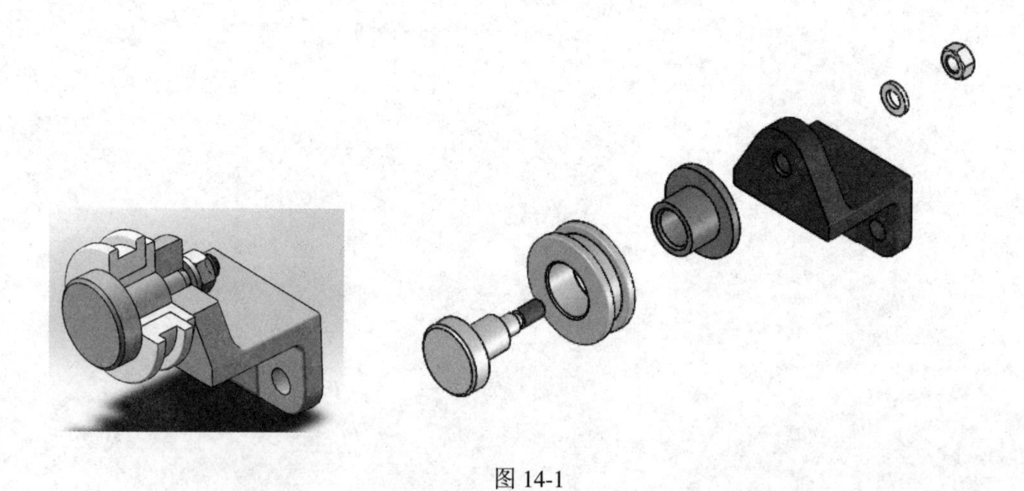

图 14-1

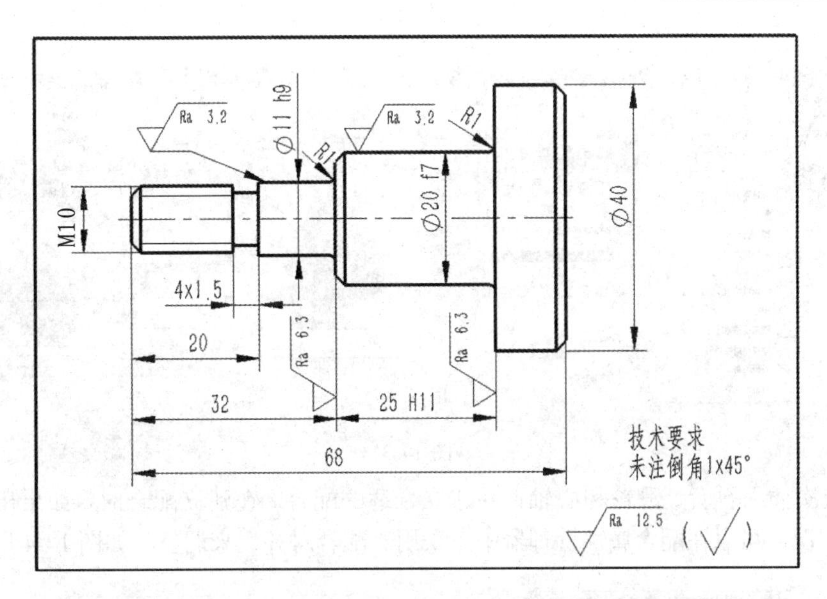

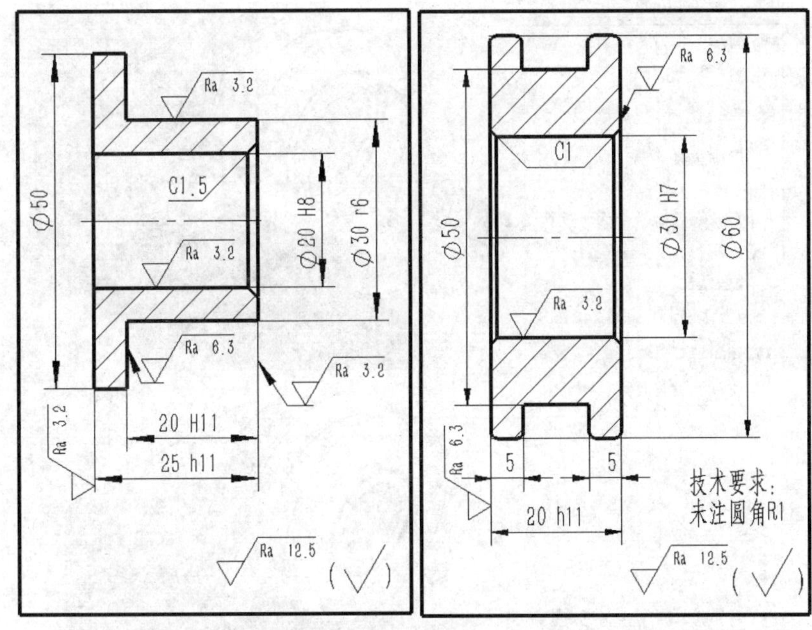

图 14-2

14.1　低速滑轮装置的装配建模

具体步骤如下：

(1) 新建装配体，插入一个零件“托架”，第一个零件在装配空间默认是固定的，所以在插入零件的时候，根据需要可以单击鼠标，右键调整好安放角度后(解决零件建模和安装角度不协调的问题)，再单击“确定”✔，将零件固定(见图 14-3)。

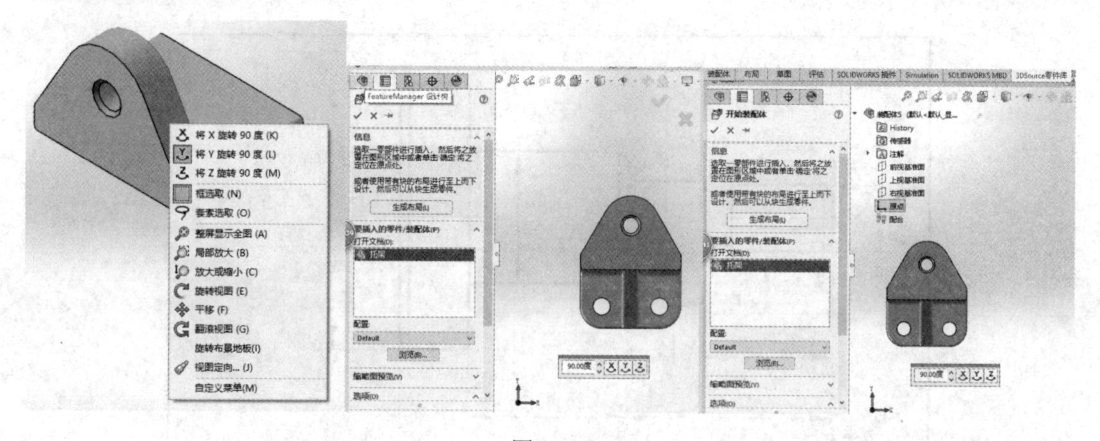

图 14-3

(2) 依次插入衬套、滑轮和心轴，并建立合适的配合。在建立配合时，如果出现零件方向反转的情况，可以在配合属性管理器中，采用“配合对齐”来调整，如图 14-4 所示。

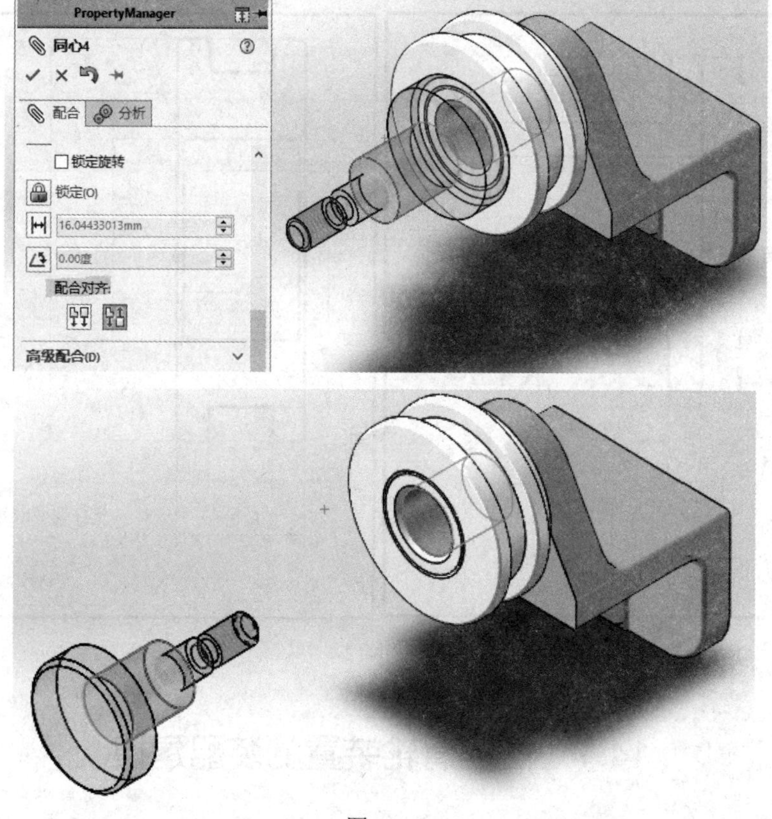

图 14-4

(3) 用 Toolbox 工具插入垫圈 10-140HV(GB/T97.3—2000)和螺母 M10(GB/T6170—2000)，建立好装配(见图 14-5)。

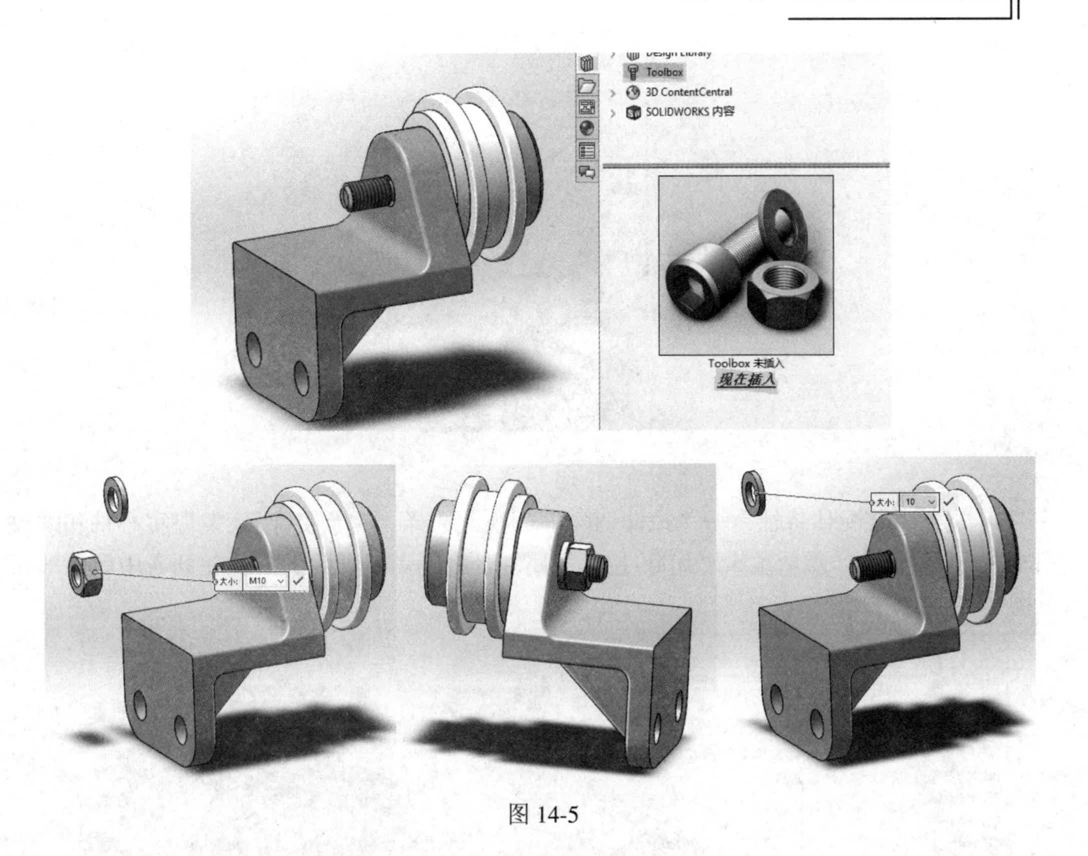

图 14-5

14.2　建立新配置：1/4 剖视

本例将为低速滑轮装置制作一个 1/4 剖视的 3D 模型，具体步骤如下：

(1) 单击“配置管理器”选项卡，在“装配体 配置”上单击鼠标右键，选择“添加配置...”，如图 14-6 所示，在弹出的属性管理器窗口中，命名为“剖视”。

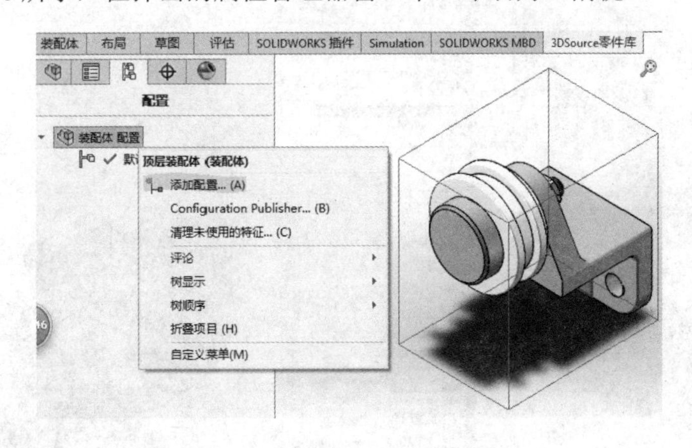

图 14-6

(2) 选取左端面为草绘平面，绘制两条线段(见图 14-7)。

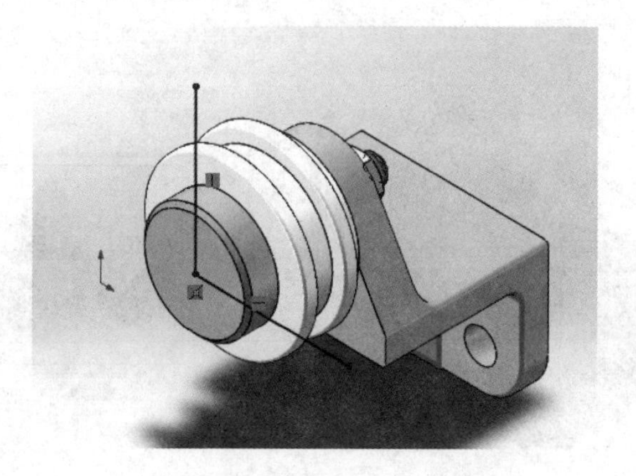

图 14-7

(3) 执行“装配体特征”→“拉伸切除”命令，选择“完全贯穿”，发现实心轴和螺纹紧固件一并被切除。重新编辑“切除-拉伸”属性，将不需要切除的零件在列表中删除即可(见图 14-8)。

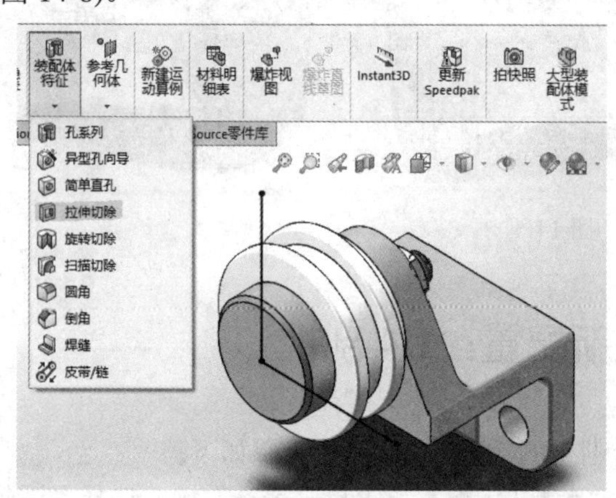

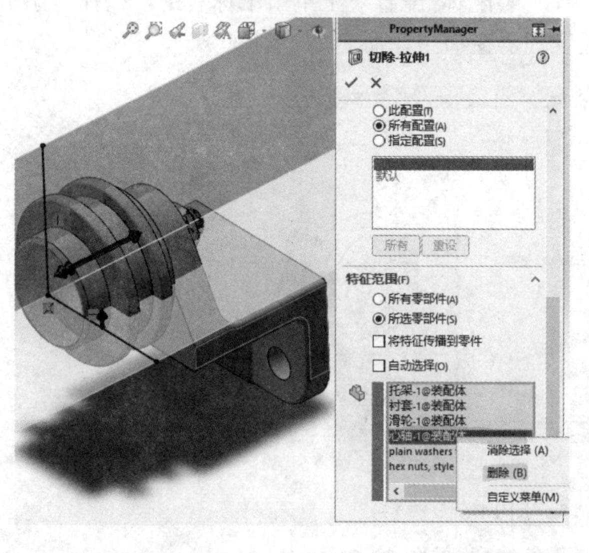

图 14-8

14.3　装配体工程图

具体步骤如下：

(1) 新建工程图(选用事先创建好的图纸模板 sztu-2017A4landscape)，如图 14-9 所示。

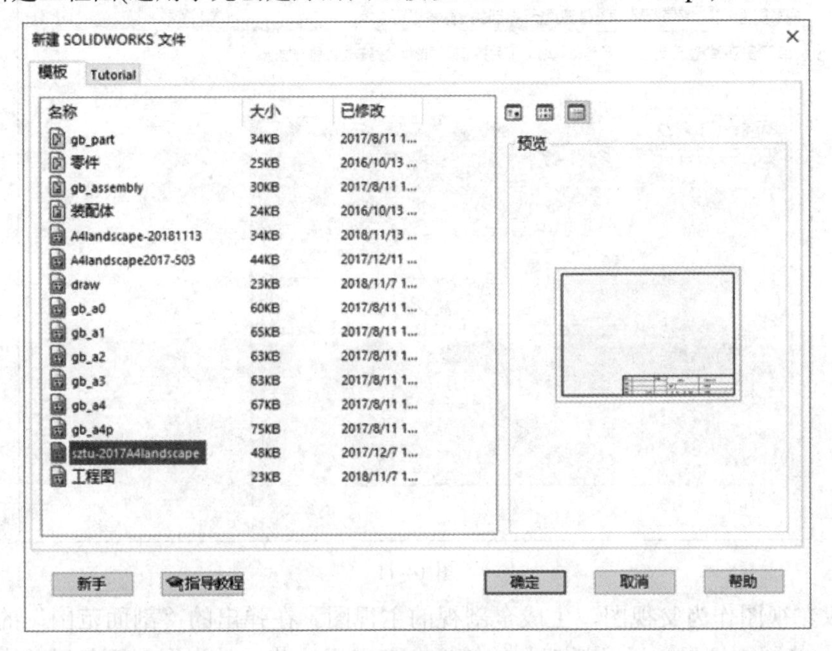

图 14-9

(2) 根据装配体在空间的摆放视角(按“Ctrl+7”等轴测)，需要选择“当前视角下的前视方向”作为当前工程图的“左视图”，设置比例为 1∶1，选择“切边不可见”，采用草图中的“直线”工具，在筋板下侧添加“过渡线”(由于倒圆角而缺失的轮廓线，可以采用“隐藏/显示边线”工具 控制其显示)如图 14-10 所示。

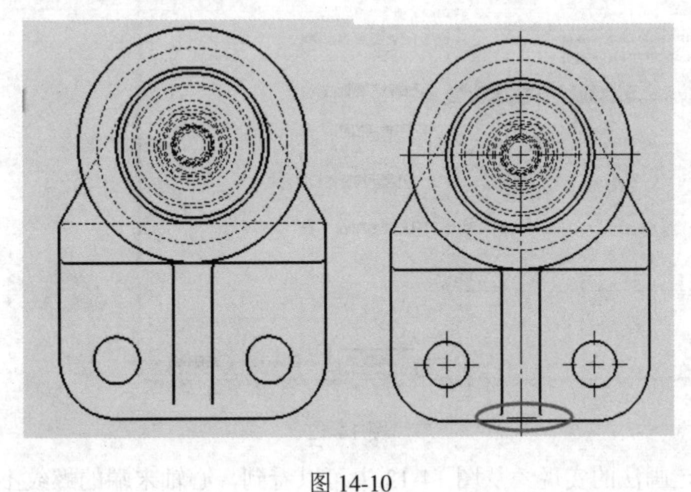

图 14-10

(3) 图 14-10 中不可见的轮廓线(虚线)太多、太密集，在装配图中大部分可以省略，但零件“托架”的主要轮廓显示出来更有利于读图。也就是说，需要将大部分零件的虚线省略，只保留必要的零件的虚线。实现方法：首先在“视图”菜单中先隐藏掉不可见轮廓线，然后在视图上单击鼠标右键，选择“属性...”，在弹出的窗口中选择“显示隐藏的边线”，在视图上单击“托架”，将其添加到列表中，就能达到所需的效果(见图 14-11)。

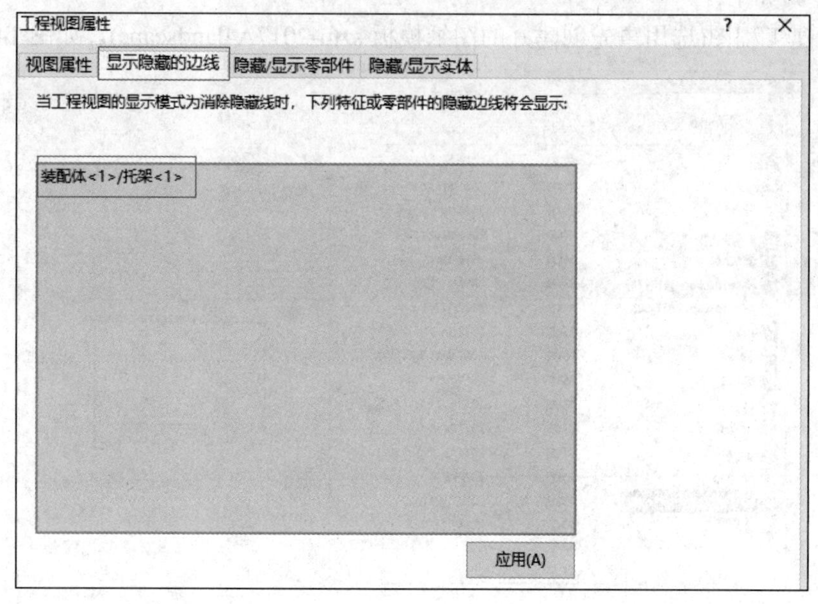

图 14-11

(4) 以左视图作为父视图，生成全剖视的主视图。在弹出的“剖面范围”的窗口中，选择心轴、垫圈、螺母，以及托架上的筋板。若发现这些零件视图上不便于单击选取，可以在设计树上选取相应的零件(见图 14-12)。

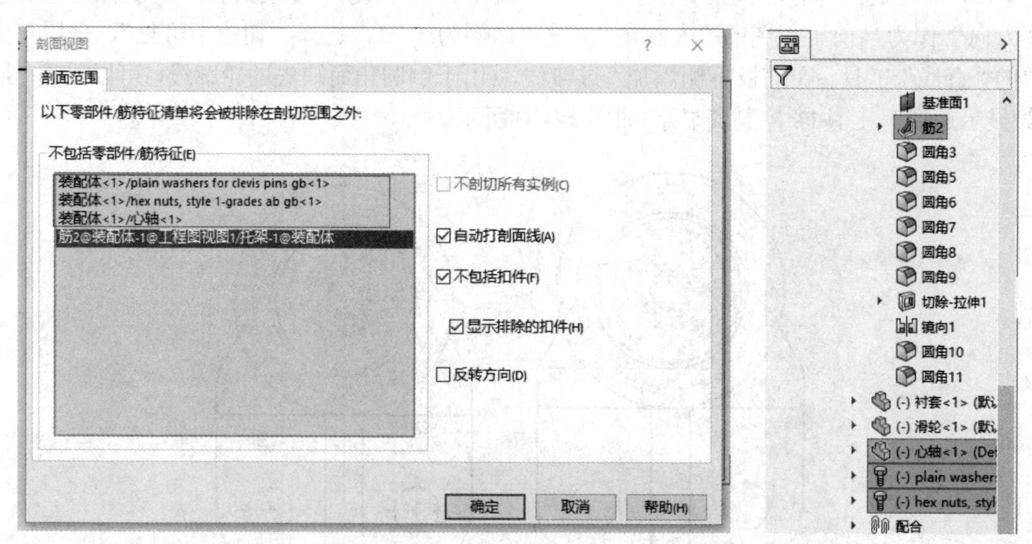

图 14-12

(5) 螺纹规定画法的实现。从图 14-13 中可以看到，心轴末端的螺纹不符合规定画法。

其调整方法如下：

① 在设计树中，鼠标右击“注解”选项，选择“细节...”，确认在“注解”属性窗口选中了“装饰螺纹线”复选框，其他设置默认不变(见图 14-14)。

② 鼠标左键选中主视图后，在“注解”选项卡中执行“模型项目”工具，在其属性管理器中设置“来源”为“整个模型”，检查“尺寸”中的不被选中(如选中则背景为灰色)，选择“装饰螺纹线”按钮(见图 14-14)，单击“确定”按钮后，主视图显示出螺纹的小径线，但是，螺纹终止线显示的是虚线，影响表达效果。

③ 在绘图区单击剖视图，在弹出的属性管理器窗口的“装饰螺纹线”选项中选择“高品质”(见图 14-15)。但是，对于左视图，螺纹小径圆显示 3/4 圆周，所以应设置为“草稿品质”(见图 14-16)。在绘图中需要体会螺纹显示品质对视图的影响。

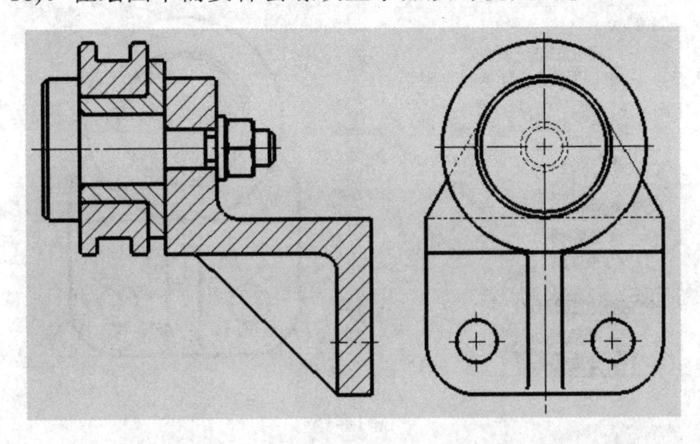

图 14-13

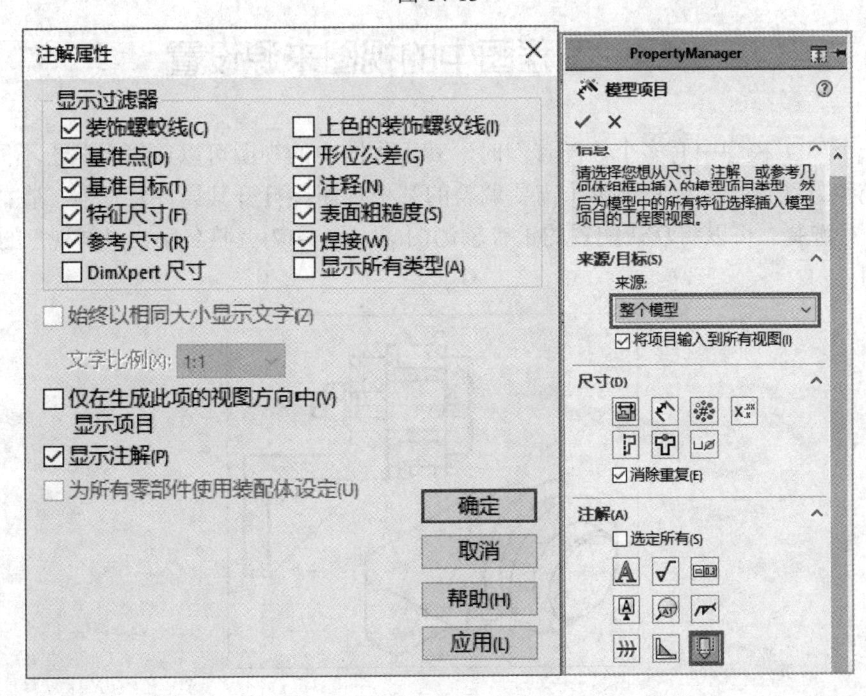

图 14-14

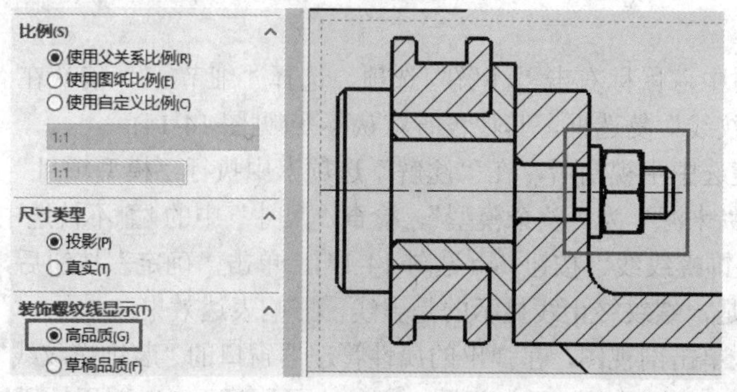

图 14-15

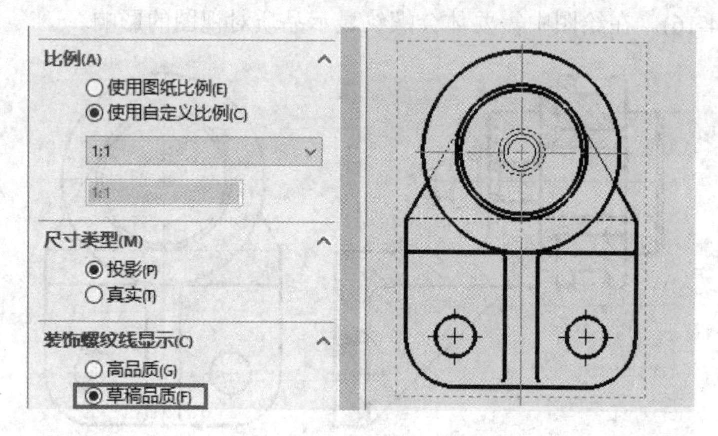

图 14-16

14.4 工程图中的视图来源设置

当一个 3D 模型中有多个“配置”时，其工程图中的视图可以选择来源于不同的配置模型。调整方法是：鼠标左键单击需要调整的某个视图，打开其属性管理器，在“参考配置”中进行选择。可以将默认配置的正等轴测图(见图 14-17)调整名字为“剖视”的配置(见图 14-18)。

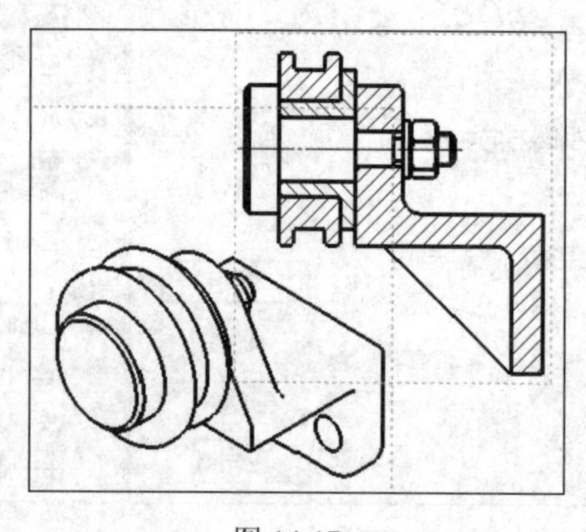

图 14-17

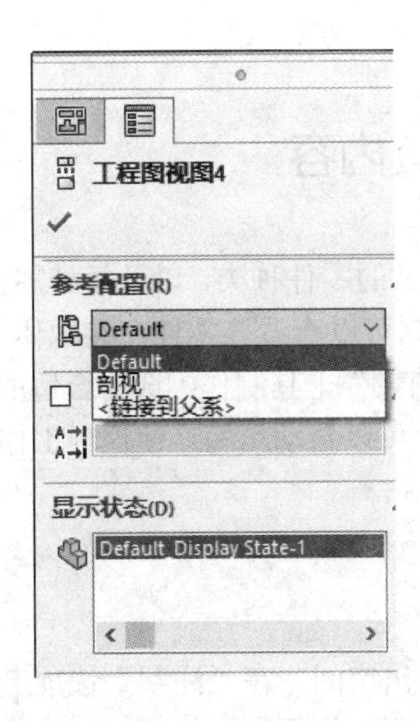

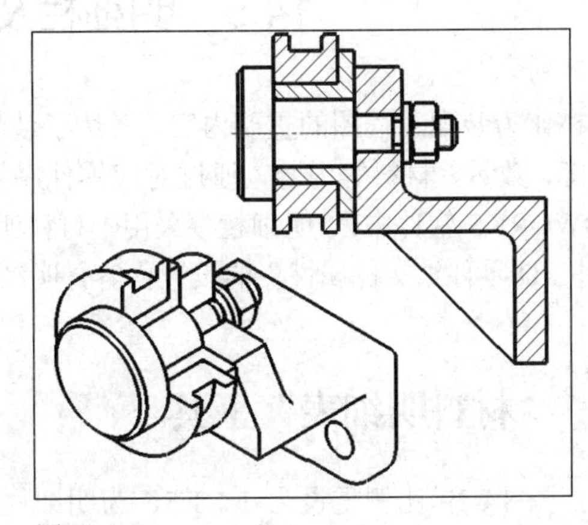

图 14-18

对于该正等轴测图，如果切边线都不显示，则在正等轴测图中，会造成托架的多条轮廓线缺失，而影响看图效果。在本例中，采用“显示切边线”的设置。在各区域采用 区域剖面线/填充 填上剖面线，注意同一零件在该视图中的剖面线应该相同(角度和间距)。设置完成后各视图的效果如图 14-19 所示。

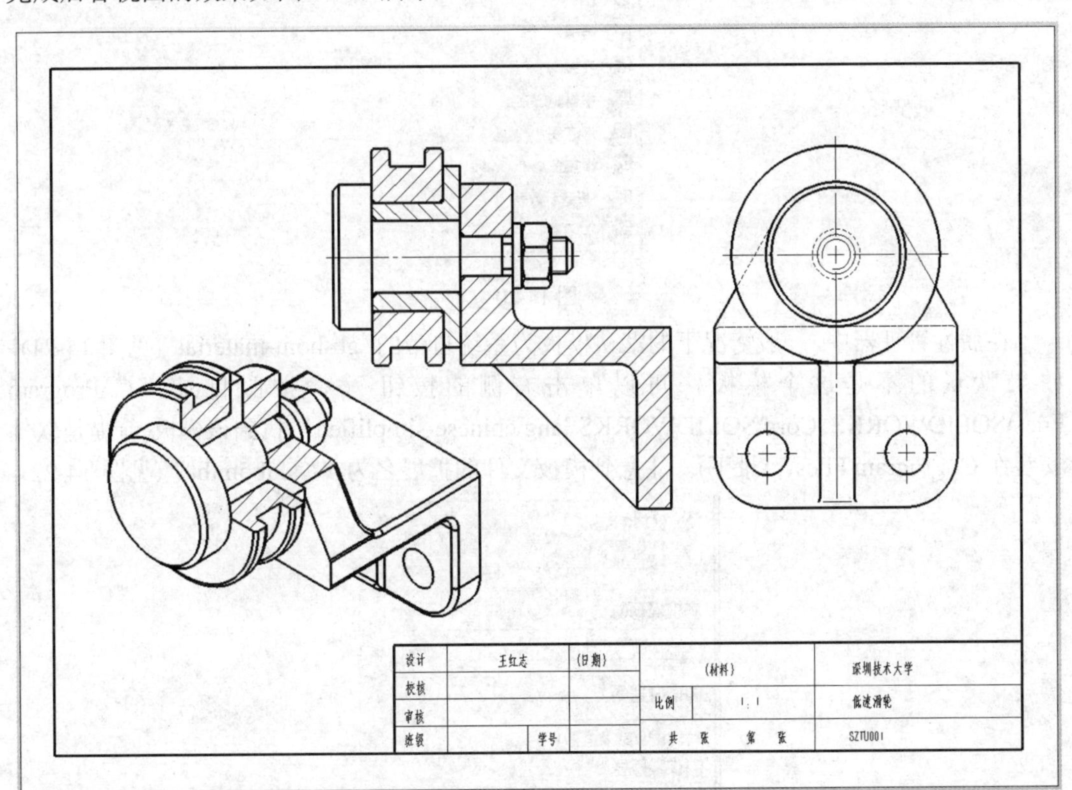

图 14-19

14.5 明细栏及其内容

明细栏作为装配工程图的重要内容，表达了装配体的零件种类，以及每种零件的代号、名称、规格、数量、材料等内容，通过对应零件序号，可以查看该零件在装配体中的位置。在 SOLIDWORKS 软件中，“明细栏”采用“材料明细表”工具制作。选用合适的模板，链接 7.4 节中 3D 零件“文件属性”的设置内容，明细栏可以自动填写，使这项工作变得比较简单。

14.5.1 “材料明细表”工具

首先把图 14-19 比例重设为 1∶1.5，为明细栏腾出空间。在“注解”选项卡中，单击“表格”下拉菜单中的“材料明细表”，如图 14-20 所示。根据窗口提示，此处选择全剖切的主视图，弹出属性管理器窗口。

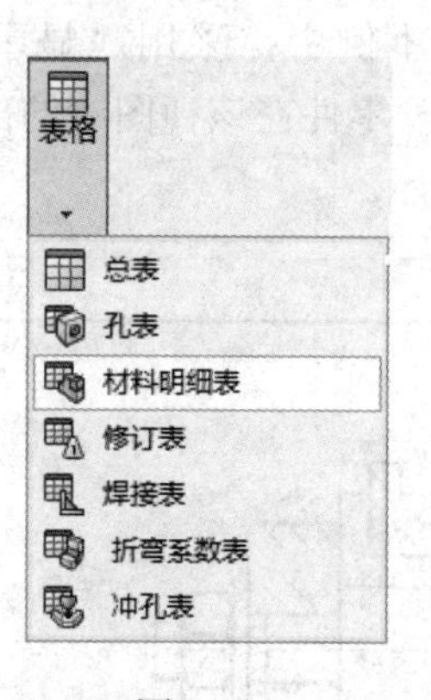

图 14-20

在属性管理器中，一般情况下的默认模板为系统自带的“gb-bom-material”(见图 14-21)，如果默认的不是这个模板，可以单击右侧的按钮，按照目录“C:\Program Files\SOLIDWORKS Corp\SOLIDWORKS\lang\chinese-simplified”找到该模板(前提是软件安装在 C:\Program Files\目录下)。注意到模板文件的扩展名为“*.sldbomtbt”(见图 14-22)。

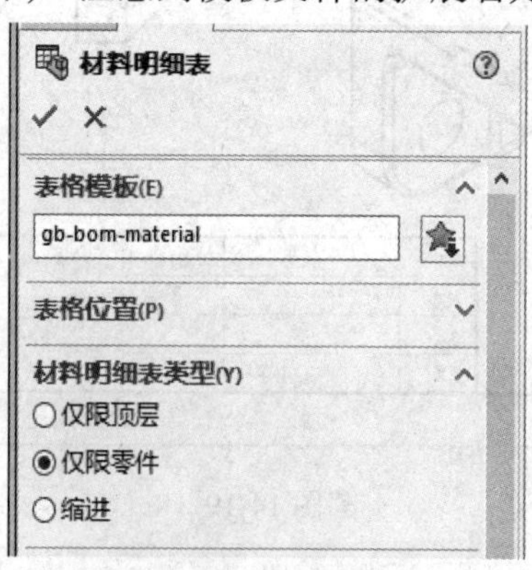

图 14-21

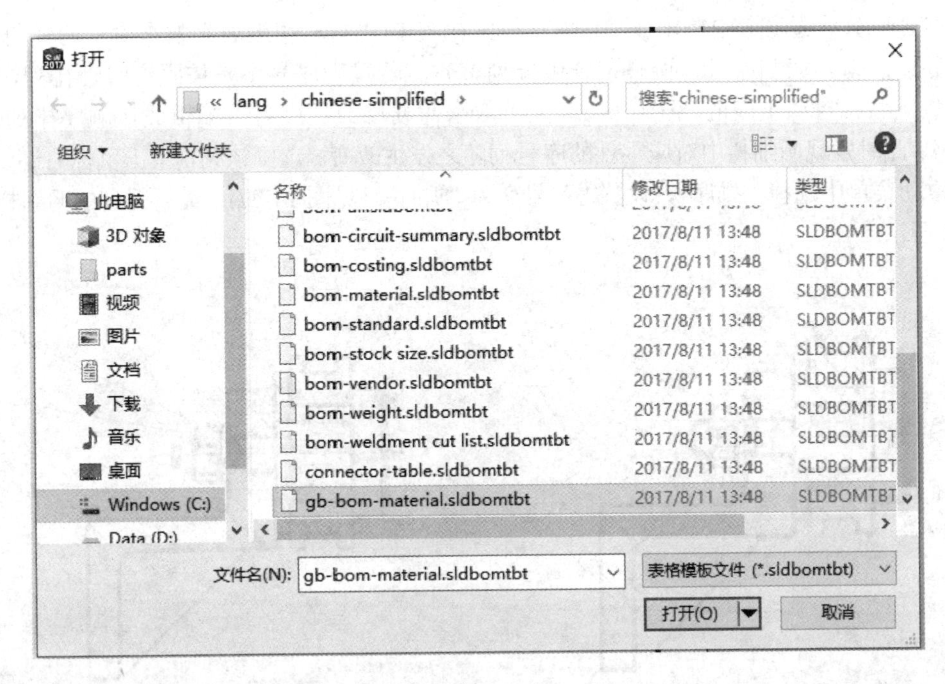

图 14-22

在属性管理器中设置表格的外边线线宽为“0.5mm”(见图 14-23)，其他设置默认即可，单击“确定” ✓ 。绘图区将出现浮动的明细栏，移动鼠标到标题栏上方，对齐标题栏，单击鼠标左键(见图 14-24)即可。

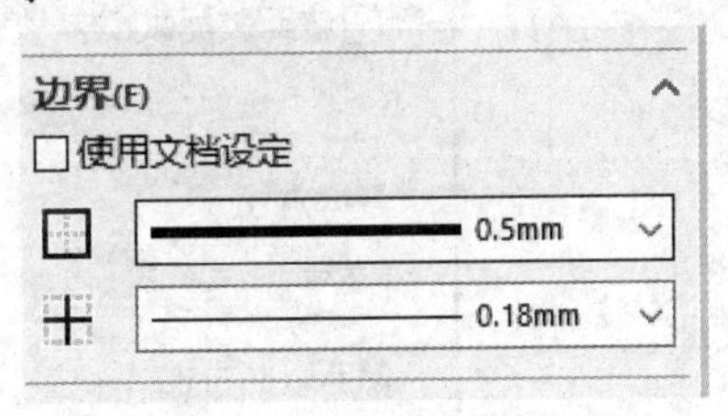

图 14-23

序号	代号	名称	数量	材料	单重	总重	备注
6	GB97.3-2000	垫圈10	1		0.00	0.00	
5	GBT6170-2000	螺母M10	1		0.00	0.00	
4	sztu-lvw-6	心轴	1	45	0.00	0.00	
3	sztu-lvw-05	滑轮	1	45	0.26	0.26	
2	sztu-lvwD-04	衬套	1	CuSn6	0.14	0.14	
1	sztu-lvw-01	托架	1	Q235	0.00	0.00	

设计		(日期)	(材料)		深圳技术大学
校核					
审核			比例	1:1.5	低速滑轮
班级		学号	共 张 第 张		SZTU001

图 14-24

在“注解”选项卡中单击 零件序号，在主视图中(“材料明细表”制作指定的视图)逐个单击零件，为其编制序号，调整位置以排列整齐。若发现序号不是按照逆时针排列，而是按照装配顺序自动生成的(见图 14-25)，可双击需要修改的序号，编辑成按顺序排列(见图 14-26)，此时发现明细栏中对应零件的序号列随之发生改变。选中该列，单击鼠标右键，在弹出的浮动菜单中选择“排序”，设置“序号”为“升序”(见图 14-27)，最后得到的明细栏如图 14-28 所示。

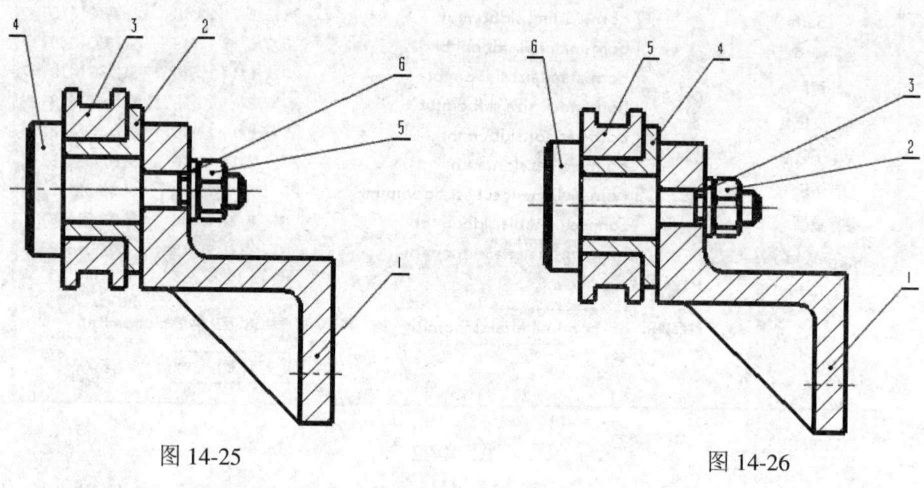

图 14-25

图 14-26

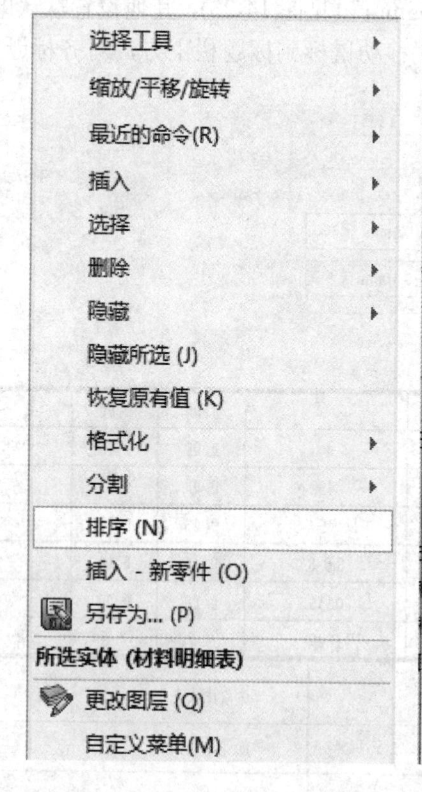

图 14-27

序号	代号	名称	数量	材料	单重	总重	备注
6	sztu-lvw-6	心轴	1	45	0.00	0.00	
5	sztu-lvw-05	滑轮	1	45	0.26	0.26	
4	sztu-lvw0-04	衬套	1	CuSn6	0.14	0.14	
3	GB97.3-2000	垫圈10	1		0.00	0.00	
2	GBT6170-2000	螺母M10	1		0.00	0.00	
1	sztu-lvw-01	托架	1	Q235	0.00	0.00	

图 14-28

14.5.2　明细栏内容及模板定制

在利用“材料明细表”制作明细栏时，明细栏的单元格自动显示了一些默认的内容，这些内容来自各个零件模型(*.sldprt)的“文件属性”，对应的大部分内容需要事先在零件中采用“文件属性”设置好，而明细栏的“材料”列对应内容需要在零件的设计树 材质 <未指定> 中设置，具体操作方法可参阅 7.4 节。如果读者所做的明细栏中部分单元格内容没有显示，其原因有可能是准备工作没有做好，可以打开零件文件设置完整。对于本例的标准件“2.螺母”和“3.垫圈”，由于 Toolbox 库中都是英文，同时为了在装配体中调用方便，可单独将其另存为 3D 文件，同样完成“文件属性”设置，与非标准件不同的是，因为标准件不需要零件图纸，所以“代号”一栏填写国家标准号。

前面选用的系统自带的“gb-bom-material.sldbomtbt”模板可以满足大部分的应用场合。如果有需要，读者可以在此基础上重新编辑以定制自己的明细栏模板。若要更改某一列的显示内容，可以选中这一列，在弹出的工具条中选择“列属性”(见图 14-29)，在弹出的选框中选择“列类型”和“属性名称”确定该列的内容。例如把当前“备注”列的内容改为“Toolbox 属性”→“标准”的操作(见图 14-30)。单元格工具条中还有其他工具按钮，可以用来编辑字体、字号、文字位置等，读者可自行尝试其使用方法。

列属性

	A	B	C	D	E	F	G	H
1	6	sztu-lvw-6	心轴	1	45	0.00	0.00	
2	5	sztu-lvw-05	滑轮	1	45	0.26	0.26	
3	4	sztu-lvw0-04	衬套	1	CuSn6	0.14	0.14	
4	3	GB97.3-2000	垫圈10	1		0.00	0.00	
5	2	GBT6170-2000	螺母M10	1		0.00	0.00	
6	1	sztu-lvw-01	托架	1	Q235	0.00	0.00	
7	序号	代号	名称	数量	材料	单重	总重	备注

图 14-29

列类型:
TOOLBOX 属性
属性名称:
标准
零件名称
规格
标准

名称	数量	材料	单重	总重	标准
垫圈10	1		0.00	0.00	GB/T 97.3-2000
螺母M10	1		0.00	0.00	GB/T 6170-2000
托架	1	Q235	0.00	0.00	

图 14-30

除了“工具条”之外，也可以在单元格中单击鼠标右键，弹出明细栏的编辑工具(见图14-31)，实现包括“格式化”(行高、列宽)和“插入”(新的行、列)等常用操作。

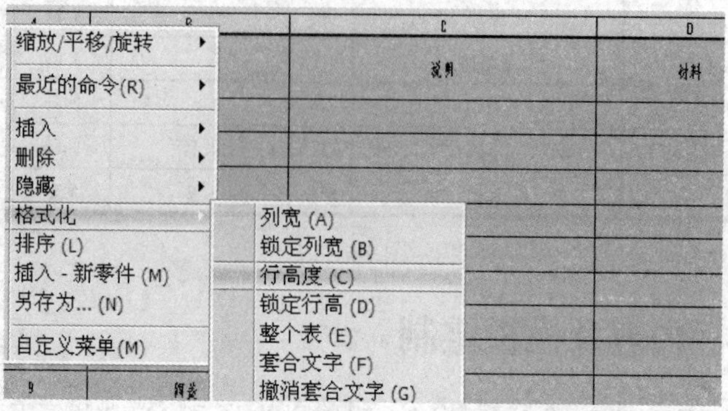

图 14-31

采用上述工具完成明细栏的编辑后，可以将当前明细栏存为模板，以方便调用。在设计树下，右键单击“材料明细表”，选择“另存为...”，将已经成功定制的材料明细表存储为模板。该模板可以保存在默认的文件夹 C:\Program Files\SOLIDWORKS Corp\SOLIDWORKS\lang\chinese-simplified 中，也可以自己定义一个文件夹(见图 14-32)。

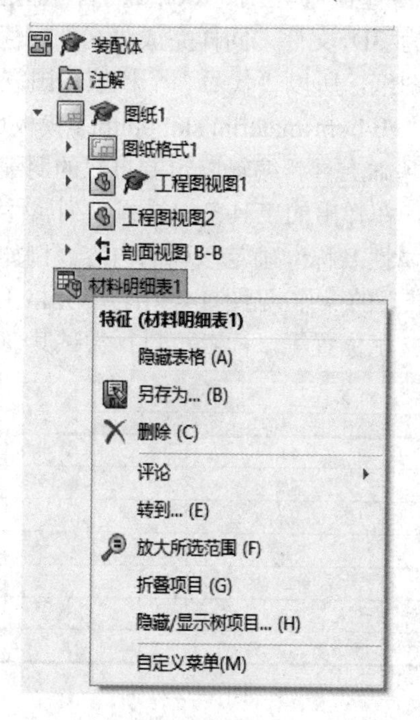

图 14-32

14.6 尺寸标注

装配图中标注的尺寸包括特性与规格尺寸、外形尺寸、装配尺寸、安装尺寸以及其他尺寸，由于尺寸的数量不是很多，建议采用草图中的“智能尺寸”逐个标注和修改，如图 14-33 所示(正式图纸参见附录 5)。

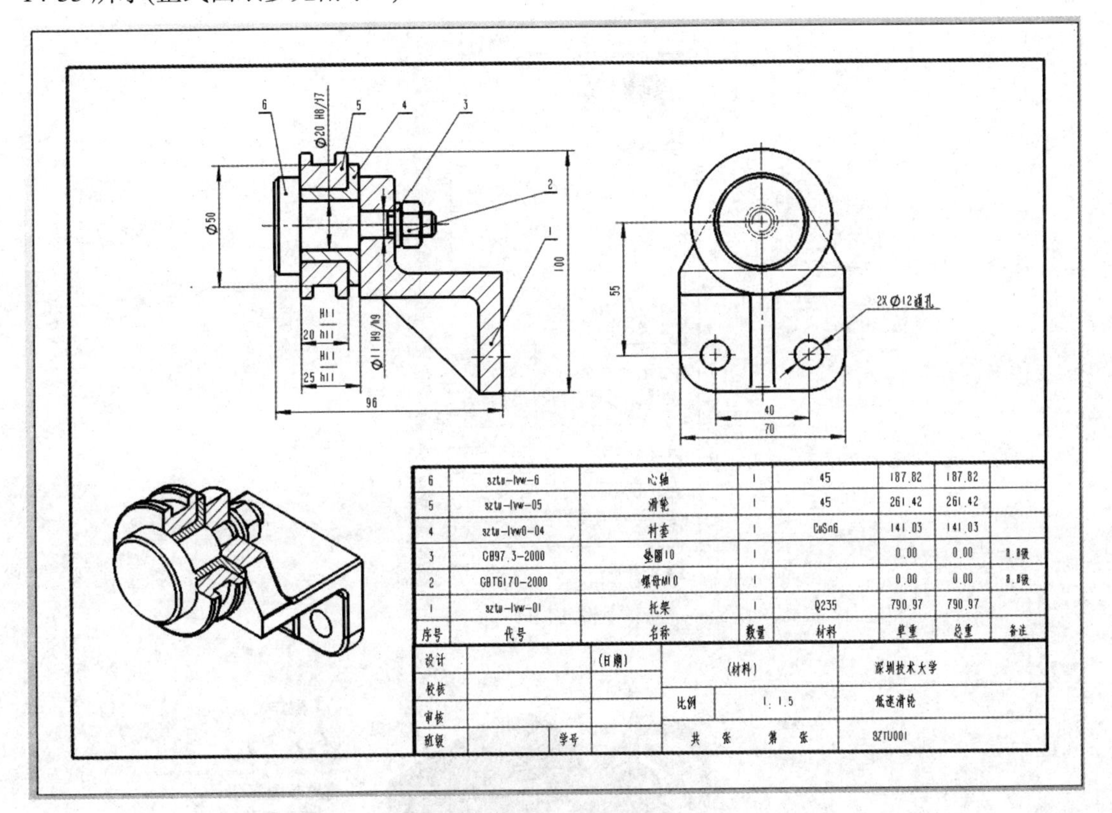

图 14-33

14.7 爆炸视图

爆炸视图又称分解视图，是指从装配模型中拆分指定组件，使组件按照装配关系偏离原来的位置，从而更好地表示装配体的组成状况和装配过程。

打开装配模型，新建一个“配置”。单击按钮，打开“爆炸”属性管理器。爆炸默认的类型为“常规步骤(平移和旋转)”(见图 14-34)。依次用鼠标左键选取要分解的零件(心轴、滑轮、衬套、垫圈和螺母)，然后在图形中显示的坐标系上单击想要移动的方向，用鼠标拖动箭头，移动选中的零件，直到位置适合为止。随着每个零件的移动，在属性管理器上，会显示操作的记录，如图 14-35 给出的是移动“衬套”的操作，如果觉得位置不合适，还可以在属性管理器中选中该零件，重新移动，直到所有的零件都完成移动，单击“确定”。

爆炸视图操作并不会在设计树中留下操作记录，也不能重新对其编辑。但可以切换查看解除爆炸的状态，还可以生成动画。将鼠标放在设计树装配体名称上，单击鼠标右键可以弹出相关命令，如图 14-36 所示。

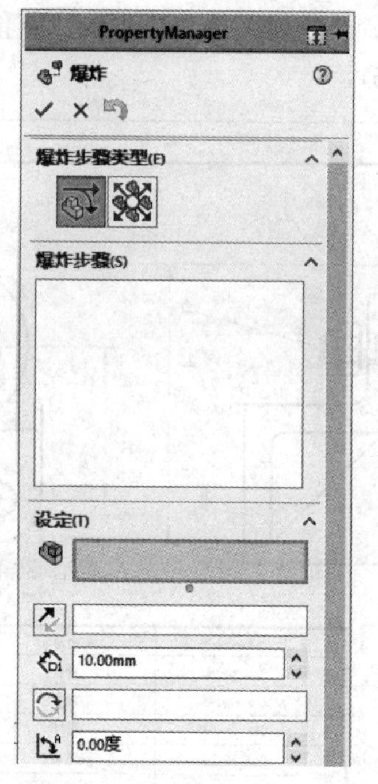

图 14-34

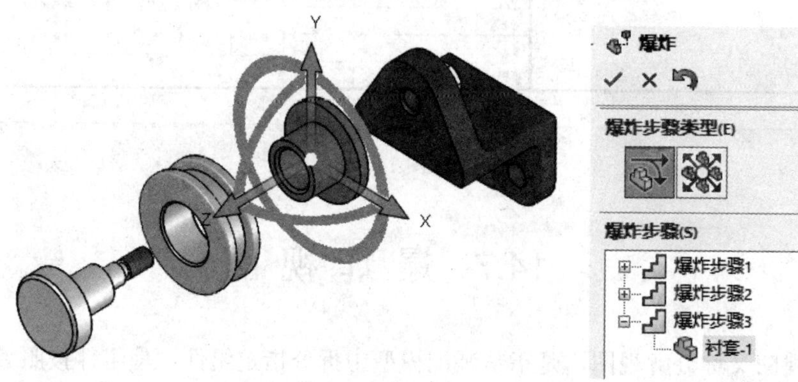

图 14-35

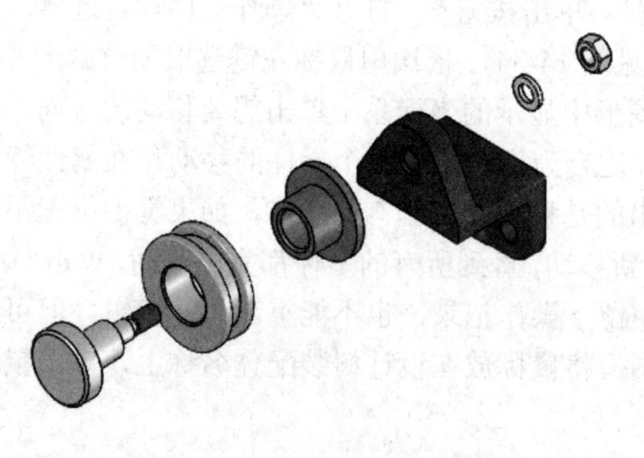

图 14-36

本讲小结

制作装配体工程图是本讲学习的重点。装配体工程图与零件工程图不同之处在于它具有明细栏、对应的零件序号和指引线。软件为此分别提供了“材料明细表”和“零件序号”两种工具。另外，装配体视图的“工程图属性”对话框中可以设置更多的内容以适应装配图表达的需要。

为了适应设计工作中不断的优化修改，明细栏中各行内容可以自动链接到对应零件的“文件属性”，具有非常重要的意义。

课后作业

(1) 按照规定，哪类零件在剖切时不画剖面线？在工程图中，SOLIDWORKS 软件是如何实现的？

(2) 根据自己的操作体会，简要说明制作装配图明细栏的操作技巧和规律。

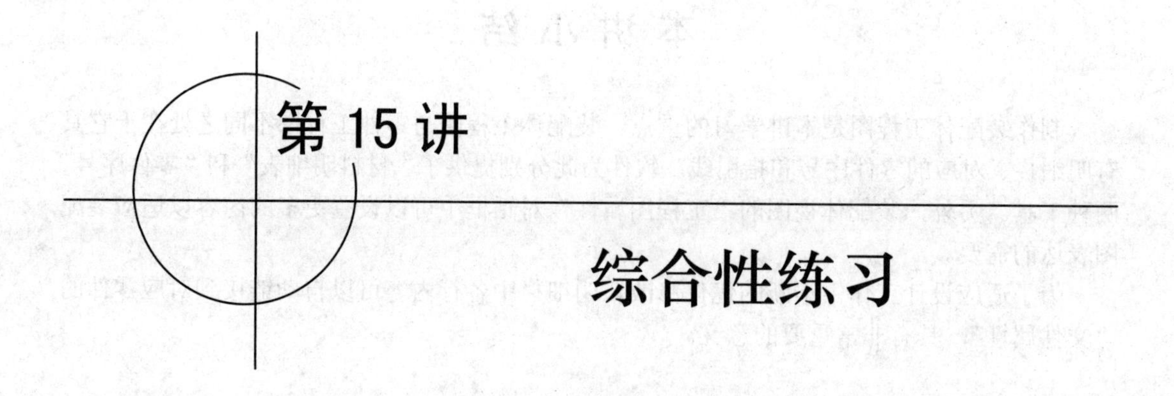

第 15 讲 综合性练习

分析图 15-1 所示的轴端密封结构，创建零件的 3D 模型(尺寸从附录 6 的正式图纸中量取，取整数)并制作规范的装配工程图。其中，1 为箱体(材料 HT200，外形尺寸仅为示意)、2 为轴(45 号钢)、3 为压盖(Q235)、4 为毛毡圈、5 为垫片(普通碳钢)、6 为螺钉 4 颗 M4×8(GB/T67—2000)。

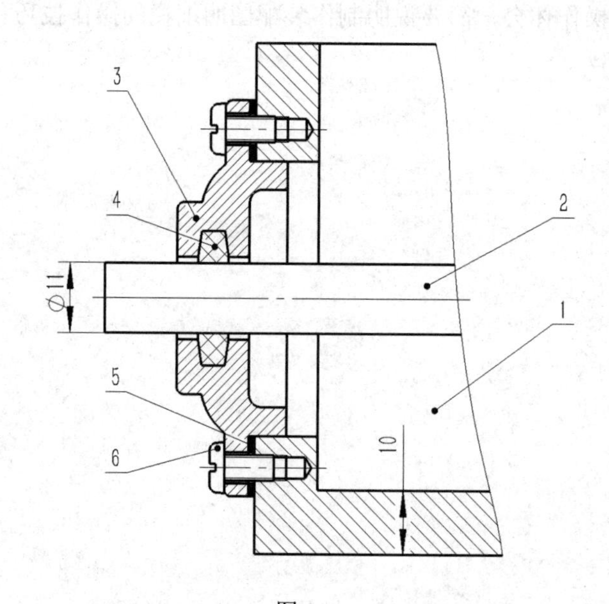

图 15-1

题目分析：轴端密封为减速箱中的常用结构，该练习意在复习并巩固第 11 讲～第 14 讲中的主要知识点和操作方法，包括：

(1) 借助已装配零部件(压盖)的轮廓，按照自上而下的设计方法，在装配环境下创建关联零件(密封结构件和调整垫片)(见 12.1 节)。

(2) 创建螺纹孔(见 11.2 节)、利用 Toolbox 工具生成螺钉(见 12.2 节)以及工程图表达方法(见 12.4 节)。

(3) 装配工程图中的明细栏制作(见 14.5 节)。

具体步骤如下：

(1) 对图 15-2 所示的压盖、箱体和轴等零件测绘建模，并完成初步安装。压盖与箱体外立面之间留 1mm 的间隙，以便借助压盖轮廓设计垫片(实际安装时垫片的厚度由具体情况确定)，如图 15-3 所示。

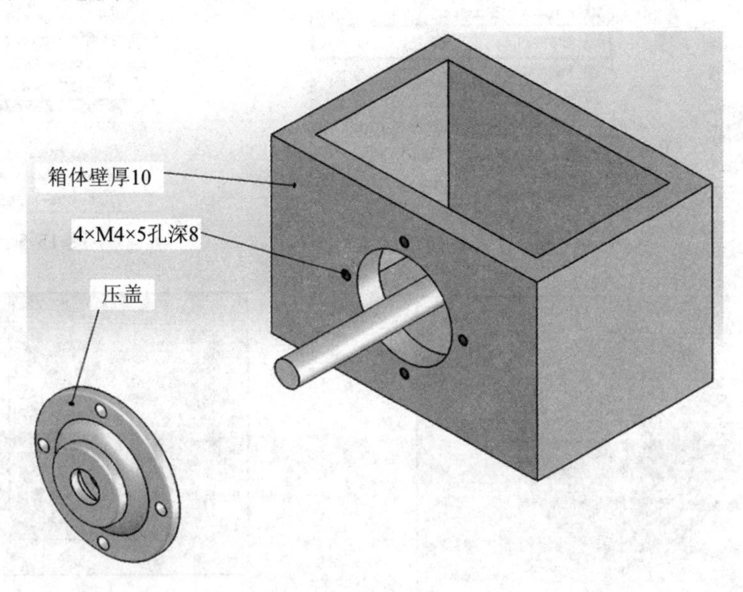

图 15-2

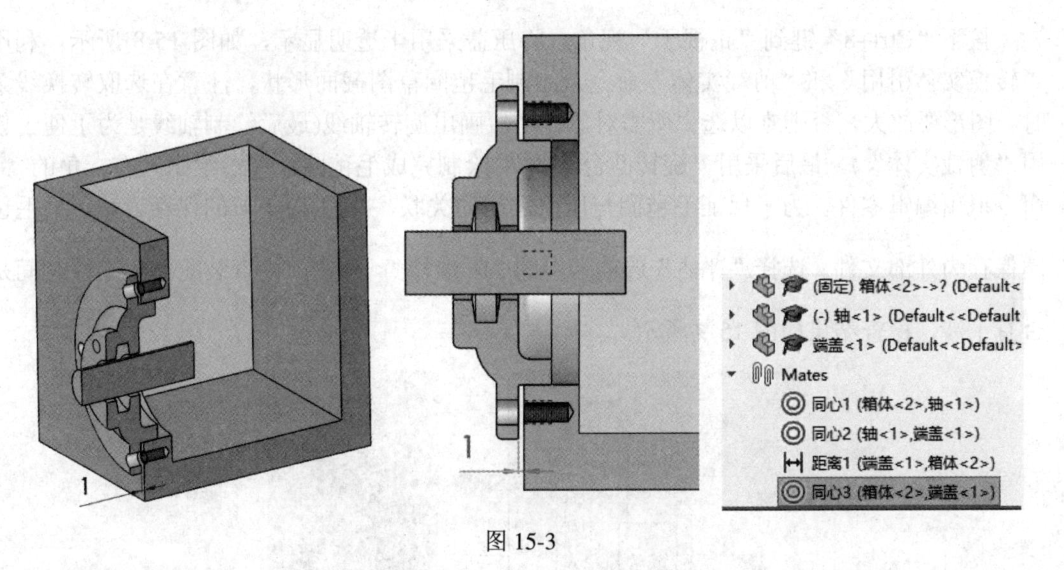

图 15-3

(2) 设计毛毡圈和垫片。单击菜单“插入”→“零部件”→“新零件...”(见图 15-4)。注意，此时在设计树中多出了“零件 1”，如图 15-5 所示，并且状态栏(屏幕最下方)提示“请选择放置零件的面或基准面”，说明当前处于编辑新零件的状态。此时切忌不要在绘图区单击鼠标，应首先切换到图示视角，在设计树下选取合适的基准面(图 15-6 中的竖线是将鼠标放在设计树中“压盖前视基准面”而显示的线条)并单击鼠标左键，进入草图编辑模式，如图 15-7 所示。

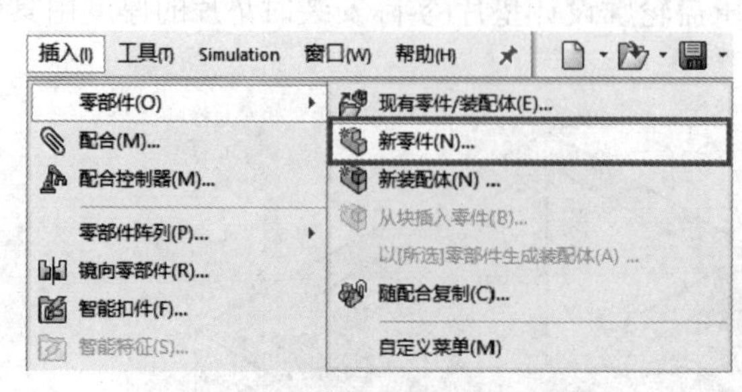

图 15-4

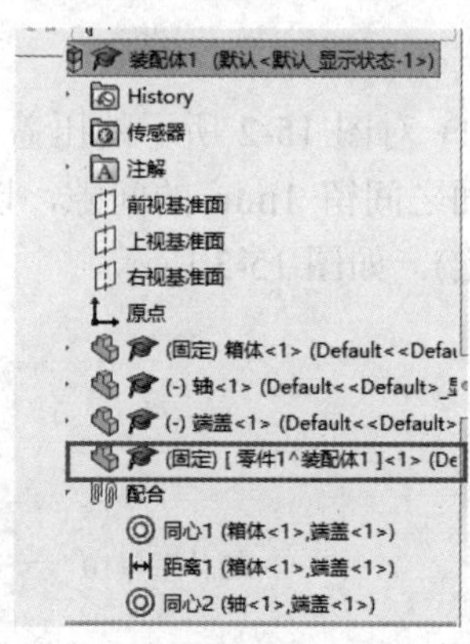

图 15-5

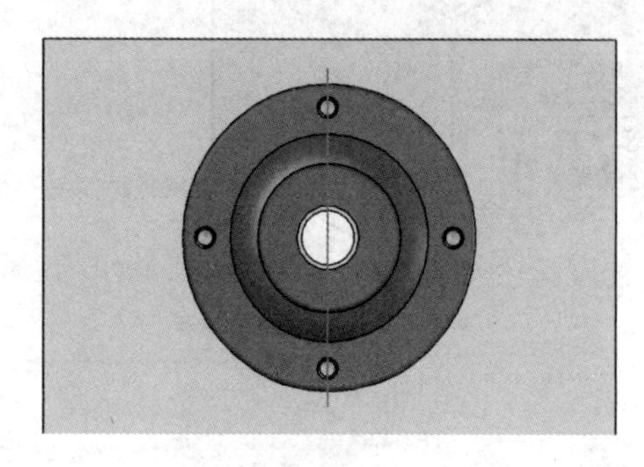

图 15-6

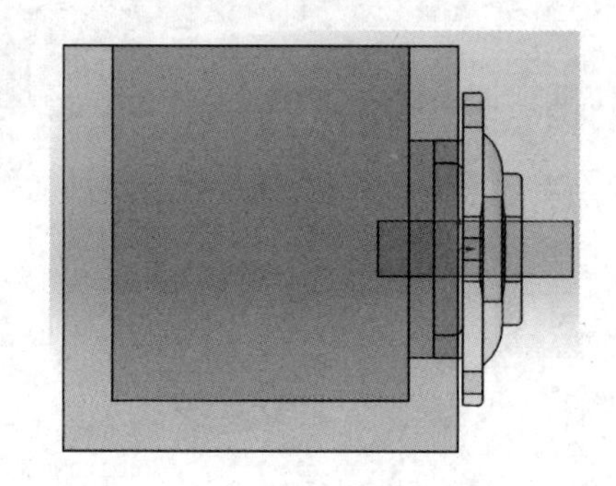

图 15-7

按下“Ctrl+8”键到“正视于”视角，将压盖采用半透明显示，如图 15-8 所示。利用“转换实体引用”和“剪裁实体”命令，绘制毛毡圈草图截面形状，注意在选取转换线条时，图形要放大，否则难以选中所需对象。之后画出旋转轴线(最后绘制轴线是为了便于使用“剪裁实体”)。最后采用“旋转凸台/基体”绘制完成毛毡圈。单击绘图区右上角的命令退出编辑零件。为了保证毛毡圈与压盖之间的关联，按照 12.1 节的保存方法，把毛毡圈保存为外部文件。选择“评估”选项卡中的“干涉检查”，检查装配体各零件之间是否有干涉，检查结果如图 15-9 所示。

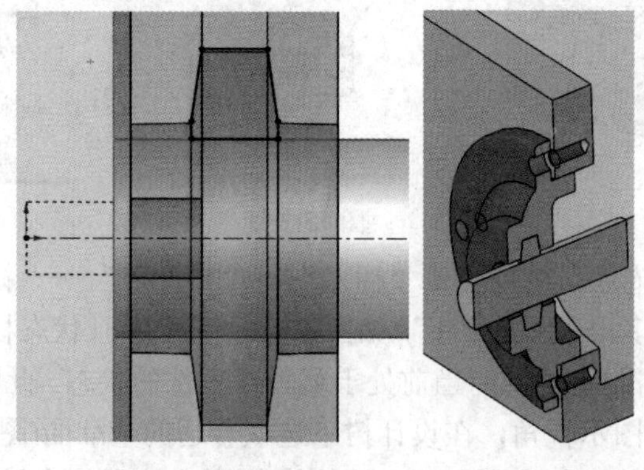

图 15-8

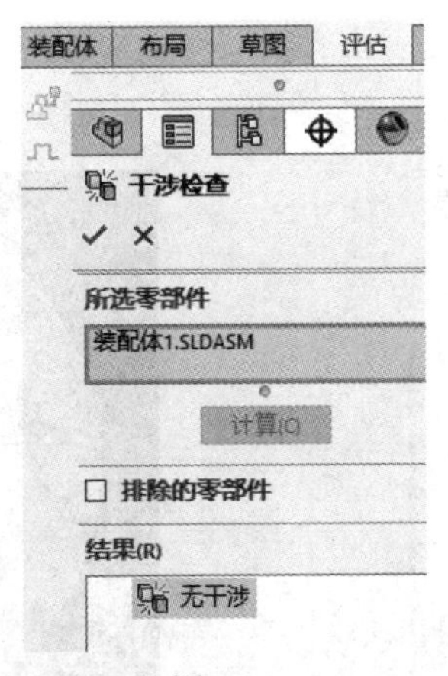

图 15-9

以同样的方法在箱体立面上绘制草图，拉伸至压盖的贴合面上，创建垫片并保存。在绘制草图时，为了便于选取压盖的轮廓进行“转换实体引用”，可先将箱体隐藏，选取压盖靠近箱体侧的圆环面，在“转换实体引用”的属性管理器上单击“选择所有内环面”，如图 15-10 所示，这样四个圆孔轮廓和环面的内圆就全部转换为草图轮廓(环面外圆需要手动选取)。

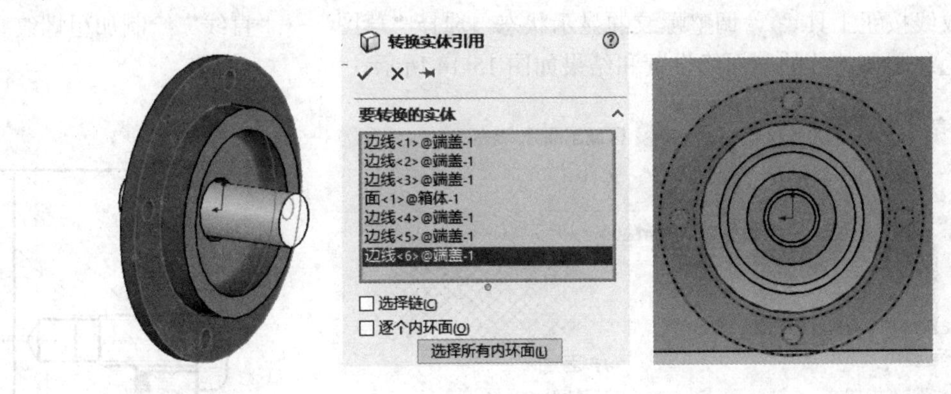

图 15-10

(3) 装配螺钉。用 Toolbox 工具定义螺钉，选择“机械螺钉”→“开槽盘头螺钉 GB/T 67-2000”，在设计库中，单击鼠标右键，选择“生成零件...”(见图 15-11)，弹出螺钉新零件窗口，设置“公称直径”为 M4，长度为 8，“螺纹线显示”选择为“装饰”，完成设置后(往往此时窗口切换为最小化状态)，单独存为一个文件，并装到该装配体上。选择“圆周零部件阵列”(见图 15-12)安装剩余的 3 颗螺钉，用鼠标左键拖动螺钉调整其槽线方向(见图 15-13)，以便工程图制作。

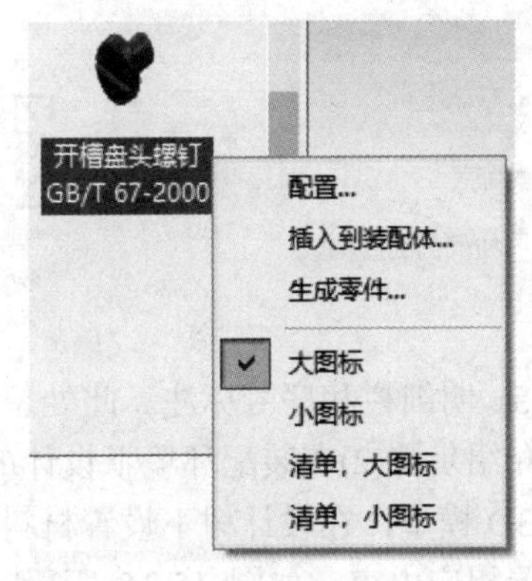

图 15-11

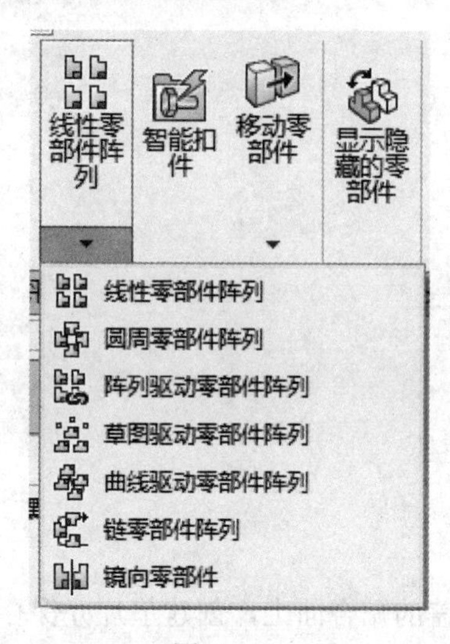

图 15-12

图 15-13

(4) 工程图视图创建。首先生成其左视图，再采用“剖面视图”工具制作全剖视的主视图，隐藏切割线和标注，注意主视图中螺钉和轴设置为“不剖切”，完成粗实线、虚线、剖面线、轴线和中心线等基本调整。选择“注解”→“模型项目”，在“模型项目”窗口中单击螺纹线按钮工具，调整螺纹的显示状态，选择“草图”→“直线”绘制加粗螺纹终止线。毛毡圈和垫片的剖面线设置和结果如图 15-14 所示。

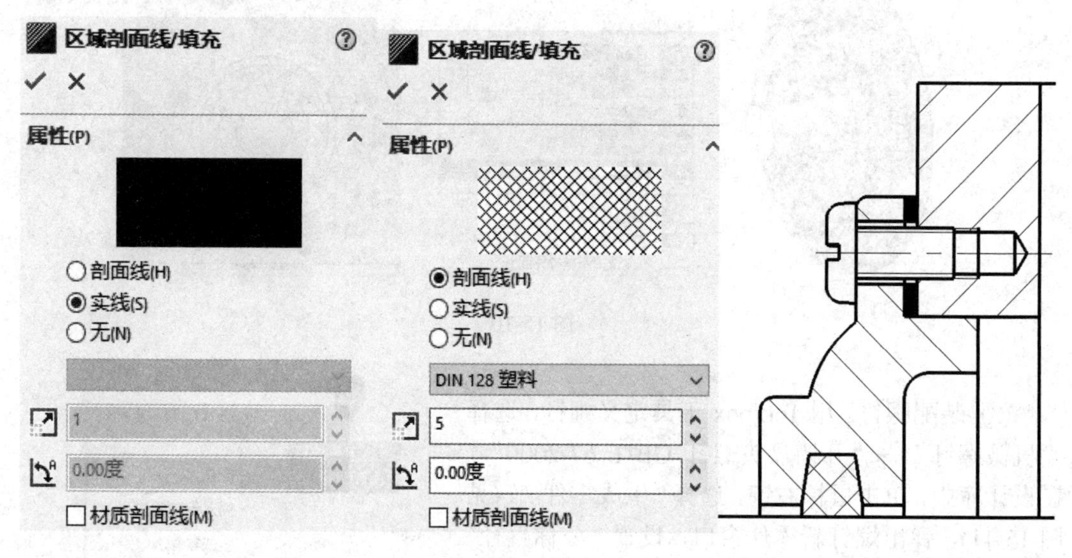

图 15-14

(5) 明细栏和序号标注。此处忽略“材料明细表”以及“零件序号”工具的具体操作，着重介绍步骤(2)在装配环境下设计的零件毛毡圈和垫片的文件属性设置。以垫片为例，打开其 3D 模型，在设计树下设置材料为“普通碳钢”，在“文件属性”的“自定义”选项卡中设置相应内容，如图 15-15 所示。这些内容按照“属性名称”对应链接到装配图明细栏中。最后完成的结果参见本书附录 6。

	属性名称	类型	数值 / 文字表达	评估的值
1	名称	文字	垫片	垫片
2	代号	文字	dianpian20200615	dianpian20200615
3	备注	文字	厚度为0.5~2不等	厚度为0.5~2不等
4	材料	文字	"SW-Material@垫片.SLDPRT"	普通碳钢
5	Weight	文字	"SW-Mass@垫片.SLDPRT"	11.61
6	<键入新属性>			

图 15-15

本讲小结

本讲内容以常用的轴端密封结构为例，巩固前几讲学习的内容。

课后作业

通过查阅资料，分析本讲创建的轴端密封结构应用的工业背景及实现密封的工作原理。

附录 1　轴的技术要求标注

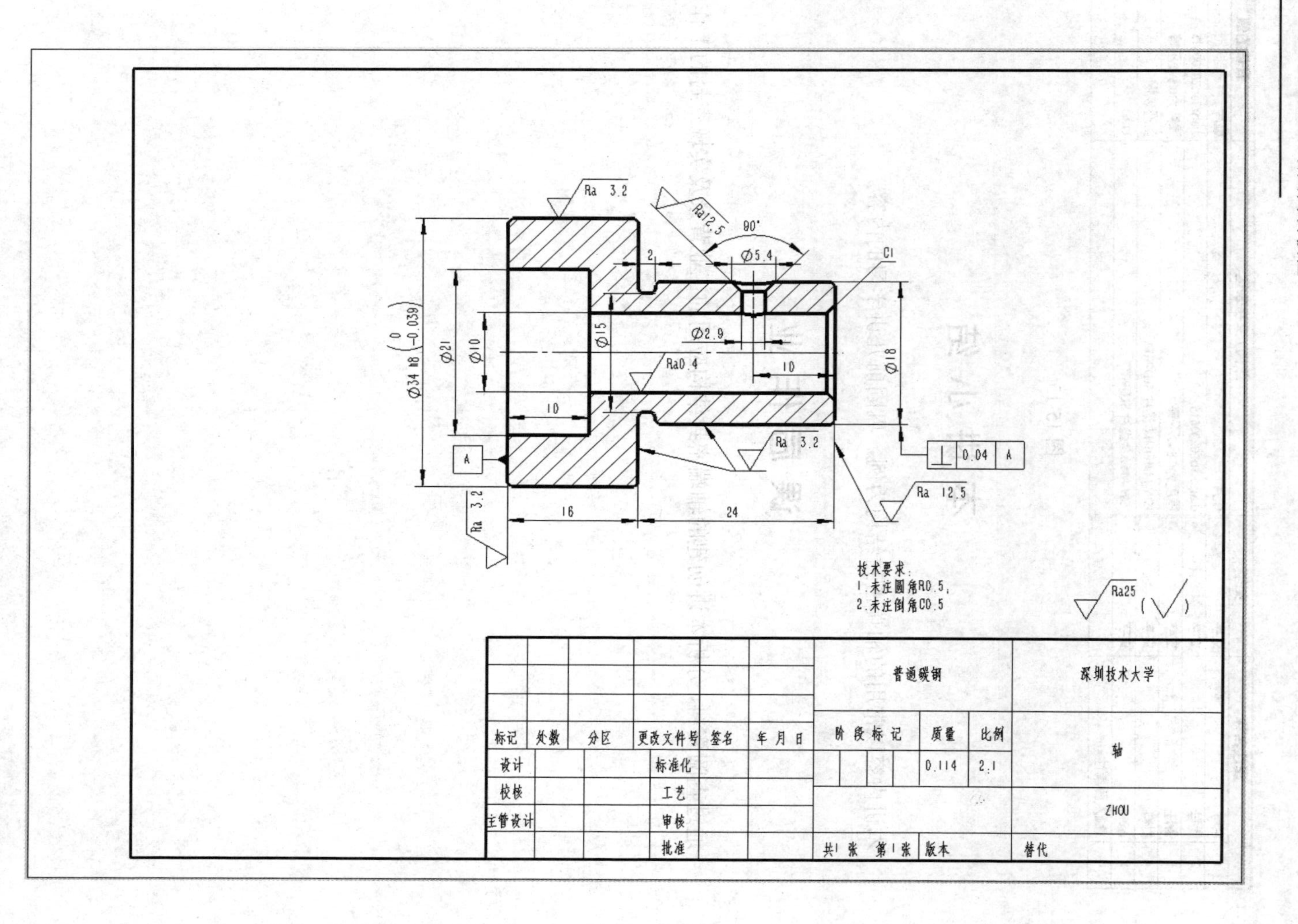

原图

附录2 盒子装配图(视图部分)

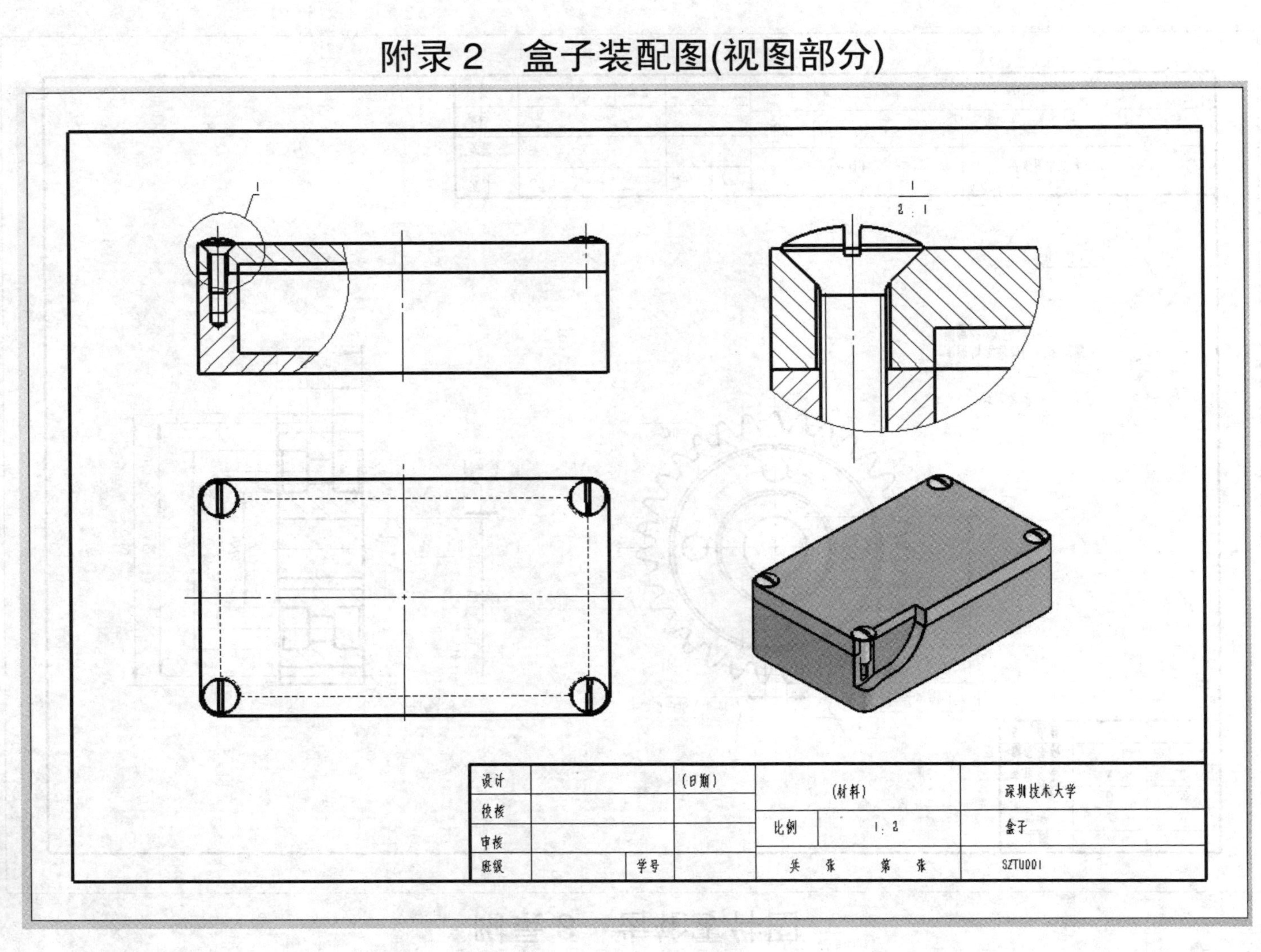

原图

附录 3 齿轮零件图

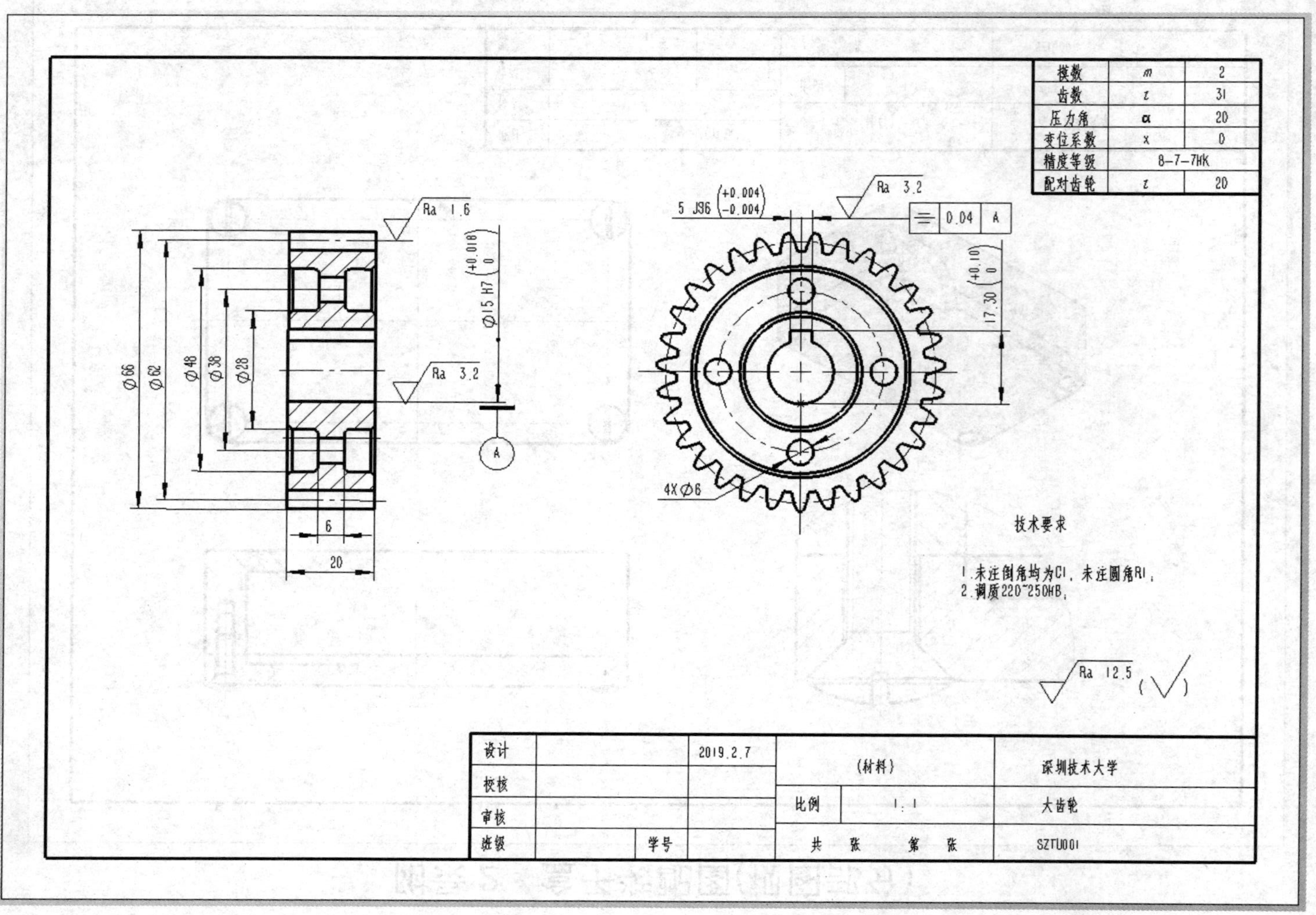

模数 m 2
齿数 z 31
压力角 α 20
变位系数 x 0
精度等级 8-7-7HK
配对齿轮 z 20
Ra 1.6
Ø15 H7 (+0.018 0)
Ra 3.2
A
Ø66
Ø62
Ø48
Ø38
Ø28
6
20
5 JS9 (+0.004 -0.004)
Ra 3.2
0.04 A
17.30 (+0.10 0)
4XØ6
技术要求
1.未注倒角均为C1，未注圆角R1.
2.调质220~250HB.
Ra 12.5
设计 2019.2.7
校核
审核
班级 学号
(材料)
比例 1:1
共 张 第 张
深圳技术大学
大齿轮
SZTU001

原图